"双一流"建设精品出版工程

"十四五"时期国家重点出版物出版专项规划项目

新能源先进技术研究与应用系列

新能源材料与化工综合实验

COMPREHENSIVE EXPERIMENT OF NEW ENERGY MATERIALS AND CHEMICAL ENGINEERING

主　编　李春香

哈尔滨工业大学出版社
HARBIN INSTITUTE OF TECHNOLOGY PRESS

内容简介

本书实验内容集成了分析化学、太阳能电池、生物质能源、有机硅、上转换发光晶体、LED、氢能开发、CO_2捕集与转化、化学工程等多学科知识，共分为三部分：测试分析、能源材料、化工应用。实验项目安排由基础到综合、应用，循序渐进。

本书既适合高等院校相关专业本科生和研究生作为教材，也适合作为相关研究人员及工程技术人员进行材料或相关器件的开发、制备以及探索“双碳”解决途径的参考书。

图书在版编目(CIP)数据

新能源材料与化工综合实验/李春香主编. —哈尔滨：哈尔滨工业大学出版社，2023.8
(新能源先进技术研究与应用系列)
ISBN 978-7-5767-0656-7

Ⅰ.①新… Ⅱ.①李… Ⅲ.①新能源—材料科学—应用化学—化学实验 Ⅳ.①TK01-33

中国国家版本馆 CIP 数据核字(2023)第 032663 号

策划编辑 王桂芝
责任编辑 杨 硕
出版发行 哈尔滨工业大学出版社
社 址 哈尔滨市南岗区复华四道街 10 号 邮编 150006
传 真 0451-86414749
网 址 http://hitpress.hit.edu.cn
印 刷 哈尔滨市颉升高印刷有限公司
开 本 787 mm×1 092 mm 1/16 印张 17.25 字数 406 千字
版 次 2023 年 8 月第 1 版 2023 年 8 月第 1 次印刷
书 号 ISBN 978-7-5767-0656-7
定 价 48.00 元

前　言

综合实验是将学科知识进行集成运用、培养学生知识运用能力的主要途径。能源化工综合实验是从基本实验技术过渡到器件技术来理解能源、化工问题，是能源化工的重要组成部分。近年来，能源问题日益突出，国家教育部于 2010 年批准了能源化学工程新专业，越来越多的高等院校和科研院所相继开展能源问题方向的研究。然而，解决世界已经存在的或者即将面临的能源问题，需要综合多学科知识进行集成运用，且学生的知识集成运用能力，也是高等院校人才培养的重点和难点问题，其原因主要在于各高校和科研院所在课程设置方面均以单课程为主，学生缺乏知识集成运用的锻炼指导。本书凝结了分析化学、仪器分析、能源化学工程、化学工艺多专业教师的教学成果，实现了从基本化学分析技术到化工器件的设计与集成，再到化工运用的综合设计，为学生锻炼知识集成运用能力提供指导。

本书实验内容涉及分析化学、仪器分析、材料表征、理论电化学、有机化学、固体物理、生物质、化工原理等多门课程的知识。实验项目既包含基础的分析表征实验原理和方法，还涉及紧跟世界研究前沿的材料、器件的制备、组装、测试方法和技术，兼顾化工实际应用。本书可为高校电化学专业、材料化学专业、化工(学)专业、能源化学工程专业的本科生及研究生实验课程的开展提供参考，其中器件的制备、组装、测试方法和技术也可为本科生毕业设计、研究生研究课题的开展提供借鉴，还可为同行科技人员及相关专业的学生拓展专业相关领域知识，进行知识集成运用提供参考。

本书由李春香主编，参编人员有张丹、李杨、卢松涛、李季、于艳玲、郝树伟、朱崇强、张秋明，全书由李春香负责统稿。

编书如盖楼，设计风格因人而异，由于本书大部分内容为科研内容转化，一砖一瓦为他(她)人之结晶，其砖瓦如何堆砌略显编者之拙见，书中难免有疏漏和不足之处，敬请读者批评指正。

编　者

2023 年 5 月

前言

目　录

第一部分　测试分析

第二部分　能源材料

第三部分　化工应用

第一部分　测试分析

材料、物质的测试、分析、表征是化工领域开展研究探索、应用实践的基础。而测试分析的目的不仅在于获得目标信息，据此判断真伪，也在于根据分析测试信息，指导材料、器件的制备、设计过程。测试分析实验是对基础理论知识的直接映射，是从理论到实践的第一步。本部分针对化工功能材料、器件设计合成、组装过程以及化工应用过程，筛选出最常用的分析、测试方法，按场景分类进行分析、测试应用，以达到理论知识强化、迁移的目的。本部分具体内容包括电极法、红外光谱法、比色法、电泳法等多种分析测试方法；在实验项目安排上，采用由易到难的排列方式，先实现单测试分析方法的演练，再过渡到多种测试方法的交叉运用，为化工材料、器件的综合评价奠定基础。

实验1　选择性电极法测定水中氟离子

一、实验目的

(1)了解电位分析法的基本原理。

(2)掌握电位分析法的操作过程。

(3)掌握用标准曲线法测定水中微量氟离子的方法。

(4)了解总离子强度调节液的作用。

二、实验原理

一般对于氟测定最方便、灵敏的方法是使用氟离子选择性电极。氟离子选择性电极的敏感膜由 LaF_3 单晶片制成，为改善导电性能，晶体中还掺杂了少量 0.1%～0.5%的 EuF_2 和1%～5%的 CaF_2。膜导电由离子半径较小、带电荷较少的晶体离子氟离子完成。Eu^{2+}、Ca^{2+} 代替了晶格点阵中的 La^{3+}，形成了较多空的氟离子点阵，降低了晶体膜的电阻。

将氟离子选择性电极插入待测溶液中，待测离子可以吸附在膜表面，它与膜上相同离子交换，并通过扩散进入膜相。膜相中存在的晶体缺陷、产生的离子也可以扩散进入溶液相，这样在晶体膜与溶液界面上建立了双电层结构，产生相界电位，氟离子活度的变化符合能斯特方程：

$$E = K - \frac{2.303RT}{F}\lg a_{F^-} \tag{1.1}$$

式中　E—— 待测溶液电动势；

　　　K—— 标准溶液电动势；

R—— 气体常数；

T—— 温度；

F—— 法拉第常数；

a_{F^-}—— 氟离子活度。

氟离子选择性电极对氟离子有良好的选择性，一般阴离子，除 OH^- 外，均不干扰电极对氟离子的响应。氟离子选择性电极的适宜 pH 范围为 5～7。一般氟离子电极的测定范围为 10^{-6}～10^{-1} mol/L。水中氟离子浓度一般为 10^{-5} mol/L。

在测定中为了将活度和浓度联系起来，必须控制离子强度，为此，应该加入惰性电解质（如 KNO_3）。一般将含有惰性电解质的溶液称为总离子强度调节液（Total Ionic Strength Adjustment Buffer，TISAB）。对于氟离子选择性电极，TISAB 由 KNO_3、柠檬酸三钠溶液组成。

用离子选择性电极测定离子浓度有两种基本方法。方法一：标准曲线法。先测定已知离子浓度的标准溶液的电位 E，以电位 E 对 $\lg c$ 作一工作曲线，由测得的未知样品的电位值，在 $E-\lg c$ 曲线上求出分析物的浓度。方法二：标准加入法。首先测定待分析物的电位 E_1，然后加入已知浓度的分析物，记录电位 E_2，通过能斯特方程，由电位 E_1 和 E_2 可以求出待分析物的浓度。本实验采用标准曲线法测定氟离子质量浓度。

三、实验试剂及仪器

（1）实验试剂。

NaF（基准试剂）、KNO_3（分析纯）、柠檬酸三钠（分析纯）、NaOH（分析纯）。

氟标准溶液 0.5 g/L：称取 1.106 g 于 120 ℃干燥 2 h 并冷却的 NaF 溶于去离子水，而后转移至 1 000 mL 容量瓶中，稀释至刻度，摇匀，保存在聚乙烯塑料瓶中备用。

氟标准溶液 0.2 g/L：移取 0.5 g/L 氟离子标准溶液 20 mL 稀释至 50 mL。实验前随配随用，用完倒掉，洗净容量瓶。

依照上述方法依次配制 0.01 g/L、0.04 g/L 的氟标准溶液。

TISAB：称取 294 g 柠檬酸三钠和 20 g 硝酸钾溶解于 800 mL 水中，用硝酸溶液（1+5）调节溶液的 pH 为 6，用水稀释至 1 000 mL，摇匀。

氟标准溶液 60 mg/L：移取 0.5 g/L 氟标准溶液 6 mL 与 TISAB 25 mL 至50 mL容量瓶，稀释至刻度，摇匀。

按照上述方法依次配制 0.2 mg/L、0.6 mg/L、0.8 mg/L、1.6 mg/L、2.0 mg/L、4.0 mg/L、5.6 mg/L、7.2 mg/L、12 mg/L、16 mg/L、20 mg/L、40 mg/L、65 mg/L、70 mg/L的氟标准溶液。

（2）实验仪器。

氟离子选择性电极一支、饱和甘汞电极一支、恒温水浴锅一台。100 mL 烧杯若干个，50 mL 容量瓶 5 个，25 mL 移液管、10 mL 移液管各一支，1 mL 和 10 mL 有分刻度的移液管各一支，100 mL 容量瓶一个。

四、实验步骤

(1)氟离子选择电极的准备。

氟离子选择电极在使用前，宜在纯水中浸泡数小时(或过夜)，或在 10^{-3} mol/L NaF 溶液中浸泡 1～2 h，再用去离子水洗至空白电位为 300 mV 左右。电极晶片勿与坚硬物碰擦，晶片上如有油污，用脱脂棉依次以酒精、丙酮轻拭，再用去离子水洗净。连续使用期间的间隙内，可浸泡在水中，长期不用，则风干后保存。

(2)预热仪器约 30 min，接入氟离子选择电极与参比电极。

(3)采用标准曲线法测氟离子质量浓度。

①将标准系列溶液由低浓度到高浓度依次转入塑料烧杯中，放入 30 ℃恒温水浴锅，插入氟离子选择电极和参比电极，搅拌 2 min，静置 5 min，待电位稳定后读数，记录电位值 E。以测得的电位为纵坐标，以 F^- 质量浓度为横坐标作标准曲线。

②溶液中 F^- 质量浓度的测定。准确量取 5 mL 溶液于 50 mL 容量瓶中，再分别移取 25 mL TISAB 溶液于上述容量瓶中，用去离子水稀释至刻度，摇匀，测定电位。

五、实验数据记录与处理

(1)对各标准溶液进行测定(表 1.1)。

表 1.1　各标准溶液所测得电位值

质量浓度/($mg \cdot L^{-1}$)	$\lg c$	电位/mV

(2)待测液所测得电位值及其氟离子质量浓度(表 1.2)。

表 1.2　待测液所测得电位值及其氟离子质量浓度

电位/mV	待测液氟离子质量浓度/($mg \cdot L^{-1}$)	母液氟离子质量浓度/($mg \cdot L^{-1}$)

六、思考题

(1)氟离子选择性电极在使用时应注意哪些问题?

(2)为什么要清洗氟离子选择电极,使其响应值小于−370 mV?

实验2 化合物的红外光谱测绘及定性分析

一、实验目的

(1)掌握溴化钾压片法制备固体样品的方法。

(2)了解傅立叶变换红外光谱仪基本原理,学习美国PE公司红外光谱仪的使用方法。

(3)掌握红外吸收光谱图的解析方法。

二、实验原理

物质分子中的各个不同基团,在有选择性地吸收不同频率的红外辐射后,发生振动能级之间的跃迁,会各自形成独特的红外吸收光谱,根据红外吸收光谱中各吸收峰的位置、强度、形状及数目的多少,可以判断物质中可能存在的某些官能团,进而对未知物的结构进行鉴定。

傅立叶变换红外光谱仪(FTIR)是20世纪70年代出现的红外光谱测量技术和仪器。这种技术具有采样速度快、分辨率和波数精度高、光谱范围宽、灵敏度高等优点,因而发展迅速并将逐步取代色散型红外光谱仪。FTIR是根据光的相干性原理设计而成的一种干涉型光谱仪。它主要由光源、干涉仪、吸收池、检测器、计算机和记录系统等组成。其工作原理:由光源发出的光经过干涉仪转变成干涉光,干涉光中包含了光源发出的所有波长光的信息。当干涉光通过试样时,某一些特定波长的光被试样吸收,所以检测器检测到的是含有试样信息的干涉光,通过转换送入计算机得到试样的干涉图,在经过计算机快速傅立叶变换后得到吸光度或透光率随频率或波长变化的红外光谱图。

三、实验试剂及仪器

(1)实验试剂。

无水乙醇、苯甲酸、溴化钾(130 ℃下干燥24 h)、脱脂棉。

(2)实验仪器。

美国PE公司红外光谱仪、压片机、红外灯、玛瑙研钵。

四、实验步骤

(1)溴化钾压片法制样。

①空白薄片。

取在130 ℃干燥24 h并保存在干燥器中的溴化钾100~200 mg置于玛瑙研钵中,在红外灯下充分研磨均匀，然后将粉末状的溴化钾移入洁净的压模内并均匀摊铺，置压模于压片机上，慢慢施加压力至 30 MPa 左右并维持 1 min，即制得透明的溴化钾薄片，作为空白薄片，待用。

②样品薄片。

取 1～2 mg 苯甲酸（在 80 ℃下干燥），在玛瑙研钵中充分研磨后，再加入 100 mg 溴化钾粉末，继续磨细至颗粒直径约为 2 μm，并使之完全混合均匀。然后将粉末状的混合物移入压模内摊铺均匀，置压模于压片机上，慢慢施加压力至 30 MPa 左右并维持 1 min，即制得透明的样品薄片。

（2）红外光谱的测定。

将上述制得的空白薄片和样品薄片分别装入样品架，先后置于红外光谱仪的样品室中；打开 Spectrom 软件并设置光谱吸收参数（波数范围、扫描次数、分辨率等），进行扫描测定。

扫描结束后，取出样品架，取下空白薄片和样品薄片，将压片模具和试样架等擦洗干净，置于干燥器中保存。

五、实验数据记录与处理

（1）解析苯甲酸的红外光谱图并指出主要吸收峰。

（2）根据未知高分子红外光谱图上吸收峰的位置，推断其可能存在的官能团及结构式。

六、注意事项

（1）必须保证研磨过程在红外灯下进行，以免溴化钾吸水受潮。

（2）制得的薄片必须无裂痕，局部无发白现象，如同玻璃完全透明，否则应重新制作。

（3）从模具中取薄片时，禁止用手接触薄片，以免污染薄片。

七、思考题

（1）化合物产生红外吸收的基本条件是什么？

（2）用溴化钾压片制作时，为什么研磨后的颗粒直径不能大于 2 μm？

（3）在用红外光谱测定和分析物质结构时，对谱图解析应遵循哪些规则？

实验 3　邻二氮菲分光光度法测定铁

一、实验目的

（1）掌握邻二氮菲分光光度法测定铁的原理。

（2）了解分光光度计的测定原理、方法及结构。

（3）学会吸收曲线、标准曲线的绘制。

二、实验原理

采用分光光度法测定时通常要经过显色和测量两个过程，为使测定结果有较高准确度和灵敏度，必须选择合适的显色条件和测量条件。用分光光度法测定物质的含量，一般采用标准曲线法，即配置一系列质量浓度的标准曲线，以溶液的质量浓度为横坐标，相应的吸光度为纵坐标，绘制标准曲线。在相同实验条件下，根据测得的吸光度值从标准曲线上查出相应质量浓度值即可计算出试样中被测物的质量浓度。

邻二氮菲是测定微量铁的很好的显色剂，其与 Fe^{2+} 在 pH＝3.0～9.0 的溶液中生成一种稳定的橙红色络合物 $Fe(phen)_3^{2+}$。在实际应用中常加入还原剂盐酸羟胺使 Fe^{3+} 还原为 Fe^{2+}，反应式为

$$2Fe^{3+} + 2NH_2OHHCl \longrightarrow 2Fe^{2+} + N_2 + 4H^+ + 2H_2O + 2Cl^-$$

三、实验试剂及仪器

(1)实验试剂。

0.1 g/L 铁标液、100 g/L 盐酸羟胺、1.5 g/L 邻二氮菲、1.0 mol/L 乙酸钠、样品铁。

(2)实验仪器。

722 型分光光度计、容量瓶(50 mL)、比色皿、吸量管、吸收池。

四、实验步骤

(1)配制标准溶液。

取 6 个容量瓶，分别标号 1～6，依次加入 0.00、0.20、0.40、0.60、0.80、1.00 mL 铁标液；然后在各个容量瓶按序加入 1 mL 盐酸羟胺、2 mL 邻二氮菲、5 mL 乙酸钠；最后将每个容量瓶稀释至刻度线 50 mL，待测。

(2)绘制吸收曲线。

用 1 cm 比色皿，以 1 号溶液为参比，在 440～560 nm 波长范围内，每隔 10 nm 测定一次 5 号溶液的吸光度 A。作出吸收曲线，找出最大吸收波长 λ_{max} 作为工作波长。

(3)标准曲线的绘制。

以 1 号溶液为参比，在 λ_{max} 处测定 2～6 号标液的吸光度 A。在坐标纸或计算机上以铁的质量浓度 $\rho_{Fe^{2+}}$ 对相应的吸光度 A 作图，得到标准曲线。

(4)未知样品铁质量浓度的测定。

按步骤(1)取 1.00 mL 样品铁与标准溶液在相同条件下显色，并测出 A_x 值，通过标准曲线求 ρ_x。

五、实验数据记录与处理

(1)记录分光光度计型号、比色皿厚度，绘制吸收曲线和标准曲线。

(2)计算未知液中铁的质量浓度，以每升未知液中铁多少克为单位。

六、注意事项

(1)不能颠倒各种试剂的加入顺序。

(2)读数据时要注意吸光度 A 和温度 T 所对应的数据。
(3)最佳波长选择好后不要再改变。

七、思考题

(1)邻二氮菲分光光度法测定微量铁时为何要加入盐酸羟胺溶液？
(2)参比溶液的作用是什么？在本实验中可否用蒸馏水作为参比？
(3)吸收曲线与标准曲线有何区别？在实际应用中有何意义？

实验4　填充色谱柱柱效能的测定

一、实验目的

(1)了解气相色谱仪的基本结构和工作原理。
(2)学习气相色谱仪的使用。
(3)学习、掌握色谱柱的柱效能测定方法。

二、实验原理

色谱柱的柱效能是色谱柱的一项重要指标，可用于考察色谱柱的制备工艺以及估计该柱对试样分离的可能性。在一定色谱条件下，色谱柱的柱效能可用有效塔板数 $n_{有效}$ 及有效塔板高度 $h_{有效}$ 来表示。塔板数越多，塔板高度越小，色谱柱的分离效能越好。有效塔板数及有效塔板高度的计算公式如下：

$$n_{有效}=5.54\left(\frac{t'_R}{Y_{1/2}}\right)^2=16\left(\frac{t'_R}{Y}\right)^2 \tag{4.1}$$

$$h_{有效}=\frac{L}{n_{有效}} \tag{4.2}$$

$$t'_R=t_R-t_M \tag{4.3}$$

式中　t_R——组分的保留时间；
t'_R——组分的调整保留时间；
t_M——空气的保留时间(死时间)；
$Y_{1/2}$——色谱峰的半峰宽度；
Y——色谱峰的峰底宽度；
L——色谱柱的长度。

由于不同组分在固定相和流动相之间的分配系数不同，因而同一色谱柱对不同组分的柱效能也不相同，所以在报告 $n_{有效}$ 时，应注明对何种组分而言。

三、实验试剂及仪器

(1)实验试剂。
正己烷、正庚烷、正辛烷均为分析纯(体积比为 1∶1∶1)。

(2)实验仪器。

气相色谱仪(热导检测器)、填充色谱柱(固定相:SE－30。担体:硅烷化白色担体柱,内径为 3 mm;柱长为 2 m)、FJ－2000 色谱工作站、微量进样器(50 μL)、注射器(2 mL)、载气为氮气。

四、实验步骤

(1)开启仪器,设定实验操作条件。

按气相色谱仪器操作步骤开启仪器。设定柱温为 80 ℃,汽化室温度为 150 ℃,检测器温度为 110 ℃,载气流量为 10～15 mL/min。

(2)开启色谱工作站,进入数据采集系统。

按照色谱工作站操作步骤开启计算机,进入色谱工作站,监视基线,待仪器上的电路和气路系统达到平衡,基线平直时,即可进样,同时记录数据文件名。

(3)测定试样的保留时间 t_R。

用微量进样器吸取 3 μL 试液进样,记录试样色谱图文件名。重复两次。

(4)测定死时间 t_M。

用注射器吸取 0.5 mL 空气进样,记录空气色谱图文件名。重复两次。

(5)数据记录。

按照色谱工作站操作步骤进入色谱工作站数据处理系统,依次打开色谱图文件并对色谱图进行处理,同时记录下各色谱峰的保留时间和半峰宽。

(6)实验处理。

实验完毕,用乙醚抽洗微量进样器数次,并按仪器操作步骤关闭仪器及计算机。

五、实验数据记录与处理

(1)记录实验条件。

①色谱柱:柱长、内径、固定相。

②载气及其流量、柱前压。

③柱温、汽化温度。

④检测器桥流、温度。

⑤进样量。

⑥数据文件名。

(2)记录及处理色谱数据。

①用色谱工作站数据处理系统处理空气色谱峰,并记录其保留时间,以秒表示。

②用色谱工作站数据处理系统处理样品色谱峰,并记录各峰的保留时间和半峰宽,均以秒表示。

③分别计算三个组分在该色谱柱上的有效塔板数 $n_{有效}$ 及有效塔板高度 $h_{有效}$。将各数据列表表示。

六、思考题

(1)本实验测得的有效塔板数可说明什么问题?

(2)试比较测得的苯和甲苯的 $n_{有效}$，并说明为什么用同一根色谱柱分离不同组分时，$n_{有效}$ 不同。

实验 5　高效毛细管电泳法测定食品中防腐剂的含量

一、实验目的

(1)学习高效毛细管电泳法的基本原理。

(2)熟悉高效毛细管电泳仪及其工作站的使用方法。

(3)掌握高效毛细管电泳法测定苯甲酸钠和山梨酸钠含量的方法。

(4)了解高效毛细管电泳分析的影响因素，学习建立最优的分析方法。

二、实验原理

在饮料、调味品中常常加入如苯甲酸钠和山梨酸钠等防腐剂，此类防腐剂有微量毒素，使用不当会给人体带来严重危害，应严格限制其在食品中的添加量，所以防腐剂的检测工作极为重要。

高效毛细管电泳(HPCE)技术是离子和带电粒子以高电场为驱动力，在细内径毛细管中按其淌度或分配系数的不同而进行快速、高效分离的一种电泳新技术。高效毛细管电泳具有高效快速、进样体积小、溶剂消耗少和样品预处理简单等优点，现已广泛用于分离、分析领域。传统的食品添加剂的测定一般采用气相色谱(GC)和高效液相色谱(HPLC)方法，这两种方法分析时一般都必须对样品进行复杂的前处理。而 HPCE 与之相比，实验成本低、分析时间短、适用范围宽，可同时分离和检测多个组分。高效毛细管电泳分为毛细管区带电泳(CZE)、毛细管等速电泳(CITP)、毛细管等电聚焦电泳(CIEF)和毛细管凝胶电泳(CGE)等多种模式，本实验涉及的是毛细管区带电泳法。

毛细管区带电泳法是在毛细管中仅填充缓冲液，基于溶质组分的迁移时间或淌度的不同而分离，除溶质组分本身的结构特点和缓冲溶液组成，不存在其他因素如 pH 梯度、聚合物网络的影响。实验采用硼砂作为缓冲液，待测饮料只需用缓冲液稀释，在特定的条件下，以峰高为定量依据，测定 3 种待测饮料中苯甲酸钠的质量浓度。

三、实验试剂及仪器

(1)实验试剂。

硼砂缓冲溶液(45 mmol/L)、HCl 溶液(0.1 mol/L)、NaOH 溶液(0.1 mol/L)、超纯水、苯甲酸钠和山梨酸钠混标 1 mg/mL、市售 3 种果汁饮料。

(2)实验仪器。

Beckman P/ACE™ MDQ 毛细管电泳仪、石英毛细管。

四、实验步骤

(1)制作标准曲线。

分别吸取上述苯甲酸钠储备液 0.5、1、2、3、4 mL 于 50 mL 容量瓶中，加入去离子水稀释至刻度，配置成苯甲酸钠、山梨酸钠质量浓度为 10、20、40、60、80 μg/mL 的标准液，在上述实验条件下，测各苯甲酸钠的峰值和山梨酸钠的峰值，绘制各标准曲线。

(2)样品分析。

样品的处理：取适量饮料于烧杯中，超声除气(碳酸饮料除气 20～30 min，非碳酸饮料除气 10～15 min)。

准确移取除气后的 3 种市售饮料各 5 mL 于 50 mL 容量瓶中，并以超纯水为稀释液，稀释至刻度，在上述实验条件下进样，根据谱图测定各峰值。

根据饮料测定的山梨酸钠和苯甲酸钠的质量浓度，设计加标回收。

(3)仪器操作。

① 开机。

接通电源，打开毛细管电泳仪开关，打开计算机，点击桌面 32 Karat 操作软件图标，点击 DAD 检测器图标，进入毛细管电泳仪控制界面。

将 0.1 mol/L HCl 溶液、0.1 mol/L NaOH 溶液、硼砂缓冲液、超纯水依次放入左边缓冲液托盘(Inlet)并记录对应的位置；将装有硼砂缓冲液及空的缓冲液瓶放入右边缓冲液托盘(Outlet)，记录对应的位置；将装有待检测样品的缓冲液瓶放入左侧样品托盘，记录对应的位置。

② 石英毛细管的处理。

在直接控制屏幕上点击压力区域，出现对话框。

设置 Pressure、Duration 等参数。点击 OK，瓶子移到指定位置后开始冲洗。冲洗完成，毛细管中充满运行缓冲液。

③ 方法编辑。

进入 32 Karat 主窗口，右键单击所建立的仪器，选择 Open offline，几秒钟后会打开仪器离机窗口。

从文件菜单选择 File Method New，在方法菜单选择 Method Instrument Setup 进入方法的仪器控制和数据采集模块，在这个对话框中输入用于仪器开始方法运行时的参数。

④ 建立序列。

从仪器窗口选择 File/Sequence/New 打开序列向导并按要求选择；点击 Finish，出现新建的序列表。

⑤ 系统运行。

从菜单选择 Control/Single Run 或点击图标打开单个运行对话框；在仪器窗口的工具条上点击绿色的双箭头打开运行序列对话框。

⑥ 关机。

关闭氘灯，点击 Load 使托盘回到原始位置，关闭毛细管电泳仪和计算机，切断电源。

五、实验数据记录与处理

(1)绘制标准样品工作曲线。

(2)记录原始数据，并求算样品中苯甲酸钠的质量浓度。

六、注意事项

(1)HCl、NaOH、样品和缓冲液等之间的切换是自动的,在实验过程中要随时注意是否放在正确位置。

(2)仪器运行过程中产生高压,严禁中途打开托盘盖。

七、思考题

(1)毛细管电泳仪的组成部分有哪些?

(2)为何选用硼酸作为缓冲液,其质量浓度是否会对实验结果产生影响?

(3)为什么各实验条件必须严格保持一致?

实验 6 溶胶一凝胶法制备透明导电铝掺杂氧化锌纳米薄膜

一、实验目的

(1)了解透明导电铝掺杂氧化锌薄膜的一般性质及用途。

(2)学习溶胶一凝胶法制备纳米薄膜的方法。

二、实验原理

透明导电氧化物(TCO)薄膜是一类把光学透明性能和导电性能复合于一体的无机光电材料。TCO 薄膜在光电显示器件、太阳能电池、气敏传感器等方面具有广阔的应用前景,能满足人类在信息时代特定条件下和不同目的的特殊需求。Al 掺杂 ZnO 薄膜(AZO 薄膜)具有易得、无毒、热稳定性高以及可同透明电极(ITO)薄膜比拟的光学、电学性质,近年来得到广泛研究,是最具开发潜力的透明导电薄膜。

AZO 薄膜的制备方法包括:磁控溅射法、脉冲激光沉积法、溶胶一凝胶法、化学气相沉积法、喷涂热分解法等。目前应用最多的是磁控溅射法,但由于该方法有对设备真空度要求高、大面积成膜的电导率和透光率稳定性差、均匀性得不到保证等缺点,因此不能用于大规模的工业化生产。而溶胶一凝胶法具有无须真空设备、成膜均匀性好、对衬底的附着力强、后处理温度低、可适合于各种衬底、易于控制薄膜组分等优点,是一种理想的成膜方法。

本实验采用溶胶一凝胶法制备 Al 掺杂 ZnO 薄膜,研究 Al 掺杂浓度(原子数分数)及成膜工艺对薄膜晶形结构、表面形貌及其透明导电性能的影响。

三、实验试剂及仪器

实验试剂及仪器见表 6.1。

表 6.1 实验试剂及仪器

试剂		仪器	
名称	纯度	名称	型号
硝酸铝	AR 级	磁力搅拌器	85－2 型
乙酸钠	AR 级	电子天平	BS－224－S
氯仿	AR 级	箱式电阻炉	SX2－10－12
氢氧化钾	AR 级	电热鼓风干燥箱	101－1AB 型
甲醇	AR 级		
正丁醇	AR 级		

四、实验步骤

(1)铝掺杂氧化锌溶胶的制备。

将 $Zn(CH_3COO)_2 \cdot 2H_2O$ (2.95 g，13.4 mmol)溶解于甲醇 (125 mL)，并在 60～65 ℃磁力搅拌下逐滴加入 KOH/甲醇溶液(23 mmol KOH，65 mL 甲醇)，并在 65 ℃下搅拌 2.5 h，冷却至室温，倒出上清液，白色沉淀用甲醇离心清洗 3 次，最后将洗涤后的沉淀加入 V(正丁醇)∶V(甲醇)∶V(氯仿)＝14∶1∶1 的混合液中，形成 ZnO 溶胶，在涂膜之前用 0.45 μm 针筒过滤器过滤备用。

以硝酸铝为掺杂剂，分别称取 0 mol/L、0.02 mol/L、0.04 mol/L、0.06 mol/L、0.08 mol/L硝酸铝加入以上 ZnO 溶胶，在磁力搅拌器搅拌下溶解备用。

(2)铝掺杂氧化锌薄膜的制备。

将普通的载玻片依次用洗涤剂、甲苯、丙酮、无水乙醇超声清洗，烘干后保存在无水乙醇中备用。

采用浸渍法制备 AZO 薄膜。具体工艺为：将洗净的载玻片置于 ZnO 溶胶中浸渍，然后在 100 ℃ 的加热板上干燥 10 min，冷却到室温，再重复上述操作，以达到一定的厚度。最后一层热处理结束后，将箱式电阻炉升温至 450 ℃，退火 1 h，随炉冷却到室温。得到 AZO 薄膜。

(3)铝掺杂氧化锌的测试与表征。

①物相分析：用 XRD 法确定产物的物相，与图表标准卡片对照，确定产物是否为铝掺杂氧化锌，分析掺杂浓度对 AZO 晶形结构的影响。

②对薄膜透过率和导电性进行研究。

五、实验数据记录与处理

将实验数据记录至表 6.2 中。

表 6.2 实验数据记录表

时间	进行的操作	现象	备注

六、思考题

(1)制备纳米氧化物时,选择原料要考虑哪些问题?

(2)在制备过程中,为什么要控制酸度?

实验 7 镁合金表面原位生长陶瓷膜及耐腐蚀性能评价

一、实验目的

(1)掌握利用微弧氧化技术在镁合金表面生长陶瓷膜的方法。

(2)进一步加深对镁合金阳极氧化过程的认识。

(3)掌握评价陶瓷膜层的方法。

二、实验原理

1880 年,俄国的 Слугинов 首次报道在溶液中发现火花放电现象;20 世纪 30 年代,德国的 Günterschulze 和 Betz 对液体中的火花放电现象进行了较详细的研究;20 世纪 60 年代,美国的 McNiell 和 Gruss 在含铌溶液中,实现了在铬电极表面沉积形成铌酸镉,第一次将液体中的火花放电现象应用于实际研究;1969 年,苏联科学家 Морков 深入地研究了铝的阳极氧化过程,发现氧化过程具有明显的阶段性。在火花放电过程之后,产生了更加强烈的放电,结果导致阳极表面形成了具有较高保护性能的陶瓷膜,放电被称为微弧放电,而过程被称为微弧氧化。20 世纪 90 年代,美、俄、英等国都加快了微弧氧化技术的研究和开发工作,微弧氧化的处理对象也从铝合金逐渐扩大到钛合金、镁合金等其他金属。

微弧氧化过程中所研究的电化学体系有着自身特有的电压、电流变化特点。一般情况下是保持反应过程中电流密度不变,研究电压随时间的变化特点。记录的电压为电源的输出电压,也就是回路中的电压降,它主要是由电解液、陶瓷膜、阴极和电解液界面、电解液和氧化膜界面、氧化膜和阳极界面的电压降组成,通常把这个电压称为槽压。图 7.1 为微弧氧化过程中对应的槽压一时间曲线。

从图中可以看出,槽压一时间曲线可以分为四个不同的阶段,Ⅰ、Ⅱ、Ⅲ、Ⅳ区域分别对应无火花阶段(又称普通阳极化阶段)、火花阶段、微弧阶段、弧阶段,各阶段对应的电压名称如图中所示,U_1、U_2、U_3分别为火花电压、微弧电压和弧电压,它们代表在被处理试样

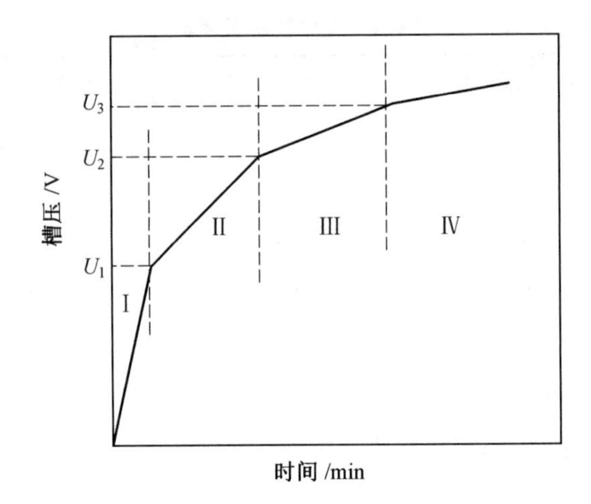

图 7.1 微弧氧化过程中对应的槽压—时间曲线

表面出现第一个火花(微弧、弧)放电的电压。在氧化的每一个阶段(无火花、火花、微弧、弧阶段)都伴随着氧化膜的组成和结构的改变,这与氧化规律和极化作用参数的改变有关,在表观上是回路的电压降发生了变化。

曲线上Ⅰ区域对应无火花阶段,这一阶段在提供电压之后立即开始,而且电压上升速度很快。此阶段试样表面没有火花产生,由于腐蚀的竞争过程,形成了疏松、半透明的膜。曲线上Ⅱ区域为火花阶段。研究发现,火花电压(U_1)的数值不仅取决于金属及其纯净度,还受电解液的组成、浓度、温度、pH 及电源参数等许多因素的影响。在火花放电之后产生了更加强烈的放电,有许多微小的电弧在阳极表面扫描,伴随弧光和声音的产生,这个放电使阳极表面形成了具有较高保护性质的氧化膜。这种放电方式称为微弧放电,其放电过程称为微弧氧化(区间Ⅲ)。此阶段电压的上升速率减小。随着微弧氧化过程的持续,火花体积逐渐增大,其数量减少,火花扫描速度减小,停留时间长,氧化过程进入弧放电阶段(区间Ⅳ)。弧氧化为微弧氧化过程的最后阶段,在弧阶段表面熔化体积增大,能够促进陶瓷膜硬度的提高,同时也促进了气孔的形成,降低了表面的电绝缘性能,所以这个阶段维持时间不能太长。

微弧氧化过程中产生的放电是对金属表面局部微区的作用,放电通道温度高达 2 000~8 000 ℃(但电解液温度为室温),压力可达 100 MPa 以上,这种极限条件赋予了陶瓷膜层优异的耐磨、耐腐蚀、耐热及电绝缘性能。微弧氧化过程中参与反应并形成陶瓷膜的粒子在电解液中受电场力作用,可均匀传输到基体附近的空间,使陶瓷膜均匀性好,而且陶瓷膜是在基体上原位生长,与基体结合强度高。利用此技术可以同时对大量形状复杂的零件进行全方位的处理,不受基体尺寸形状的限制,这是其他表面改性技术难以达到的。

在硅酸盐和磷酸盐体系下,镁合金微弧氧化膜层中主要含有 MgO、$MgSiO_3$、Mg_2SiO_4、$Mg_3(PO_4)_2$ 等物相,在镁合金微弧氧化过程中,阳极电流可以由 OH^-、SiO_3^{2-}、PO_4^{3-} 等阴离子提供,在极化过程中镁合金阳极表面能够发生下列反应:

$$4OH^- \longrightarrow O_2 + 2H_2O + 4e^- \tag{7.1}$$

$$Mg-2e \longrightarrow Mg^{2+} \tag{7.2}$$

$$2Mg+O_2 \longrightarrow 2MgO \tag{7.3}$$

$$Mg^{2+}+2OH^- \longrightarrow Mg(OH)_2 \tag{7.4}$$

$$Mg(OH)_2 \longrightarrow MgO+H_2O \tag{7.5}$$

$$Mg^{2+}+SiO_3^{2-} \longrightarrow MgSiO_3 \tag{7.6}$$

$$2Mg^{2+}+SiO_3^{2-}+2OH^- \longrightarrow Mg_2SiO_4+H_2O \tag{7.7}$$

$$3Mg^{2+}+2PO_4^{3-} \longrightarrow Mg_3(PO_4)_2 \tag{7.8}$$

阳极极化时镁元素发生电化学溶解，阳极表面形成多孔的结构。由于 OH^- 的电解，电极表面有大量的氧气生成，一部分氧气扩散进入电解液中，另一部分扩散进入阳极表面的多孔层中。在孔洞中，一部分氧与镁反应生成氧化镁，另一部分吸附在孔洞内表面，使孔洞的电绝缘性提高，图 7.2 为气体吸附的孔洞结构示意图。由于存在多孔的外层，镁合金表面的电场分布变得不均匀。在使用直流电源的情况下，阴极位于液相本体与孔的交界处，面积比较大；阳极则位于孔的底部，微孔的几何尺寸的不同引起了电场的变形，电场的最大变形应该在孔的底部，此处的电场强度最大。

根据式(7.1)的电极过程，OH^- 在阻挡层的表面电解释放出的氧气，一部分溶解并向电解液扩散，另一部分向孔道内扩散，在孔中积累，最终孔的表面被一层气体膜所覆盖(图 7.2)，隔断了电解液与钝化膜的接触。当孔中电势差超过气体的离子化电压时，气孔中产生电晕放电，电压继续升高，电晕放电的区域能够占据气体间隔的整个体积，从而转变为等离子体火花放电。

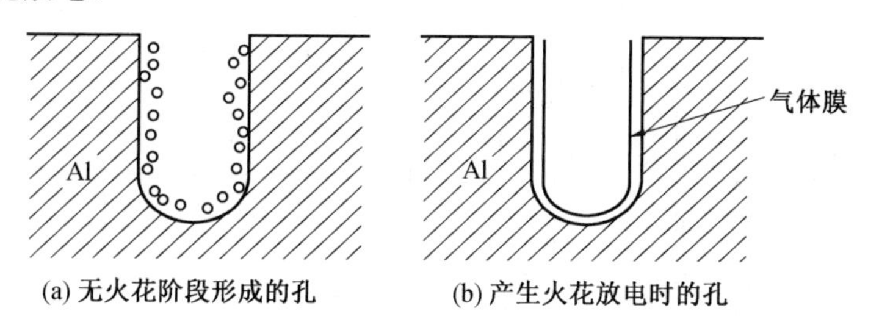

图 7.2　气体吸附的孔洞结构示意图

表面放电等离子体化学反应是一个相当复杂的过程，包含电子、水分子、溶液中的阴离子和金属电极的原子、离子之间的相互反应。关于这方面的研究很少，但有一点是非常明确的，即这些物质之间的相互反应最终会导致高熔点、不溶性产物在基体金属表面生成，这些不溶性产物是表面陶瓷膜生成的原因之一。

三、实验试剂及仪器

(1)实验材料。

本实验在成膜工艺研究中采用的基体材料为 AZ31 镁合金板，厚度为 2 mm，用聚四氟乙烯绝缘胶带限制其反应区为 20 mm×20 mm。其化学成分见表 7.1。

表 7.1 AZ31 镁合金的化学成分(质量分数) %

元素	Al	Mn	Zn	Fe	Si	Be	Cu	Mg
含量	～3.19	～0.334	～0.081	～0.018	<0.020	<0.020	<0.020	余量

(2)试剂与仪器。

实验试剂与仪器见表 7.2,实验装置图如图 7.3 所示。

表 7.2 实验试剂与仪器

试剂		仪器	
名称	纯度	名称	型号
硅酸钠	分析纯	磁力搅拌器	85－2
磷酸钠	分析纯	电子天平	DT100A
氟化钠	分析纯	砂纸	金相
氢氧化钾	分析纯	酸式滴定管	1642＃
高锰酸钾	分析纯	微弧氧化脉冲电源	WH－Ⅲ
硝酸	分析纯	电解槽	自制

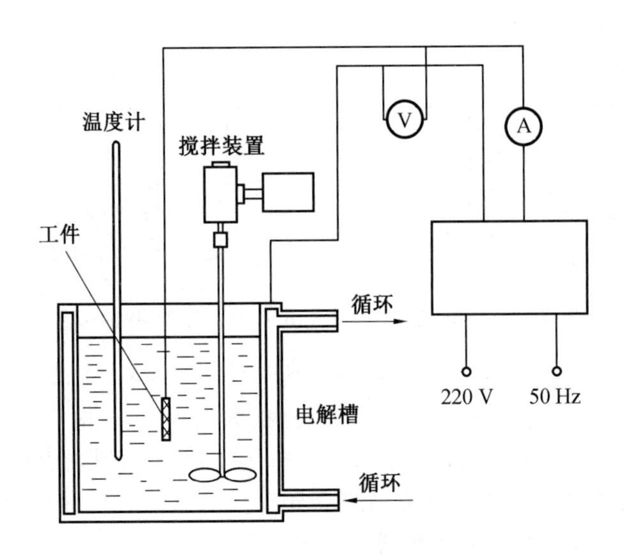

图 7.3 微等离子体氧化实验装置图

四、实验步骤

(1)前处理工艺:AZ31 镁合金表面微弧氧化处理工艺流程为机械抛光→化学除油→自来水清洗→蒸馏水清洗→干燥。

(2)电解液的成分:8 g/L Na_2SiO_3、1 g/L Na_3PO_4、2 g/L KOH 和 1 g/L NaF。

(3)连接微等离子体氧化反应系统:将微弧氧化电源的负极与电解槽相连,作为反应的阴极,将电源的正极连接在试样上,作为阳极,试样浸在电解液中,聚四氟塑料胶带要高于液面。通过电动搅拌器对电解液进行搅拌，加速溶液的传质，降低溶液的浓差极化及温度的不均匀性。接通冷却系统。

(4)控制反应：通过调节微弧氧化的电源参数，观察电源频率和氧化时间对镁合金微弧氧化陶瓷膜层的耐腐蚀性能的影响。

①接通电源，调节脉冲电源使反应过程中正负向电流密度保持为 5 A/dm^2，氧化时间为 10 min，正负向占空比各为 10%，电源频率分别设定为 50 Hz、500 Hz 和 1 000 Hz。

②接通电源，调节脉冲电源使反应过程中正负向电流密度保持为 5 A/dm^2，电源频率为 1 000 Hz，正负向占空比各为 10%，氧化时间分别设定为 5 min、10 min 和 15 min；观察反应的现象，记录反应过程中的槽压。当反应完成时，先将电压调节到零点，然后切断电源，待电压表显示降为 0 时将试样取出，首先用蒸馏水冲洗，然后用吹风机将试样吹干。

(5)性能测试：配制点滴实验的溶液(0.1 g $KMnO_4$、60 mL HNO_3、40 mL H_2O)滴在固定平稳的镁合金表面膜层上，通过溶液的颜色由紫色变化为无色的时间来评价膜层的耐蚀性能。变色时间越长，证明陶瓷膜层的耐腐蚀性越好。

五、实验数据记录与处理

将实验数据记录至表 7.3 中。

表 7.3　实验记录表

时间/s	阳极电压/V	阴极电压/V	时间/s	阳极电压/V	阴极电压/V

六、注意事项

(1)在开始实验之前，必须检查电源的正、负极是否与试样和电解槽相连接，自耦变压器的指针是否在零点。

(2)在实验过程中不能用手触摸阳极，以免被高压电所击伤。

(3)实验停止时，先将电压调节到零点，然后切断电源，待电压表读数为零时，方可将试样取出，否则会造成危险。

七、思考题

(1)什么是阳极氧化？

(2)为什么镁合金可以发生微弧氧化反应？其他金属是否可以？

(3)比较所得膜层耐腐蚀性能，分析原因。

实验 8　仿生荷叶微纳结构可控制备及其超疏水性能研究

一、实验目的

(1)了解仿生材料的设计思想,掌握具有“自洁功能”荷叶的微观结构。

(2)学会气相沉积制备薄膜的原理及基本工艺。

(3)掌握材料表征设备的原理及操作,为后续的科研工作打下基础。

二、实验原理

自 20 世纪 70 年代以来,荷叶的自洁效果引起了人们很大的兴趣。荷叶表面微米—纳米微观结构和低表面能的共同作用能够赋予其表面超疏水性能。鉴于超疏水材料较强排斥水效应的存在,常见的腐蚀、结冰、氧化等现象在其表面受到抑制,使其具有可降低污染物吸附、防腐蚀、抗污染等多种独特性能,有较强的自清洁功能。

目前已知的制备疏水自洁膜层的方法主要有模板法、气相沉积法、溶胶—凝胶法等,但这些方法多数存在对设备和工艺要求过高等问题。本实验使用原子层沉积技术在玻璃表面沉积 AZO 膜层,不仅解决了非晶态氧化铝随薄膜厚度的增加产生细小裂纹,从而导致薄膜对水和氧气的阻隔性变差的难题,也解决了膜层与基底结合力不足的问题。该复合膜层是集可见光区高透射率、红外区高反射率和高稳定性于一体的超薄薄膜,具有良好的疏水特性,在日常生活中具有极为广阔的应用前景。

三、实验试剂及仪器

(1)实验试剂。

六水合硝酸锌、九水合硝酸铝、六次甲基四胺(HMTA)、蒸馏水。

(2)实验仪器。

超高真空磁控与粒子束联合溅射仪、原子层沉积系统、鼓风干燥箱、水热釜。

四、实验步骤

(1)荷叶及其超疏水性微观形貌研究。

使用扫描电子显微镜(SEM)对超疏水荷叶表面的微纳结构进行观察和分析,找出构筑超疏水微纳结构的思路。

(2)基底准备及原子层沉积/磁控溅射 AZO 种子层的制备。

采用标准样品清洗流程对玻璃硅片等基体进行预处理,用原子层沉积技术、磁控溅射设备在基底上制备 AZO 种子层:

原子层沉积可变参数为镀膜厚度(5 nm、10 nm、15 nm)。

采用射频磁控溅射技术在普通玻璃基底上制备 AZO 缓冲层,溅射功率分别为50 W、100 W、150 W,溅射气压分别为 0.1 Pa、0.4 Pa、0.8 Pa,镀膜时间分别为 0.5 h、1 h 及1.5 h。

(3)水热 AZO 微纳结构的构筑。

①称取 $Zn(NO_3)_2 \cdot 6H_2O$、$Al(NO_3)_3 \cdot 9H_2O$、HMTA 溶于 40 mL 蒸馏水中，配置成 Zn^{2+} 与 Al^{3+} 摩尔比为 99∶1、97∶3、95∶5 且(Zn^{2+} + Al^{3+})与 HMTA 的浓度均为 0.05 mol/L的混合溶液。

②将沉积有 AZO 缓冲层的玻璃片倾斜放置于水热反应釜的聚四氟内衬，然后将配置好的反应溶液倒入聚四氟内衬，再将水热釜整体放入电热鼓风干燥箱，140 ℃条件下反应 1 h、3 h、5 h。

③反应完成，取出水热釜置于空气中冷却至室温后，打开水热釜，将玻璃片取出，用去离子水反复冲洗四次，然后置于空气中晾干，最终形成 AZO 薄膜。

(4)薄膜电学性能表征。

采用四探针测试仪，研究磁控溅射及水热法所获得 AZO 薄膜的电学性能，分析不同生长工艺对 AZO 薄膜电学性能的影响。

(5)薄膜结构、形貌表征。

采用扫描电子显微镜研究水热后薄膜的微观形貌，分析不同生长工艺对 AZO 薄膜表面形貌的影响。

(5)自洁性能及机理研究。

采用接触角测试仪研究磁控溅射及水热法所获得 AZO 薄膜的自洁性能，分析不同表面形貌对 AZO 薄膜自洁性能的影响，进而阐述 AZO 微纳结构薄膜的自洁机理。

五、实验数据记录与处理

(1)记录实验前及实验后不同沉积厚度的基底的疏水角。

(2)记录实验表征的所有数据并进行分析。

六、注意事项

(1)在使用水热釜时，确保釜体下垫片位置正确(凸起面向下)，然后放入聚四氟乙烯衬套，先拧紧釜盖，然后用螺杆把釜盖旋扭拧紧。

(2)在操作扫描电子显微镜时，注意样品高度不能超过样品台高度，并且样品下面的螺丝不能超过样品台下部凹槽的平面。

七、思考题

(1)原子层沉积系统在使用过程中应注意什么?

(2)阐述 AZO 微纳结构薄膜的自洁机理。

实验 9　Al_2O_3纳米线的制备及形貌表征

一、实验目的

(1)了解电化学阳极氧化的基本原理。

(2)掌握阳极氧化 Al_2O_3 纳米线的制备方法。

(3)学习应用扫描电子显微镜技术观察和分析物质表面形态。

二、实验原理

Al_2O_3 是一种高硬度的金属氧化物,具有无味、无毒、硬度高、耐腐蚀、价格便宜等特点,在众多方面表现出优异的性能,广泛应用于生物材料、矿业生产、催化剂、高温材料、电子陶瓷等领域,是功能材料的研究热点之一。不同形貌的氧化铝具有不同的微观结构,不同微观结构对其物理和化学性能具有很大的影响,科学家已经制备出包括纳米线、纳米纤维、纳米管、纳米晶在内的多种结构形态的氧化铝。氧化铝纳米线具有优异的热稳定性和化学稳定性,在高温下能保持较高的弹性模量和特殊的光学性质,在耐高温纳米元件和复合纳米材料领域具有广阔的应用前景。氧化铝纳米线的制备方法众多,如气相沉积法、化学侵蚀法和阳极氧化法等,阳极氧化法是将铝片直接进行阳极氧化制备氧化铝纳米线,具有产率高、成本低等优点。本实验采用高纯度铝片,在一定的电解液中,以铝为阳极进行恒压阳极氧化,从而使其表面形成纳米线,并通过 SEM 表征分析制备的 Al_2O_3 纳米线的尺寸、大小、均匀性和分散性。

阳极氧化原理:

Al 为阳极,Pt 为阴极,草酸溶液为电解液,电解时的电解反应如下:

阴极:
$$2H^+ + 2e^- \longrightarrow H_2 \tag{9.1}$$

阳极:
$$H_2O - 2e^- \longrightarrow [O] + 2H^+ \tag{9.2}$$

$$2Al + 3[O] = Al_2O_3 \tag{9.3}$$

阳极氧化形成的氧化铝的反应为

$$Al_2O_3 + 6H^+ = 2Al^{3+} + 3H_2O \tag{9.4}$$

三、实验试剂及仪器

(1)实验试剂及材料。

高纯度铝片、乙醇、去离子水、草酸、铂电极。

(2)实验仪器。

电化学工作站、分析天平、电解槽、磁力搅拌器、铂电极、热吹风机、扫描电子显微镜。

四、实验步骤

(1)Al_2O_3 纳米线的制备。

在电解槽中加入 0.1 mol/L 草酸电解液 200 g,加热至 40 ℃,进行磁力搅拌,将清洗过的高纯度铝片作为阳极,铂电极作为阴极,两电极间距为 20 mm,在两电极间分别加载 40 V 和 20 V 直流电压进行 3 h 的阳极氧化反应,反应过程中保持温度和电压恒定。阳极氧化一定时间后结束反应,用去离子水洗涤铝片表面的氧化膜,热风吹干。

0.1 mol/L 草酸电解液的制备:称取 3.2 g 草酸,溶于 500 mL 去离子水中混匀。

铝片的清洗步骤:

①将铝片裁切成 2 cm×2 cm。

②用洗洁精除去铝片表面的污垢和灰尘，再用清水冲洗干净。

③将铝片分别置于乙醇和去离子水中清洗，反复 3 次。

④用热风将处理好的铝片吹干。

(2) Al_2O_3 纳米线的表面形貌表征。

将经过阳极氧化处理后的铝片粘贴于导电胶上，进行喷镀金膜处理，采用扫描电子显微镜观察样品的表面形貌，设置仪器的加速电压为 15 kV，检测制备成的 Al_2O_3 纳米线的尺寸、大小、均匀性和分散性。

五、实验数据记录与处理

(1)观察并记录经过阳极氧化后铝片颜色与质量的前后变化。

(2)观察并记录经过 40 V 和 20 V 电压阳极氧化后的 Al_2O_3 纳米线的区别，包括样品的尺寸、大小、均匀性、分散性、几何形状等。

六、思考题

(1)在阳极氧化过程中，铂电极的作用是什么？

(2)阳极氧化制备 Al_2O_3 纳米线过程中，除了可以调节电压外，还可以调整哪些参数？

(3)为了保证 SEM 图像质量，对样品制备有何要求？

实验 10　碘量法测定软锰矿中 MnO_2 含量

一、实验目的

(1)了解软锰矿的组成。

(2)熟悉碘量法的原理及操作步骤。

(3)熟练掌握氧化还原滴定中各步骤各物质间的计量比，学会简化计算过程。

(4)熟练掌握各种杂质的去除方法。

二、实验原理

软锰矿的主要成分是二氧化锰，它是一种黑色或灰黑色无定型粉末。锰是冶金工业和化学工业不可缺少的原料，锰矿石在化学工业上的主要用途是制造二氧化锰、硫酸锰、高锰酸钾等，其中二氧化锰是制造干电池的原料。由于锌锰电池的应用越来越广泛，电池业对二氧化锰的需求量日益增长。软锰矿不仅是制备电解二氧化锰(EMD)的重要原料，而且一些优质的软锰矿可供锌锰电池直接使用。

用软锰矿作为电极材料，要求其中二氧化锰含量尽量高，对软锰矿进行 MnO_2 含量分析，是确定电池级软锰矿性能的重要手段。由于软锰矿中一般含有少量的 Mn_2O_3、Mn_3O_4 以及其他化合物，因此对二氧化锰含量的准确测定有影响，目前常用的测定方法有碘量法、草酸钠法和硫酸亚铁法。

草酸钠法和硫酸亚铁法都存在共存离子干扰严重、操作烦琐费时、分析误差大等不足。此次实验根据碘量法的基本原理，在硫磷混酸介质中和过量碘化钾存在的条件下，使二氧化锰与碘化钾作用定量地析出碘，析出的碘用硫代硫酸钠标准溶液滴定。通过实验得出碘量法测定软锰矿中二氧化锰含量的最佳条件。

三、实验试剂及仪器

(1)实验试剂。

硫磷混酸(将 200 mL 硫酸缓慢加入到 100 mL 蒸馏水中，边加边搅拌，冷却后，再加 200 mL 磷酸并小心混匀)、200 g/L 碘化钾溶液、0.1 mol/L 硫代硫酸钠标准溶液(用 0.02 mol/L重铬酸钾标准标定)、0.5%淀粉指示剂溶液。

(2)实验仪器。

各种容量的烧杯、酸式滴定管、天平、药匙等。

四、实验内容

称取 0.1～0.2 g 矿物样品于碘量瓶中，加入少量蒸馏水润湿(约 2 mL)，再加入 20 mL 酸、15 mL 碘化钾溶液，具塞，摇匀后，在室温下于暗处静置 15～30 min。待完全反应后，立即用硫代硫酸钠标准溶液标定溶液至浅黄色时，加 3 mL 淀粉指示剂，继续滴定至蓝色刚好消失，即为终点。

五、注意事项

(1)试样中存在的杂质铁，在酸性溶液中会以三价铁离子形式出现，具有氧化性，会将部分碘离子氧化成碘单质而干扰测定。由于磷酸根离子对三价铁离子有较强的络合能力，故在试液中加适量的磷酸可消除铁的干扰。

(2)在酸性条件下二氧化锰有较强的氧化性，把碘离子氧化为碘单质，所以反应应在酸性条件下进行。为使矿物溶解完全，必须加足够的酸，但酸过多会使溶解的 Mn^{2+} 与磷酸根在锰矿物的表面形成络合物，不利于矿物溶解，影响测定结果。所以酸的用量要适度。

(3)在室温和一定的酸度条件下，样品中的二氧化锰与碘离子作用，定量析出碘单质，一般需要 15 min 左右。其反应速度随试样粉末颗粒的大小而有所不同。对于颗粒大小一定的粉末试样而言，延长反应时间可使反应更完全，但反应时间太长，生成的碘单质会挥发。同时，过量的酸会逐渐溶解矿物中的其他成分，影响测定结果。

(4)提高温度可加速碘单质的析出反应，对测定有利，但温度提高则会加速碘单质的挥发，这正是本实验的主要误差来源。

六、关于该实验的思考

影响该实验结果的因素有很多，不仅可以通过注意完善这些因素提高实验的精确度，还可以用统计学方法，以这些因素对实验产生的影响来评估另一因素对该实验结果产生最佳影响时的具体状态。例如以混酸用量、反应温度、静置时间为影响因子，每个影响因子取三个水平，以测得的二氧化锰含量为考察指标，采用 L9 正交实验法进行实验。实验数据中极差 R 的大小代表了该因素变化对二氧化锰含量测定的影响程度，极差大的因素表示其三个水平对测定的影响较大。因此，可以得出碘量法测定软锰矿中 MnO_2 含量的最佳条件。

第二部分　能源材料

从基础化学试剂(原料)到功能材料再到器件组装与表征,是解决化工问题的核心、关键步骤,也是学科知识集成、知识运用的重点和难点。本部分内容针对当今全球面临的能源问题,结合目前世界化工研究领域针对能源问题开展的各类解决方案,将国际前沿科研成果转化为具体实验内容,期望能开拓读者的思维,并为解决问题提供方案设计借鉴,期许在未来能探索出一条清洁、有效的能源之路。本部分具体内容包括太阳能电池、生物质能源、发光二极管(LED)、有机硅、上转换晶体、CO_2转换、氢能等多方面化工能源解决之道;在实验项目安排上,本部分内容采用逐层递进的方式,实现从基础化学试剂(原料)到最终器件的性能评价,构建一个完整的问题解决、实施方案。

实验 11　掺杂改性 TiO_2的制备

一、实验目的

(1)了解水热合成法的原理。

(2)掌握水热合成法的操作要点,利用水热合成法合成掺杂改性 TiO_2。

(3)掌握对掺杂改性 TiO_2 进行表征的一般方法。

二、实验原理

水热合成法是一种常用的无机材料合成方法,在纳米材料、生物材料和地质材料中具有广泛的应用。水热法又称热液法,属于液相化学法的范畴。水热反应依据反应类型的不同可分为水热氧化、水热还原、水热沉淀、水热合成、水热热解、水热结晶等。而水热合成是指温度为 100～1 000 ℃、压力为 1 MPa～1 GPa 条件下利用水溶液中物质化学反应所进行的合成。在亚临界和超临界水热条件下,由于反应处于分子水平,反应性提高,因而水热反应可以替代某些高温固相反应。又由于水热反应的均相成核及非均相成核机理与固相反应的扩散机理不同,因而可以创造出其他方法无法制备的新化合物和新材料。水热合成法的优点有:所得产物纯度高,晶面热应力较小,内部缺陷少,分散性好,粒度易控制。

根据加热温度,水热合成法可以被分为亚临界水热合成法和超临界水热合成法。通常在实验室和工业应用中,水热合成的温度在 100～240 ℃,水热釜内压力也控制在较低的范围内,这是亚临界水热合成法。而为了制备某些特殊的晶体材料,如人造宝石、彩色石英等,水热釜被加热至 1 000 ℃,压力可达 0.3 GPa,这是超临界水热合成法。

目前,水热合成法主要应用在制备单晶、有机－无机杂化材料、沸石和纳米材料等方面。

三、实验试剂及仪器

(1)实验试剂。

钛酸四丁酯、稀硝酸。

(2)实验仪器。

电热恒温反应箱、磁力加热搅拌器、马弗炉、抽滤泵、抽滤瓶、真空干燥箱、高速离心机、酸度计、烧杯、水热反应釜。

四、实验步骤

利用水热反应制备的 TiO_2 纳米粉体，通常尺寸均一，晶相有较高的比表面积，晶体发育完整、粒度小、分布均匀、颗粒团聚较少，具有合适的化学计量比和晶形。通过此法制成的 TiO_2 薄膜透光性好且薄膜厚度易于控制，有利于染料对光的吸收。

以钛酸四丁酯为原料，在稀硝酸环境下水解，得到纳米 TiO_2 前驱体，再转移至水热釜内，合成 TiO_2 纳米粒子，实验的工艺流程如图 11.1 所示。

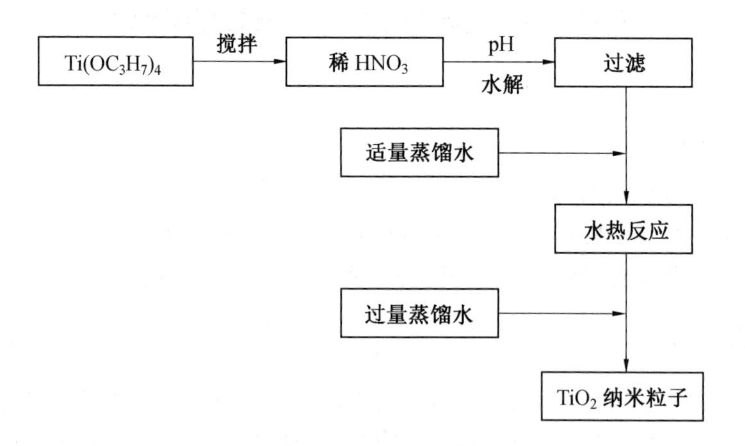

图 11.1　水热法合成 TiO_2 纳米粒子的工艺流程图

具体操作过程：

(1)取 8 mL 钛酸四丁酯置于烧杯中，剧烈搅拌，缓慢滴加稀硝酸，调节溶液 pH 至 3.5，待 pH 调节完毕，持续搅拌 20 min。

(2)待搅拌完毕，将溶液过滤，除去溶液中白色水解物质，取过滤清液，加适量蒸馏水稀释至 40 mL，搅拌 10 min。

(3)将溶液转移至水热反应釜中，保持水热反应釜中填充度≤80%，密封水热反应釜，将水热反应釜置于干燥箱中，设定加热温度为 180 ℃，加热时间 2 h。

(4)待加热结束后，关闭加热电源，自然冷却，取出反应釜物质，加入大量蒸馏水洗涤至中性，离心分离出下层浆液物质。

(5) 将前期利用水热合成制备的纳米 TiO_2 浆液在 80 ℃烘箱中干燥后，放入马弗炉 450 ℃烧结 30 min，冷却至室温后即可得到纳米 TiO_2 粉体。

五、实验数据记录与处理

(1)改变钛源含量,观察对产物 TiO_2 粉体的影响,将结果记录在表 11.1 中。

表 11.1　钛源含量对产物 TiO_2 粉体的影响

钛酸四丁酯/mL	4	6	8	10	12	14
TiO_2 粉体质量/g						
TiO_2 粉体形貌						

(2) 改变 pH,观察对产物 TiO_2 粉体的影响,将结果记录在表 11.2 中。

表 11.2　pH 对产物 TiO_2 粉体的影响

pH	2.0	2.5	3.0	3.5	4.0	4.5
TiO_2 粉体质量/g						
TiO_2 粉体形貌						

(3) 改变水热反应温度,观察对产物 TiO_2 粉体的影响,将结果记录在表 11.3 中。

表 11.3　水热反应温度对产物 TiO_2 粉体的影响

水热反应温度/ ℃	130	140	150	160	170	180
TiO_2 粉体质量/g						
TiO_2 粉体形貌						

(4) 改变水热反应时间,观察对产物 TiO_2 粉体的影响,将结果记录在表 11.4 中。

表 11.4　水热反应时间对产物 TiO_2 粉体的影响

水热反应时间/h	0.5	1	1.5	2	2.5	3
TiO_2 粉体质量/g						
TiO_2 粉体形貌						

(5) 改变马弗炉烧结温度,观察对产物 TiO_2 粉体的影响,将结果记录在表 11.5 中。

表 11.5　马弗炉烧结温度对产物 TiO_2 粉体的影响

烧结温度/ ℃	350	400	450	500	550	600
TiO_2 粉体质量/g						
TiO_2 粉体形貌						

六、注意事项

(1) 在本实验加热过程中,需每天留人监管加热过程,防止反应釜漏、冒现象的发生,如发生反应釜漏、冒现象,应及时停止加热。

(2) 在本实验操作过程中，应及时检查电源、电线的完整情况，防止触电事故的发生。

(3) 在使用马弗炉的过程中，必须留人看守，严禁无人加热。

七、思考题

(1) 在本实验操作过程中，为什么需过滤除去溶液中白色水解物质？

(2) 在水热反应釜的装釜过程中，水热反应釜中填充度为什么需≤80%？

(3) 在纳米 TiO_2浆液的后处理过程中，为什么纳米 TiO_2浆液需先烘干，再烧结？能否将纳米 TiO_2浆液直接烧结获得纳米 TiO_2粉体？

(4) 在开釜后，为什么需用大量蒸馏水将纳米 TiO_2浆液洗涤至中性？

(5) 归纳总结影响纳米 TiO_2粉体产量与形貌的因素有哪些。

实验 12 由掺杂改性 TiO_2粉体制备纳米管

一、实验目的

(1)了解将 TiO_2粉体制备为纳米管在太阳能薄膜电池中的作用。

(2)了解 TiO_2纳米管的生长机理。

(3)掌握回流操作的要点。

二、实验原理

二氧化钛纳米管之所以具有较大的发展潜力，其最大的优势在于二氧化钛纳米管比纳米颗粒具备更高的比表面积，而且光催化活性能力较强。二氧化钛纳米管或纳米管/纳米颗粒混合物为薄膜电极材料，由于二氧化钛纳米管较之纳米颗粒具有更大的比表面积，能吸附更多的染料分子、形成优良的电子传输结构，有望提高材料的光伏性能，因此研究者期望 TiO_2纳米管于光阳极材料上的使用对于染料敏化太阳能电池的光电流以及光电转换效率有显著的改良效果。

Kasuga 在 1999 年提出了二氧化钛纳米管的生长机制：在 TiO_2颗粒中加入高浓度的氢氧化钠水溶液时，Na^+会使二氧化钛的 Ti—O—Ti 键断裂并在 TiO_2表面形成 Ti—O—Na 键，颗粒表面带有 Na^+的剩余电荷，这些剩余电荷由于静电排斥作用而处于分散状态。这时直接加入高浓度的 HCl 水溶液时，解离的 Cl^-会与 Na^+形成盐类，颗粒表面的剩余电荷也会迅速消失，生成颗粒状产物。而如果使用去离子水处理，颗粒表面的电荷会缓慢逐步消失，Ti—O—Na 键会逐步被 Ti—OH 键取代并形成片状结构。进而加入低浓度的 HCl 水溶液中时，由于脱水作用而生成—H—O—Ti 键和 Ti—O—Ti 键，片状结构上 Ti 原子之间的距离也因脱水反应而缩短，从而使片状结构发生卷曲。最后片状结构边缘残留的电荷使得弯曲的结构尾部连接在一起，形成管状结构，即得到二氧化钛纳米管，示意图如图 12.1 所示。

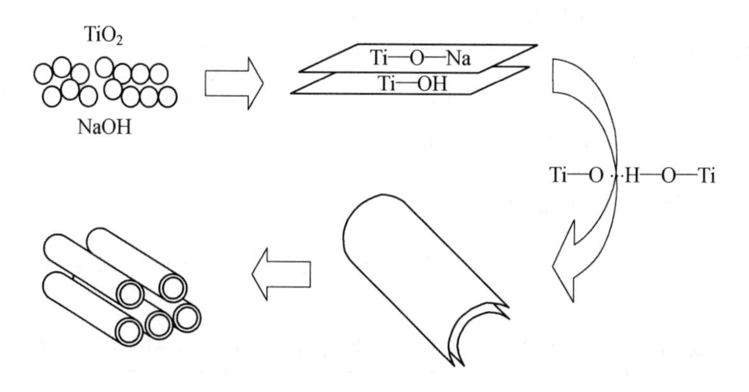

图 12.1　二氧化钛纳米管生长机制

三、实验试剂及仪器

(1)实验试剂。

10 mol/L 的 NaOH、0.1 mol/L 的 HCl。

(2)实验仪器。

500 mL 聚四氟乙烯烧瓶、油浴装置、电导仪、真空干燥箱、离心机、超声清洗仪、研钵。

四、实验步骤

本实验中 TiO_2 纳米管是通过对 TiO_2 纳米颗粒进行回流处理得到的，制备过程如图 12.2 所示。该方法的特点是简单、高产、重复性好。

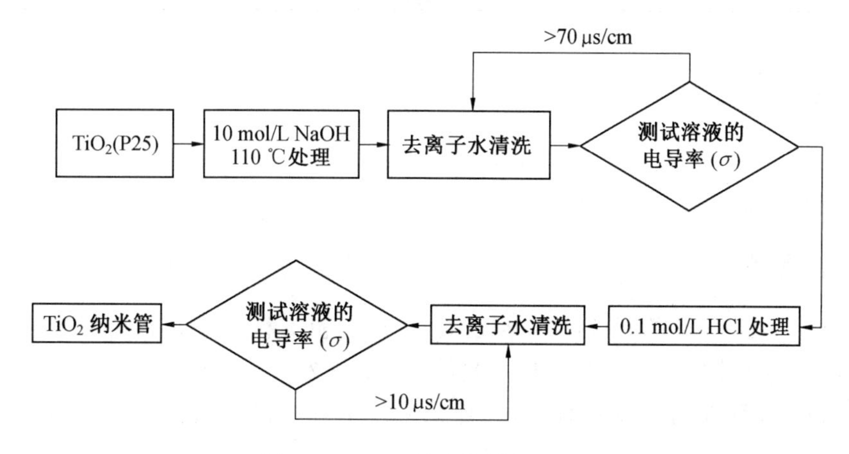

图 12.2　TiO_2 纳米管制备过程

具体操作如下：

(1) 在 500 mL 聚四氟乙烯的烧瓶中加入 TiO_2 粉末(2 g)和 10 mol/L 的 NaOH 溶液(200 mL)，然后在油浴中 110 ℃保温 2 h。

(2) 用去离子水清洗操作过程(1)得到的混合物，离心得到沉淀物，边清洗边测试上清液的电导率，直到上清液的电导率不高于 70 μs/cm。

(3) 在混合物中加入 0.1 mol/L HCl 水溶液(200 mL)并超声分散，然后用去离子水清洗并离心分散，边清洗边测试上清液的电导率，直到上清液的电导率降至 10 μs/cm。

(4) 离心分离出下层产物，干燥研磨即可得到均一性较好的 TiO_2 纳米管白色粉末。

五、实验数据记录与处理

(1)改变 TiO_2 粉末和 10 mol/L NaOH 溶液的比值，观察对产物 TiO_2 纳米管的影响，将结果记录在表 12.1 中。

表 12.1　TiO_2 粉末和 NaOH 溶液的比值对产物 TiO_2 纳米管的影响

TiO_2 质量：NaOH 体积	1：200	2：200	3：200	4：200
产物主体形貌				

注：质量单位为 g，体积单位为 mL。

(2) 改变 NaOH 溶液浓度，观察对产物 TiO_2 纳米管的影响，将结果记录在表12.2中。

表 12.2　NaOH 溶液浓度对产物 TiO_2 纳米管的影响

NaOH 溶液浓度/($mol \cdot L^{-1}$)	4	6	8	10	12	14
产物主体形貌						

(3) 改变油浴时间，观察对产物 TiO_2 纳米管的影响，将结果记录在表 12.3 中。

表 12.3　油浴时间对产物 TiO_2 纳米管的影响

油浴时间/h	0.5	1	1.5	2	2.5
产物主体形貌					

六、注意事项

本实验采用油浴加热，油浴过程容易着火，危险系数大，故在本实验加热过程中，应全程实施监控，实验人员不得离开。

七、思考题

(1)在 TiO_2 纳米管的制备过程中，能否在 TiO_2 粉末和 NaOH 混合反应物中直接加入 HCl 以达到清除反应多余 NaOH 的目的？为什么？

(2)在 TiO_2 纳米管清洗过程中，为什么采用电导率测试监控方式而不是 pH 监控方式？

(3)油浴过程危险系数大，本实验能否采用其他加热方式？为什么？

实验 13　TiO_2纳米管染料敏化太阳能电池的制备

一、实验目的

(1)了解 TiO_2纳米管在染料敏化太阳能电池中的增效机理。
(2)掌握 TiO_2电极的制备方法。
(3)掌握丝网印刷及太阳能电池封装的操作技巧。

二、实验原理

根据染料敏化太阳能电池的工作原理,在电池工作过程中,有两个主要的原因会降低染料敏化太阳能电池的光电效率:①电子从染料激发态注入 TiO_2的导带后,向反方向传输注入电解质,在电解液内发生电子—空穴对复合,除了能量的损失外,反方向产生的电流还会降低光电流值,从而降低电池的光电效率,即暗电流(dark current)。②电子注入 TiO_2导带后与其界面上的染料分子基态发生复合反应,同样会造成电流损失以及对整个电子回路的不利影响,引起电池光电效率的降低。

根据上述电子损失发生的机理,期望引入二氧化钛纳米管加以改善。

首先,电子—空穴在 TiO_2/染料/电解液的界面发生分离,染料受光照激发后跃迁到激发态,激发态的染料释放出电子并快速注入二氧化钛的导带,释放电子的染料回到基态与电解液中的电子被氧化还原对还原,形成电子传输回路。然而,电子—空穴对的分离是受到 TiO_2表面与吸附染料之间的距离、电子在 TiO_2薄膜内部的传输距离、TiO_2表面与染料的吸附与键结方式以及电解液的性质所影响。其次,电解液对于纳米级多孔薄膜的电子传输有一定的影响,即多孔薄膜表面的状态会影响电子的传输方式,在染料敏化太阳能电池中,多孔 TiO_2电极和电解液之间为极性吸附,电解液中的极性溶剂或离子提供了电子传输的方法,使得染料激发产生的电子有更多的传输机会,进而解决电子在 TiO_2颗粒内的传输限制,此时多孔薄膜与孔隙中的电解液可以看作一个整体,作为电子传输的媒介。电解质溶液中的离子强度、极性状态、离子大小等性质,以及 TiO_2工作电极的晶相、膜厚、孔隙率、表面形态都将对电子的传输产生影响。

这里使用 TiO_2纳米管取代纳米颗粒,使得纳米薄膜的比表面积增大,表面吸附的染料量增加,TiO_2与染料间的距离也因管状结构的管壁吸附而缩短,且具备有利于电子传输的管状结构和锐钛矿晶相,从而达到更高效率的电子传输机制。

三、实验试剂及仪器

(1)实验试剂及材料。

松油醇、乙酰丙酮、FTO 导电玻璃、丙酮、酒精、$TiCl_4$、吲哚啉染料 D102、乙腈、叔丁醇、沙林树脂 1702、0.5 mol/L LiI、0.05 mol/L I_2、0.6 mol/L 1,2—二甲基—3—丙基咪唑碘(DMPⅡ)、0.05 mol/L 叔丁基吡啶、3—甲氧基丙腈、载玻片、铂电极、热封膜。

(2)实验仪器。

热封机、丝网印刷机、打孔机、电热恒温反应箱、研钵。

四、实验步骤

(1) TiO_2薄膜的制备。

使用制备得到的 TiO_2纳米管来制备薄膜。为了分散团聚的纳米管,在研钵中加入 0.68 g TiO_2纳米管,4~6 滴松油醇(含质量分数 5%的乙基纤维素)和 5~8 滴的乙酰丙酮,研磨混合物直到形成白色均匀黏稠的浆料,将其均匀涂抹在 FTO 导电玻璃的导电面,干燥后在 450 ℃ 空气氛围中处理 30 min,烧结成型后放入染料溶液中浸泡。

对电极的制备:将氯铂酸溶液均匀滴在 FTO 导电玻璃的导电面,400 ℃烧结成型。

电解液的制备:电解液由 0.5 mol/L LiI 和 0.05 mol/L I_2的乙腈溶液构成(加入少量的异丙氰)。

FTO 导电玻璃清洗步骤如下:

①用洗洁精除去表面污垢和灰尘,再用清水冲洗干净;

②将 FTO 导电玻璃置于丙酮中超声清洗,再换用清洁的丙酮,反复 3 次;

③将丙酮换成乙醇,反复超声清洗 3 次;

④将乙醇换成去离子水,反复超声清洗 3 次;

⑤将处理好的导电玻璃基片烘干。

(2)TiO_2纳米管染料敏化太阳能电池的制备。

经过 500 ℃烧结过后的电极冷却到 80 ℃,然后浸入 0.5 mmol/L 的吲哚啉染料 D102 中(其中染料溶剂为体积比 1∶1 的乙腈和叔丁醇),在室温浸泡 2 h,然后取出与热蒸发制备得到的铂电极组装成电池,两电极中使用沙林树脂 1702 封装,其中铂电极上预先留一小孔用来灌注电解液,电池用两个长尾夹固定。

染料敏化太阳能电池测量:循环伏安法测试,扫描速度为 0.025 V/s,电压为 1.5~0 V。

五、实验数据记录与处理

(1)测量染料敏化剂的 UV－vis 吸收曲线。

(2)测量 TiO_2薄膜及敏化剂在 pH＝6.86 的磷酸盐缓冲液中,0.2~1.4 V 电位区间的循环伏安谱,改变扫描速度确定 TiO_2薄膜及敏化剂发生电化学反应的可逆性。

六、注意事项

(1)TiO_2薄膜应被印刷到 FTO 导电玻璃的导电面。

(2)在染料敏化过程中,应保证 TiO_2电极被充分敏化。

七、思考题

(1)如何区分 FTO 导电玻璃的导电面?

(2)TiO_2电极在吲哚啉染料 D102 中长时间浸泡的作用是什么?

（3）在太阳能电池封装制备过程中，铂电极的作用是什么？如果不使用铂电极，太阳能电池制备过程该如何改进？

实验 14　TiO_2纳米管染料敏化太阳能电池光伏特性测试

一、实验目的

（1）了解太阳能电池的基本结构和基本原理。

（2）理解太阳能电池的基本特性和主要参数，掌握测量太阳能电池基本特性和主要参数的基本原理和基本方法。

（3）测定太阳能电池的开路电压、短路电流、最佳负载电阻、填充因子等主要基本参数，分析太阳能电池的伏安特性、光照特性、负载特性。

二、实验原理

太阳能是一种辐射能，清洁、无污染，对太阳能的充分利用可以解决人类日趋增长的能源需求问题。目前，太阳能的利用主要集中在热能和发电两方面。利用太阳能发电目前有两种方法，一是利用热能产生蒸汽驱动发电机发电，二是采用太阳能电池。太阳能能量巨大，因此，世界各国都十分重视对太阳能电池的研究和利用。

太阳能电池又称光电池或光生伏特电池，是一种能够将光能直接转换成电能的器件。按照结构，太阳能电池可分为同质结、异质结及肖特基结三类；按照材料，现主要分为硅、硫化镉、砷化镓三类半导体材料的太阳能电池。其中最受重视、应用最广泛的是硅光电池。太阳能电池应用广泛，除了用于人造卫星和航空航天领域之外，还应用于许多民用领域，如太阳能电站、太阳能电话通信系统、太阳能卫星地面接收站、太阳能微波中继站、太阳能汽车、太阳能游艇、太阳能收音机、太阳能手表、太阳能手机、太阳能计算机等。本实验主要探讨太阳能电池的结构、工作原理及其电学和光学方面的基本特性。

太阳能电池工作原理的基础是半导体 PN 结的光生伏特效应。所谓光生伏特效应，简言之，就是当物体受到光照时，物体内的电荷分布状态发生变化而产生电动势和电流的一种效应。当太阳光或其他光照射半导体 PN 结时，会在 PN 结两端产生电压，称为光生电动势。在各种半导体光电池中，硅光电池具有光谱响应范围宽、性能稳定、线性响应好、使用寿命长、转换效率较高、耐高温辐射、光谱灵敏度与人眼灵敏度相近等优点，在光电技术、自动控制、计量检测、光能利用等许多领域都被广泛应用。

物质的原子是由原子核和电子组成的。原子核带正电，电子带负电，电子按照一定的轨道绕原子核旋转，每个原子的外层电子都有固定的位置，并受原子核的约束，当它们在外来能量的激发下，如受到太阳光辐射时，就会摆脱原子核的束缚而成为自由电子，同时在它原来的位置留出一个空位，即半导体学中所谓的“空穴”。由于电子带负电，按照电中性原理，这个空穴就表现为带正电。电子和空穴就是单晶硅中可以运动的电荷，即“载流子”。如果在硅晶体中掺入能够俘获电子的三价杂质元素，就构成了空穴型半导体，简称 P 型半导体。如果掺入能够释放电子的五价杂质元素，就构成了电子型半导体，简称 N

型半导体。把这两种半导体结合在一起，由于电子和空穴的扩散，在交界面处便会形成PN结，并在结的两边形成内电场（图14.1）。

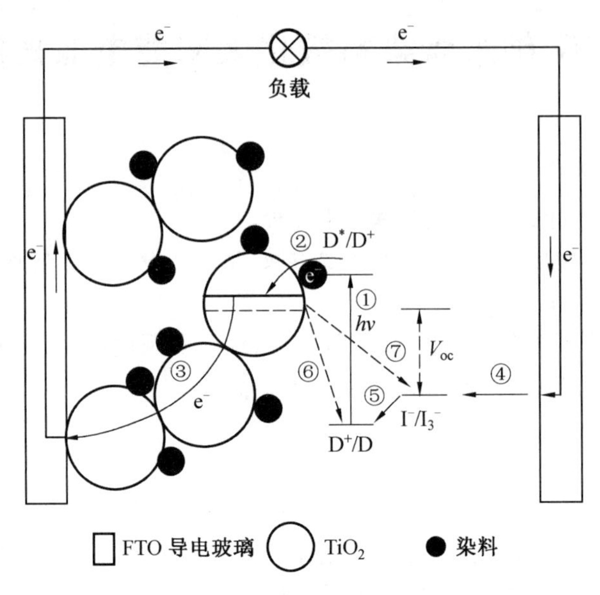

图14.1　染料敏化太阳能电池的工作原理图

在传统的太阳能电池（如硅太阳能电池）中，半导体同时起两种作用：第一，吸收太阳光；第二，传输光生载流子。但是在染料敏化太阳能电池中，这两个作用是由不同种材料完成的。染料敏化太阳能电池中二氧化钛的带隙为3.2 eV，可见光不能将它激发。所以，必须在TiO_2上吸附一种可以被可见光激发的材料来充当可见光的吸收材料，即染料敏化剂。当在TiO_2表面吸附一层具有很好吸收可见光特性的染料敏化剂时，染料分子吸收可见光后变为激发态。这时，如果染料分子的激发态能级高于TiO_2的导带能级，且两者能级匹配，那么激发态的染料分子就将光生电子注入二氧化钛的导带而完成载流子的分离。注入导带中的电子在多孔薄膜中的传输十分迅速，可瞬间到达导电玻璃上，然后电子再经过外部回路传输到对电极。电解质溶液中的I_3^-在对电极上得到电子被还原成I^-，空穴传输到氧化钛的染料分子表面，给出电子将氧化态染料分子还原成基态染料分子，同时自身被氧化成I_3^-，从而完成整个电子循环。而染料敏化太阳能电池发电的过程就是这个电子循环过程不断重复的结果。

染料敏化太阳能电池的光电性能参数如下。

（1）光电转换效率。

光电转换效率即入射单色光子－电子转换效率（Incident Photon-to-electron Conversion Efficiency，IPCE），定义为单位时间内外电路中产生的电子数N_e与单位时间内的入射单色光子数N_p之比，是衡量太阳能电池光电转换的一个重要参数，其数学表达式为

$$IPCE=\frac{N_e}{N_p}=\frac{1.241\times10^{-6}\times I_{SC}}{\lambda\times P_{in}} \tag{14.1}$$

式中　I_{SC}——单色光照射下太阳能电池的短路电流；

λ——入射单色光的波长；

P_{in}——入射单色光的功率。

上述公式也可简化为

$$IPCE=\frac{1\ 240\times I_{SC}}{\lambda\times P_{in}} \tag{14.2}$$

根据电流的产生过程，IPCE 是由光吸收效率（Light Harvesting Efficiency）LHE（λ）、电子注入效率 Φ_{inj}，以及电子在纳米薄膜与导电玻璃的后接触面（back contact）上的收集效率 Φ_c来决定的：

$$IPCE(\lambda)=LHE(\lambda)\times\Phi_{inj}\times\Phi_c=LHE(\lambda)\times\Phi(\lambda) \tag{14.3}$$

式中 $\Phi_{inj}\times\Phi_c$——量子效率 $\Phi(\lambda)$，即被吸收光的光电转换效率。

IPCE 不仅考虑了电池的光电转换量子效率，还考虑了电池对光的吸收程度，因此其值要低于量子效率。例如，若电极的量子效率 $\Phi(\lambda)$ 为 90%，但其光吸收效率为 50%，则其 IPCE 只有 45%。对于太阳能电池，必须衡量它对所有入射光的转换能力，所以用 IPCE 来衡量电池的光电转换能力更有意义。图 14.2 为 TiO_2 电极和几种钌配合物染料的 IPCE 曲线。TiO_2 电极只在紫外光区存在吸收，所以光进入可见光区后，IPCE 值变得很小。当其表面吸附染料后，由于染料在可见光区有很强的吸收，所以染料敏化的电极在可见光区的 IPCE 变得很大。通常情况下，染料对单色光的光电转换效率与其在单色光下的吸光度成正比，吸光度越大，光电转换效率越大。

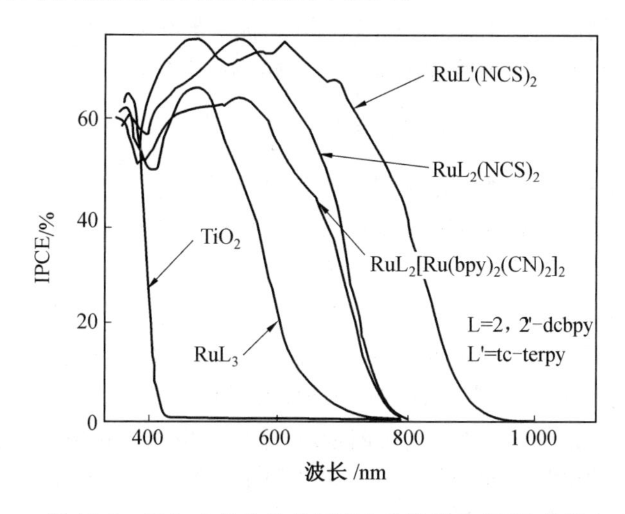

图 14.2 TiO_2 电极和几种钌配合物染料的 IPCE 曲线

（2）$I-U$ 曲线。

上述 IPCE 只反映了电池对各个波长光的光电转换能力，要想全面衡量太阳能电池在太阳光（白光）照射下的光电转换能力，需要测定电池在白光照射下的输出光电流密度和光电压曲线，即 $I-U$ 曲线。图 14.3 为一个典型的染料敏化太阳能电池的 $I-U$ 曲线。

图中，I_{SC}表示电池处于短路时的光电流，即短路电流；U_{OC}表示电池处于开路的光电压，即开路电压；P_m表示电池最大输出功率点；I_m表示电池在最大输出功率 P_m时的光电流密度；U_m表示电池在最大输出功率 P_m 时的光电压。$P_m=I_m\times U_m$。染料敏化太阳能

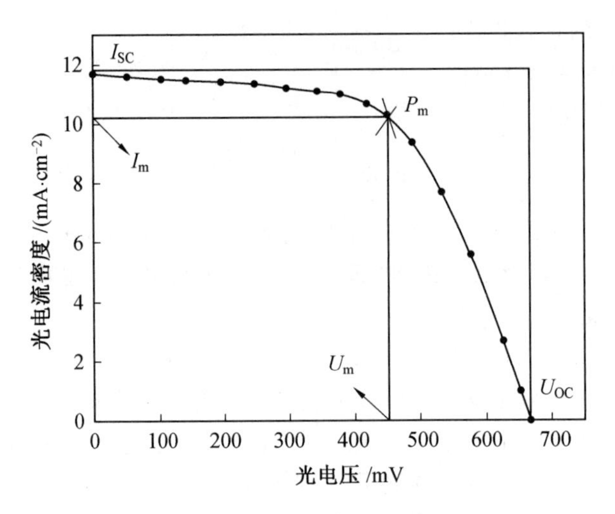

图 14.3 染料敏化太阳能电池的 $I-U$ 曲线

电池具有最大输出功率(P_m)时的电流(I_m)和电压(U_m)的乘积与短路电流(I_{SC})和开路电压(U_{OC})乘积的比值称为填充因子(FF)：

$$\mathrm{FF}=\frac{P_m}{I_{SC}\times U_{OC}}=\frac{I_m\times U_m}{I_{SC}\times U_{OC}} \tag{14.4}$$

填充因子的大小反映了染料敏化太阳能电池伏安特性曲线的好坏。对于短路光电流和开路光电压都相同的两个电池，填充因子越大，能量转化效率越高。电池的最大输出功率 P_m 和入射光功率 P_{in} 的比值称为电池的光电转换效率(η)：

$$\eta=\frac{P_m}{P_{in}}=\frac{I_{SC}\times U_{OC}\times \mathrm{FF}}{P_{in}} \tag{14.5}$$

在本实验中，采用图 14.4 所示测量系统测量染料敏化太阳能电池 $I-U$ 曲线。用美国 Newport 公司的 1 000 W 的氙灯(型号 91192)模拟太阳光，装配 AM1.5 滤光片以得到 AM1.5 光谱，光强为 100 mW/cm^2。本实验中，使用 Newport 公司所生产的标准硅太阳能电池(1 sun, AM1.5,100 mW/cm^2)做校正。氙灯光谱与太阳光谱对比如图 14.5 所示。将组装好的太阳能电池的两极与数字源表的各个电极按照规定的顺序连接起来，使模拟太阳光源从纳米晶 TiO_2 薄膜的方向入射，通过数字源表(Keithley 2440)测试，在计算机上得到太阳能电池的 $I-U$ 曲线。测量时，采用二电极测试方法，将负电极接于组装好的染料敏化太阳能电池的光阳极(TiO_2 多孔膜电极)上，正电极接于电池的对电极(铂电极)上，且光阳极在上，对电极在下。

图 14.4　$I-U$ 曲线测量系统

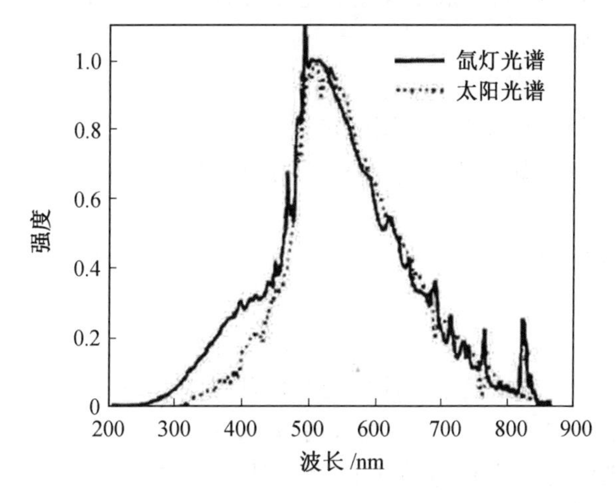

图 14.5　氙灯光谱与太阳光谱对比

三、实验仪器及设备

LB－SC 太阳能电池实验仪，包括太阳能电池实验主机，太阳能实验机箱，单晶硅太阳能电池、多晶硅太阳能电池各 2 块，导线，60 W 白炽灯，遮光板等。光源，光强 5 挡可调；太阳能电池开路电压最大 5 V，短路电流最大 80 mA，负载电阻 10 kΩ 可调，加载电压 0～5 V可调；太阳能电池板俯仰角可调，以模拟阳光在不同角度照射下对太阳能电池板吸收功率的影响。1 000 W 氙灯(型号 91192)、AM1.5 滤光片、标准硅太阳能电池、染料敏化太阳能电池、数字源表(Keithley 2440)、电化学工作站(CHI660)、游标卡尺。

四、实验步骤

电池的光伏特性是通过太阳能模拟器(氙灯，1 000 W，AM1.5，Newport，美国)和计算机控制的数字源表来测量，通过标准硅太阳能电池(Newport，美国)校准到电池表面的光强为 100 mW/cm^2。在测试时，光线通过玻璃时产生的折射将使得到的电池性能比实际性能高出30%左右,因此,在电池表面放置一个面积略大于电池面积的黑色掩膜使得测试数据更加准确。太阳能电池的电化学性能通过电化学工作站(CHI660)测试,测试条件分别为黑暗条件和标准光照下。测试频率为0.1 Hz~100 kHz,电池两端的偏压为开路电压,恒电位信号为10 mV。得到的谱图根据等效电路图通过软件Z－View(V3.10)拟合。

五、实验数据记录与处理

在本实验中,通过在FTO:纳米薄膜中添加纳米管制备得到的染料敏化太阳能电池比纯纳米管或纳米颗粒制备的电池具有更高的填充因子、开路电压、短路电流和光电转换效率。FTO:纳米管和纳米颗粒的混合,发挥了它们各自的优点,使得制备的纳米薄膜既具有高的热稳定性,又具有低的团聚性。还可以进一步对该类电池进行优化来增大其光电转化效率,包括:通过优化该类电池的结构来增强光吸收;改变纳米管的尺寸来增加电子传输率;改变电解液中的离子浓度来提高电子注入效率;合成高热稳定性的纳米管来增大薄膜比表面积;等等。

本实验需记录的实验参数:

(1)测量电池尺寸(cm^2)、薄膜厚度(μm)。

(2)测量电池特性:开路电压U_{OC}(mV)、短路电流密度J_{SC}(mA/cm^2)、填充因子FF、电池的光电转换效率η。

(3)绘制$I-U$曲线图。

六、注意事项

(1)电化学工作站在测试使用之前应先开机预热30 min。

(2)使用电化学工作站测量$I-U$曲线时,应反复多次测量,待数据稳定后方可取值。

(3)使用标准光照射太阳能电池进行测试时,应先开启标准光15 min,待光源稳定后,方可进行数据测量。

七、思考题

(1)影响染料敏化太阳能电池光电转换效率的因素有哪些?

(2)染料敏化剂在染料敏化电池中的作用有哪些?

(3)光阳极的哪些性质会影响电池性能?

实验15　玉米秸秆酶解糖化

一、实验目的

(1)掌握玉米秸秆预处理过程。

(2)掌握纤维素的组成。

(3)了解和掌握纤维素类物质酶解糖化工艺和检测方法。

二、实验原理

生物质可作为收纳器和储存器通过光合作用将太阳能储存起来，并进一步转化成淀粉、纤维素、半纤维素、木质素等自身结构。生物质能源主要包括生物乙醇、合成气体（一氧化碳、氢气）和生物柴油等，其中生物乙醇是目前研究较为普遍的能源之一，也是最具有发展潜力的生物质燃料。开发利用生物乙醇是解决能源短缺和资源匮乏的有效途径，生物乙醇作为替代燃油具有以下几个优势：①生物质是地球上唯一具备成为化石燃料替代品潜力的可再生资源，合理应用生物质有利于农业、工业经济的发展；②生物乙醇的应用能减少 85%以上的温室气体排放，可以缓解地球变暖问题，也符合全球各国实现碳中和的政策导向；③新能源车的普及推广和乙醇燃油车用技术的成熟，为生物乙醇带来广阔市场。我国作为农业大国，生物质资源丰富，此前秸秆等农业废弃物常被就地焚烧处理，这不仅造成了资源的不合理利用，也加重了空气污染，而生物乙醇的使用可变废为宝，实现“不与人争食，不与粮争地”的目标和愿景。

生物乙醇一般通过生物转化法制取。生物转化技术是先将木质纤维素中的碳水化合物转化成一些容易发酵的寡糖或者单糖，进一步通过微生物发酵和精馏过程获得乙醇。生物化学技术制备燃料乙醇具有产品可以直接进入液体燃料市场、产品收率较高、容易分离、质量好等优点。

木质纤维素作为原料高效生产纤维素乙醇的前提是通过预处理将其中的碳水化合物降解成低聚糖或单糖，再经过微生物发酵得到纤维素乙醇，这是由木质纤维素自身的结构和组成决定的。纤维素、半纤维素和木质素是木质纤维素的三种主体成分，但是它们之间不仅紧密包裹在一起而且相互之间存在复杂的化学键，形成了稳定坚固的复合体。纤维素和半纤维素两者之间主要通过非共价键（范德瓦耳斯力和氢键）连接在一起，但是这种分子间作用力要明显弱于纤维素的分子内氢键作用力，这是半纤维素吡喃糖环上缺少伯醇基造成的。半纤维素和木质素两者之间的作用力更加复杂，不但有氢键作用力还有酯键和醚键等化学键的作用力，为了方便书写和记忆，通常将半纤维素和木质素连接而成的木质素－碳水化合物复合物简称为 LCC。从更大尺度的视角来看，半纤维素包裹在纤维素上并像藤蔓一样缠绕在不同的微纤维素束之间，而木质素包裹在前者的结构上，不仅起到了支撑作用，也作为中间结构将相邻的细胞连接起来。三者之间复杂的化学键作用力，以及紧密缠绕在一起的致密结构形成了细胞壁的网络状骨架，因此充分利用木质纤维素生产纤维素乙醇的关键前提是通过预处理解构其致密的结构，改变化学组成，使其更容易被微生物和纤维素酶接触和降解，从而获得单糖或低聚糖。

根据目前的研究进展，常见的木质纤维素预处理技术方法可以分为物理法、化学法、生物法以及物理－化学法，经济有效的预处理方法应该符合以下要求：①预处理后底物中纤维素能与纤维素酶或微生物高效接触；②最大限度保护纤维素组分不被降解，以避免造成损失；③在预处理过程中减少酶解和发酵抑制剂的产生；④较小的预处理能耗；⑤降低木质纤维素原料的成本价格；⑥较少后预处理的残留物；⑦价格便宜的预处理化学试剂种类和较少的预处理化学试剂用量。

化学法预处理技术包括酸法、碱法、有机溶剂法、离子液体法、SPORL 法和 DES 法等。化学法预处理技术能够深度改变木质纤维素的形貌和结构，通过广泛地破坏其中错综复杂的化学键和作用力来改变木质纤维素中各组分的结构和含量，同时能够生成新的化合物进行综合的高值化利用。酸法预处理被认为是最有效、最具工业化前景的预处理技术，在酸法预处理过程中，各种酸会提供活性酸性位点作为催化剂，进攻 LCC 部分的连接键以及木质纤维素中的糖苷键，同时木质素中的醚键、酯键等也会受到攻击。随着三种基本成分间的化学键的断裂，原本木质纤维素致密的结构被改变，原料中纤维素更多地显现出来，为纤维素酶在纤维素上的附着提供了更大的面积和更多的位点，提高了纤维素的酶促水解效率。根据预处理木质纤维素原料时使用的酸的种类，酸法预处理又可分为无机酸法和有机酸法。无机酸法预处理是目前工业上应用较为成熟的一种方法，根据无机酸使用的浓度又可进一步分为稀酸法和浓酸法，常用的无机酸包括 H_2SO_4、HCl、HNO_3、H_4PO_3和 HF 等。稀酸法预处理是研究和工业应用中最为广泛的一种，研究者使用 1%（质量分数）稀硫酸对橄榄树进行预处理，发现预处理液中半纤维素降解的糖收率达到 83%，当预处理条件进一步优化时，得到的预处理底物酶解效率可达 75%以上；使用稀硫酸预处理麻风树果壳，得到的预处理底物酶解效率达到 80%以上。

木质纤维素生物转化的关键酶主要是纤维素酶，纤维素酶是一个复杂的酶系，主要靠内切葡聚糖酶(Endoglucanase, EG)、纤维二糖水解酶(Cellobiohydrolase, CBH)和 β－葡萄糖苷酶(β－Glucosidase, BG)这三种核心酶协同作用。BG 主要作用于 CBH 切割下来的纤维二糖和 EG 切割下来的寡糖的非还原端，释放出葡萄糖，是整个酶解过程中的关键限速酶。EG 可随机作用于纤维素无定形区的任何位点，产物多为有游离末端的聚糖和寡糖。CBH 从纤维素链的非还原性末端按顺序切割纤维二糖单元，CBH 和 EG 都容易被纤维二糖直接抑制。这三种酶的协同作用，不仅显著增强纤维素酶的水解效率，又能够削弱中间产物对各种酶的不良影响。纤维素酶的成本是限制木质纤维素生物燃料工业生产的主要瓶颈，尽管经过几十年的发展，这种现象已经得到了显著改善，但是随着生物质固体含量的增加，纤维素酶的转化率仍然受到严重的限制，因此需要开发更加高效的酶系或者混合酶系。在木质纤维素酶解过程中根据生物质的类型有针对性地加入果胶酶、半纤维素酶或者淀粉酶并且优化混合酶系的比例，能够显著提高纤维素酶的转化率。

三、实验试剂及仪器

(1)实验试剂及材料。

实验试剂：98%浓硫酸、柠檬酸、柠檬酸钠、酒石酸钠、NaOH、$(NH_4)_2HPO_4$、酵母粉、纤维素酶、β－葡萄糖苷酶、葡萄糖(分析纯及其以上级别)、无水乙醇(色谱纯)、蒸馏水。

实验材料：玉米秸秆、干酵母、滤纸条。

(2)实验仪器。

分析天平、微型植物粉碎机、自动灭菌器、循环水真空泵、pH 计、恒温培养振荡器、生物传感器(配葡萄糖氧化膜和乙醇氧化膜)、离心机、超净工作台或超净工作间、微量移液器(量程 0.5～10 μL、2～20 μL、10～100 μL、20～200 μL、100～1 000 μL、50～5 000 μL)、100 mL 锥形瓶(配硅胶塞)、烧杯(500 mL、100 mL、50 mL、20 mL)、容量瓶(500 mL 和 100 mL)、100 mL 布氏漏斗、定性滤纸、100 mL 抽滤瓶、剪刀或菜刀、菜板、

pH 试纸(1～14)、废报纸、胶头滴管、离心管(1.5 mL、2 mL 和 10 mL)、量筒、温度计。

四、实验步骤

(1)玉米秸秆的稀酸预处理。

①配置 1.25%的稀硫酸溶液(取 6.57 mL 浓硫酸稀释为 500 mL)。

②用剪子将秸秆剪成直径小于 0.6 cm、长度约为 1 cm 的小段,然后用植物粉碎机将这些小段粉碎至 40 目。

③取玉米秸秆及稀硫酸溶液以固液比 1∶0.145 装入 100 mL 锥形瓶中(8 g 固体+55 mL 1.25%的稀硫酸溶液),锥形瓶总体积不得超过 50 mL。

④将锥形瓶放入 ALP MC－3032S 微电脑控制自动灭菌器中,设定温度(105 ℃)处理 40 min。

微电脑控制自动灭菌器使用注意事项:

a. 加热设置温度:105 ℃。

b. 加入蒸馏水,超过加热线圈但不没过加热托。

c. 放气阀先保持开启状态,待冒出大量蒸汽后再关闭放气阀。放气阀竖直为开启状态,垂直为关闭状态。

d. 当灭菌器上指示压力超过红线时,应立即断电。

⑤反应结束后,取出锥形瓶置于冷水中冷却,采用循环水真空泵抽滤以使固液分离。

⑥液体保存待测,固体以质量为反应底物 20 倍的热水抽洗 3 遍,用 pH 试纸检测是否将固体洗涤为中性,以达到脱毒的目的。保存固体残渣备用。

(2)玉米秸秆的酶解糖化。

①配制 0.05 mol/L pH 为 4.8 的柠檬酸缓冲溶液。

甲液(0.1 mol/L 柠檬酸溶液):准确称取一水合柠檬酸(分子量为 210.14)1.681 2 g 于 250 mL 烧杯中,加入 80 mL 蒸馏水,溶解充分混匀。4 ℃冰箱中保存备用。

乙液(0.1 mol/L 二水合柠檬酸三钠溶液):准确称取二水合柠檬酸三钠(分子量为 294.10)3.529 2 g 于 250 mL 烧杯中,加入 120 mL 蒸馏水,溶解充分混匀。4 ℃冰箱中保存备用。

取上述甲液 40 mL、乙液 60 mL,混合后,再加入 100 mL 蒸馏水,充分混匀,即为 0.05 mol/L pH 为 4.8 的柠檬酸缓冲液。4 ℃冰箱中保存备用。

②称取相当于 2 g 绝干玉米秸秆的预处理固体残渣于 100 mL 锥形瓶中,加入 0.05 mol/L柠檬酸缓冲溶液 40 mL,充分搅拌均匀后用硅胶塞塞紧。

③将锥形瓶放入自动灭菌器中 121 ℃灭菌 30 min。

④在超净工作台中,按 60 FPU/g 及 60 CBU/g 的纤维素用量加入纤维素酶及 β－葡萄糖苷酶,按 40 μg/mL 加入四环素。

⑤将锥形瓶置于 50 ℃、转速为 150 r/min 的恒温培养振荡器中反应 48 h。

⑥反应结束后取 1 mL 样品于 5 000 r/min 下离心 10 min,取上清液测定水解糖浓度。

⑦用生物传感器测定水解糖浓度。

五、实验数据记录与处理

(1)取 1 g 固体残渣 105 ℃烘干至恒重 M,计算固体残渣含水量。

$$\text{固体残渣含水量} = (1-M)\times 100\% \tag{15.1}$$

(2)计算纤维素酶水解得率(Y):

$$Y=(\rho\times 0.9)/(m\times w)\times 100\% \tag{15.2}$$

式中　Y——纤维素酶水解得率,%;

ρ——水解液中葡萄糖的质量浓度,g/L;

0.9——纤维素和葡萄糖之间的转换系数;

m——原料质量,g;

w——原料中纤维素的质量分数,%,本实验取 37%。

六、注意事项

(1)配制稀硫酸溶液时注意安全。

(2)预处理之后,从自动灭菌器中取出锥形瓶时应带隔热手套,防止烫伤。

(3)超净工作台灭菌所使用的紫外灯对皮肤及眼睛均有伤害,打开紫外灯后应立即离开或者在打开紫外灯前用黑布罩遮住超净工作台外部,灭菌结束后一定不要忘记关闭紫外灯。

(4)糖化反应后的样品经离心后,最好经 0.45 μm 微孔滤膜过滤后,再用生物传感器进行测定,否则长时间使用后会有固体沉淀在酶膜上,影响酶膜的准确性和使用寿命。

(5)配制 NaOH 溶液时应防止试剂盒中的 NaOH 及称定的 NaOH 潮解。

七、思考题

(1)利用纤维素类物质为什么要进行预处理?

(2)为什么酶解纤维素比酸解纤维素应用范围更广?

(3)常用的纤维素材料有哪些?

(4)纤维素、半纤维素、木质素的组成单体分别是什么?

实验 16　玉米秸秆发酵产乙醇

一、实验目的

(1)掌握用纤维素类物质生产乙醇的原理。

(2)了解和掌握用纤维素类物质生产乙醇的生产工艺和检测方法。

(3)学会计算纤维素乙醇转化率。

二、实验原理

我国作为农业大国,2019 年全国的农作物秸秆产量超过了 9 亿 t,这些廉价、丰富易得的生物质资源原料可通过预处理、酶解、发酵等一系列工序得到生物燃料乙醇和基础化学品，如果将其中的1/4作为原料用于生物燃料乙醇的制备与生产，并且由秸秆到生物乙醇的产物按照15%～20%的收率计算，可生产约4 000万t生物乙醇，这完全满足了我国目前市场对E10车用乙醇汽油的需求。

预处理后的木质纤维素酶解生成的葡萄糖和木糖等单糖能够被酵母菌(*Saccharomyces*)、丙酮丁醇梭菌(*Clostridium acetobutylicum*)等一些真菌和细菌发酵生成乙醇、丁醇等生物燃料或者其他化学品。燃料乙醇最初的生产工艺是传统酵母菌在厌氧环境中将葡萄糖转化成乙醇，随着基因工程和代谢工程技术的发展以及木糖乙醇发酵菌株的发现，将木糖转化成乙醇的研究也越来越多。木糖也是半纤维素的主要酶解产物之一，毕赤酵母(Pichia stipites)能够同时发酵木糖和葡萄糖，这对于乙醇产量的提升有非常大的帮助。

根据酶解过程和发酵过程是否同时进行，可将木质纤维素的酶解发酵工艺分为分步糖化发酵(Separate Hydrolysis and Fermentation, SHF)、同步糖化发酵(Simultaneous Saccharification and Fermentation, SSF)和半同步糖化发酵(Q－SSF)。SHF是酶解和发酵过程分开，预处理后的木质纤维素先在50 ℃左右经过酶解产生单糖，再在30 ℃左右接种酵母，发酵生产乙醇。SSF是同时把纤维素酶、酵母以及酵母所需要的其他物质放进反应体系中，将温度调至30 ℃左右进行反应，酶解产生的葡萄糖和木糖随后被酵母利用发酵。与SHF和SSF不同的是，Q－SSF是木质纤维素先在纤维素酶的最适条件下酶解几个小时，然后再移至最适宜酵母的发酵条件中进行，发酵的同时酶解仍在继续。这三种工艺进程各有优点，因此在生物转化过程中，不仅要考虑乙醇得率还要考虑操作单元是否容易、成本是否低廉等一些实际问题。

三、实验试剂及仪器

(1)实验试剂及材料。

实验试剂：98%浓硫酸、柠檬酸、柠檬酸钠、酒石酸钠、NaOH、$(NH_4)_2HPO_4$、酵母粉、纤维素酶、β－葡萄糖苷酶、葡萄糖(分析纯及其以上级别)、无水乙醇(色谱纯)、蒸馏水。

实验材料：玉米秸秆、干酵母、滤纸条。

(2)实验仪器。

分析天平、微型植物粉碎机、自动灭菌器、循环水真空泵、pH计、恒温培养振荡器、生物传感器(配葡萄糖氧化膜和乙醇氧化膜)、离心机、超净工作台或超净工作间、微量移液器(量程0.5～10 μL、2～20 μL、10～100 μL、20～200 μL、100～1 000 μL、50～5 000 μL)、100 mL锥形瓶(配硅胶塞)、烧杯(500 mL、100 mL、50 mL、20 mL)、容量瓶(500 mL和100 mL)、100 mL布氏漏斗、定性滤纸、100 mL抽滤瓶、剪刀或菜刀、菜板、pH试纸(1～14)、废报纸、胶头滴管、离心管(1.5 mL、2 mL和10 mL)、量筒、温度计。

四、实验步骤

(1)配制1 mol/L的NaOH。

(2)用NaOH溶液调节经预处理、纤维素酶解反应后的玉米秸秆混合液(实验15产物)的 pH 至 5.5～6.0。

(3)将装有纤维素酶解混合物的锥形瓶放入自动灭菌器中 121 ℃灭菌 30 min。

(4)将 1.2 g/L 干酵母、1.0 g/L $(NH_4)_2HPO_4$ 和 2 g/L 酵母粉加入超净工作台中的锥形瓶内,充分搅拌均匀后用硅胶塞塞紧。

(5)将锥形瓶置于 35 ℃、转速为 150 r/min 的恒温培养振荡器中反应 72 h。

(6)反应结束后于 5 000 r/min 下离心 10 min,取上清液测定乙醇浓度。

(7)用生物传感器测定乙醇浓度。

五、实验数据记录与处理

计算纤维素乙醇转化率(W):

$$W=\frac{\rho_{乙醇}\times 0.9}{m\times w\times 0.51}\times 100\% \tag{16.1}$$

式中 W——纤维素乙醇转化率,%;

$\rho_{乙醇}$——发酵液中乙醇的质量浓度, g/L;

0.9——纤维素和葡萄糖之间的转换系数;

m——原料质量,g;

w——原料中纤维素的质量分数,%,本实验取 37%。

六、注意事项

同实验 15。

七、思考题

(1)对于产物乙醇,可以采用哪些检测方法?

(2)如何提高纤维素乙醇转化率?

实验 17　紫外一可见分光光度计测定液体样品中葡萄糖和乙醇含量

一、实验目的

掌握利用紫外一可见分光光度计测定葡萄糖和乙醇含量的方法。

二、实验原理

物质的吸收光谱本质上是物质中的分子和原子吸收了入射光中的某些特定波长的光能量,相应地发生了分子振动能级跃迁和电子能级跃迁的结果。由于各种物质具有各自不同的分子、原子和不同的分子空间结构,其吸收光能量的情况也不相同,因此每种物质就有其特有的、固定的吸收光谱,可根据吸收光谱上的某些特征波长处的吸光度的高低判别或测定该物质的含量,这就是分光光度定性和定量分析的基础。分光光度分析是根据物质的吸收光谱研究物质的成分、结构和物质间相互作用的有效手段。又因为许多物质在紫外一可见光区有特征吸收峰，所以可用紫外分光光度法对这些物质分别进行测定（定量和定性分析）。紫外分光光度法的使用基于朗伯一比尔（Lambert—Beer）定律。

朗伯一比尔定律是光吸收的基本定律，俗称光吸收定律，是分光光度法定量分析的依据和基础。当入射光波长一定时，溶液的吸光度 A 是吸光物质的浓度 C 及吸收介质厚度 l（吸收光程）的函数。

首先确定实验条件，并在此条件下测得标准物质的吸收峰以及其对应波长值（同时可获得该物质的最大吸收波长）；再在选定的波长范围内（或最大波长值处），分别以（不同浓度）标准溶液的吸光度和溶液浓度为横、纵坐标绘出化合物溶液的标准曲线，得到其所对应的数学方程；接着在相同实验条件下配制待测溶液，测得待测溶液的吸光度，最后用已获得的标准曲线方程求出待测溶液中所需测定的化合物的含量。

三、实验试剂及仪器

（1）实验试剂与材料。

100 mL 容量瓶 2 个、小烧杯 1 个（容积小于 50 mL）、葡萄糖（分析纯及其以上级别）、pH 试纸（范围覆盖 5～9）、无水乙醇（色谱纯）、蒸馏水、1.5 mL 离心管（样品数×6 个）、微量移液器（量程 100～1 000 μL、10～100 μL，各一支，枪头若干）、滤纸条（擦注射器针头用，大小随意）、镜头纸。

（2）实验仪器。

紫外一可见分光光度计、离心机（能放入 1.5～2 mL 离心管，转速在 5 000 r/min 以上）、分析天平（精确度 0.000 1 g）。

四、实验步骤

（1）标准溶液的配制（1 mg/mL 葡萄糖和 1 mg/mL 乙醇）。

精确称定 100 mg 葡萄糖于小烧杯中，加入少量水溶解，定容至 100 mL。4 ℃静置 12 h，恢复室温后使用。

100 mL 容量瓶中，加入少量蒸馏水，用微量移液器精确吸取 125 μL 无水乙醇，注入容量瓶中的蒸馏水中，抽打几下，加蒸馏水定容至 100 mL。当天配当天测定。

（2）样品制备。

如果样品中固体悬浮物较多或者较黏稠，建议先离心一下（5 000 r/min，3 min），用微量移液器（移液器）吸取上清液置于 1.5 mL 离心管中。

估算样品中的葡萄糖含量，确定稀释的倍数，使稀释后的样品质量浓度在 0～1 mg/mL的范围内。此时不必考虑液体混合后的体积不等于原来两个体积的和。例如稀释样品 100 倍才能使样品质量浓度在 0～1 mg/mL 的范围内，则取 15 μL 样品＋1 485 μL蒸馏水即得。

用移液枪反复抽打离心管中的样品使之均匀，吸取所需体积的样品置于另一个1.5 mL离心管中。吸取所需体积的蒸馏水置于此离心管中稀释样品，反复抽打离心管中的样品使之均匀。

每个样品依照以上方法再制备一个平行样。

实验前一天预处理,4 ℃保存或当天制样当天测定。

样品先稀释预计倍数的一半,然后测定 pH,未在 5～9 范围内,则用低浓度的 HCl 或者 NaOH 调节定容。

(3)实验操作。

①开机。

开机前将样品室内的干燥剂取出,确认电源是否连接。打开仪器电源开关,等待仪器自检通过,自检过程中禁止打开样品室。设备预热 30 min。

仪器使用方法:

自检结束后(7 个项目均出现 OK 字样),仪器进入主菜单,屏幕显示如下 7 个功能项:a. 光度测量;b. 光谱测量;c. 定量测量;d. 动力学测量;e. 数据处理;f. 多波长测定;g. 系统状态设定。仪器经 30 min 热稳定后,就可以进入正常测量。

②光度测量:测定一定波长下的透光率(T)或吸光度值(A)。

在主菜单中选中[光度测量]项后,按[ENTER]键进入此功能块 → 按[GOTO WL]键进入波长设置,用数字键输入所需的波长值→ 按[ENTER]键确认→ 屏幕提示“请稍等……”,仪器自动将波长移动到所需测定的波长值→ 按[F1]键,选择测定透光率(T)或吸光度值(A) → 打开样品室盖,将空白溶液和待测样品分别放置于比色皿架 R 位和 S1 位,关上样品室盖→ 按[F3]键,仪器自动将比色皿架 R 位移动到光路中(即空白溶液),屏幕上显示 Cell=R → 按[AUTO ZERO]键,仪器自动对空白溶液调零→屏幕提示“请稍等……” → 按[F2]键,比色皿架移动到 S1 位(待测样品),屏幕上显示 Cell=S1 → 按[F4]键测量 T 或 A。

测量完成后,打印输出数据,按[START/STOP]键;返回主菜单,按[MODE]键。

③光谱测量:波长扫描或光谱扫描,可直接测定一段波长范围内的光谱图和峰值谷值数据。

在主菜单中选中[光谱测量]项后,按[ENTER]键进入此功能块 → 根据需要设定测量模式、扫描范围、记录范围、扫描速度、采样间隔、扫描次数、显示模式各参数→按[→]、[←]、[↑]、[↓]方向键到达设定行,进行参数的修改,并按[ENTER]键确认 → 打开样品室盖,将空白溶液和待测样品分别放置于比色皿架 R 位和 S1 位,关上样品室盖→ 按[F3]键,仪器自动将比色皿架 R 位移动到光路中(即空白溶液),屏幕上显示 Cell=R → 按[F1]键进行基线校正→屏幕提示“基线校正……” → 按[F2]键,比色皿架移动到 S1 位(待测样品),屏幕上显示 Cell=S1 → 按[START/STOP]键开始光谱扫描 → 屏幕显示扫描图谱。

(4)测试配置的标准溶液紫外一可见吸光度曲线。

(5)测试需检测的乙醇、葡萄糖溶液紫外一可见吸光度曲线。

(6)每个样品测定三次,取平均值。

(7)每测定十次定标一次,再测定下一个样品。

五、实验数据记录与处理

记录每个样品测定的数值 n_1、n_2、n_3。

样品葡萄糖含量(或样品乙醇含量)$=(n_1+n_2+n_3)/3\times$稀释倍数(0.01 mg/mL)

六、注意事项

(1)紫外—可见分光光度计需预热半小时。

(2)测试过程中保持光路通畅。

(3)测定样品浓度时,一般需要稀释,应估计样品中待测物浓度,首次稀释较大倍数使样品中的待测物浓度较低,然后逐步减小稀释倍数。

七、思考题

在使用紫外—可见分光光度计测定液体样品中葡萄糖和乙醇含量的过程中,如何最大限度地提高测定结果的准确性?

实验 18　三乙氧基硅烷的合成

一、实验目的

(1)掌握直接法合成三乙氧基硅烷的反应机理。

(2)掌握采用硅粉和乙醇制备三乙氧基硅烷的方法。

(3)学习直接法反应条件对产品收率的影响。

二、实验原理

含氢三烷氧基硅烷是有机硅工业的基础原料之一。它在有机硅化学和有机硅工业中的重要作用仅次于有机卤硅烷,是极其重要的中间体之一,其化学式为 $HSi(OR)_3$(R 为包含 6 个碳原子以下的直链烷基,其中 R 为 Et 所对应的 $HSi(OEt)_3$),既含有可水解的 Si—OR 键,又含有活泼的 Si—H 键。其中 Si—OR 键通过水解缩合可以转化成聚硅氧烷等,Si—H 键可以在贵金属系催化剂的作用下,与一系列含不饱和基的化合物包括烯烃、炔烃、酮、醛等发生硅氢加成反应,得到各种碳官能硅烷、硅基改性有机聚合物和硅氧烷,或者通过歧化反应制备半导体所需的高纯材料,也可用于制备有机—无机杂化材料等。目前在工业上,三乙氧基硅烷主要是由三氯氢硅醇解反应制得,此工艺复杂,反应过程中伴有大量的 HCl 产生,污染环境,腐蚀设备,成本较高,而且产物分离提纯较为困难。直接法合成烷氧基硅烷是由 Rochow 在 1948 年首次提出的,合成路线为在催化剂作用下,由硅粉与低级醇直接反应合成烷氧基硅烷,其主反应及可能发生的副反应通式如下:

主反应:

$$Si+3ROH \longrightarrow HSi(OR)_3+H_2 \tag{18.1}$$

副反应:

$$HSi(OR)_3 + ROH \longrightarrow Si(OR)_4 + H_2 \tag{18.2}$$

$$ROH + H_2 \longrightarrow RH + H_2O \tag{18.3}$$

$$2ROH \longrightarrow ROR + H_2O \tag{18.4}$$

$$2RCH_2OH \longrightarrow RCH{=}CHR + 2H_2O \tag{18.5}$$

$$RCH_2OH \longrightarrow RCHO + H_2 \tag{18.6}$$

$$RCHO + 2RCH_2OH \longrightarrow RCH(OCH_2R)_2 + H_2O \tag{18.7}$$

$$2Si(OR)_4 + H_2O \longrightarrow Si(OR)_3O(OR)_3Si + 2ROH \tag{18.8}$$

$$2HSi(OR)_3 + H_2O \longrightarrow HSi(OR)_2O(OR)_2HSi + 2ROH \tag{18.9}$$

$$HSi(OR)_3 + Si(OR)_4 + H_2O \longrightarrow HSi(OR)_2O(OR)_3Si + 2ROH \tag{18.10}$$

直接法合成烷氧基硅烷归属于罗乔(Rochow)反应。1941 年,通用公司的 Rochow 发明了直接法合成有机氯硅烷,为有机硅工业化生产奠定基础。1948 年,Rochow 首次运用直接法合成了三甲氧基硅烷,之后各国学者展开了对直接法合成烷氧基硅烷的积极研究,特别是美国的 Witco 公司于 1996—1997 年在意大利建成了世界上第一套“直接合成三甲氧基硅烷”的工业生产装置后,直接法再次成为各国学者研究的热点。由于直接法合成甲基氯硅烷和烷氧基硅烷均由 Rochow 首创,所以后人把直接法合成有机硅烷统称为罗乔反应。罗乔反应的特点为采用罗乔触体为介导,直接法合成烷氧基硅烷也采用罗乔触体为介导,因此也归属于罗乔反应。目前的研究主要集中在搅拌釜反应器中,以硅铜触体和烷基醇为反应物,在高沸点的各式导热油为溶剂的环境中进行反应,进而合成烷氧基硅烷,业内将此法称为“湿法直接合成”。

直接法合成烷氧基硅烷虽然也经过了 70 年的研究,但对于机理的研究深度和广度远不如直接法合成甲基氯硅烷。特别是在合成机理和影响因素分析方面的研究还十分不充分。近年来虽然有大量专利出现,但只是报道合成工艺的改进和如何提高选择性及收率方面的研究,机理方面问题尚未形成系统性结论。在合成机理方面比较有代表性的研究是日本学者 Okamoto 提出的三步反应论。反应历程如图 18.1 所示,首先在铜富集区的硅表面会生成硅铜合金,基体的硅原子会向硅铜合金迁移,生成类硅烯物质(Ⅰ),该硅烯表面物质与乙醇反应生成表面物种(Ⅱ);表面物种(Ⅱ)中的 Si—H 键受到甲醇的进攻生成二甲氧基硅烷物种(Ⅲ);最后表面物种(Ⅲ)在另外一个甲醇进攻下,脱掉两个铜原子生成三甲氧基硅烷(Ⅳ)。

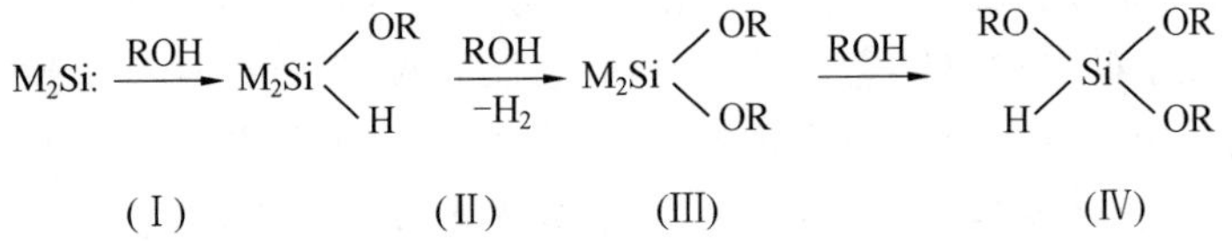

$$\underset{(\mathrm{I})}{M_2Si{:}} \xrightarrow{ROH} \underset{(\mathrm{II})}{M_2Si(OR)(H)} \xrightarrow[-H_2]{ROH} \underset{(\mathrm{III})}{M_2Si(OR)_2} \xrightarrow{ROH} \underset{(\mathrm{IV})}{HSi(OR)_3}$$

图 18.1　三烷氧基硅烷合成机理

研究者对比了以氯化亚铜为催化剂合成三甲氧基硅烷和三乙氧基硅烷的反应,发现三甲氧基硅烷的合成较三乙氧基硅烷容易,在微波处理过程中,活性触体与醇的反应机理如图 18.2 所示。硅粉首先与催化剂机械混合,形成反应触体(图 18.2(a))。反应触体用微波处理后生成包含硅烯和游离铜的活性触体(图 18.2(b))。此时活性触体与醇发生反应，使硅粉表面出现刻蚀坑，并且随着反应的不断进行刻蚀坑越来越大，向横纵向分别扩展。在反应过程中，游离铜不断在系统内积累(图 18.2(c)～(e))。最后反应结束时，系统内的硅全部转化为烷氧基硅烷，同时留下大量的单质铜(图 18.2(f))。

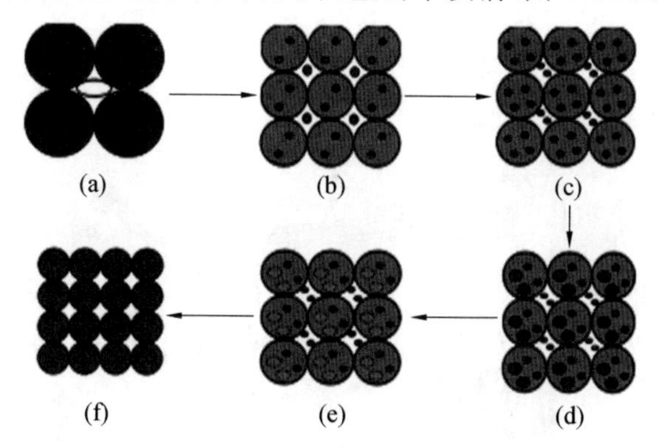

图 18.2　微波活化合成烷氧基硅烷反应机理

三、实验试剂及仪器

(1)实验试剂。

无水乙醇(分析纯，用 3A 分子筛除水，天津市东丽区天大化学试剂厂)、十二烷基苯(工业品，济南良谊经济贸易有限公司)、硅粉(纯度 99%，黑河市燕山工贸有限公司)、氯化亚铜(分析纯，天津市东丽区天大化学试剂厂)、铜粉(分析纯，沈阳市东兴试剂厂)、氯化钠(分析纯，天津基准化学试剂有限公司)、氢氟酸和盐酸(分析纯，天津市东丽区天大化学试剂厂)、氟化铵(分析纯，天津市东丽区天大化学试剂厂)。

(2)实验仪器。

电子天平(万分之一)、10 mL 量筒 1 支、自制滴加回流反应器 1 套(含冷凝管、控温电动搅拌器(或电动搅拌器和温度计)、50 mL 恒压滴液漏斗 1 个、100 mL 塑料烧杯 1 个、搅拌磁子 1 个、油浴加热器)气相色谱仪、自制玻璃反应器、恒温加热套、恒温干燥箱、水平炉、具塞试管、温度计。

四、实验步骤

(1)氯化亚铜催化剂的制备。

利用反歧化法制备氯化亚铜，过程为：准确移取 3 mL 的 0.5 mol/L 氯化铜溶液于具塞试管中，准确量取 1 mL 浓盐酸加入氯化亚铜溶液中，混合均匀后，再加入一定量的固体氯化钠和铜粉，塞紧试管，在密闭条件下振荡试管近 2 min，充分反应后静置，待剩余铜粉全部沉降后，把上层清液迅速倾入盛有 100 mL 蒸馏水的烧杯中，立即得到白色氯化亚铜沉淀；用无水乙醇洗涤数次(3 次为宜)后过滤，将沉淀放入 90 ℃恒温干燥箱中干燥 12 h，称重保存。

(2)仪器设备的组装。

本实验所用装置如图 18.3 所示，是根据需要自行设计的，同时在原设计基础上进行了改进，使得搅拌速度加快，滴加速度控制在 1～2 滴/s，并且减少了溶剂的挥发量。

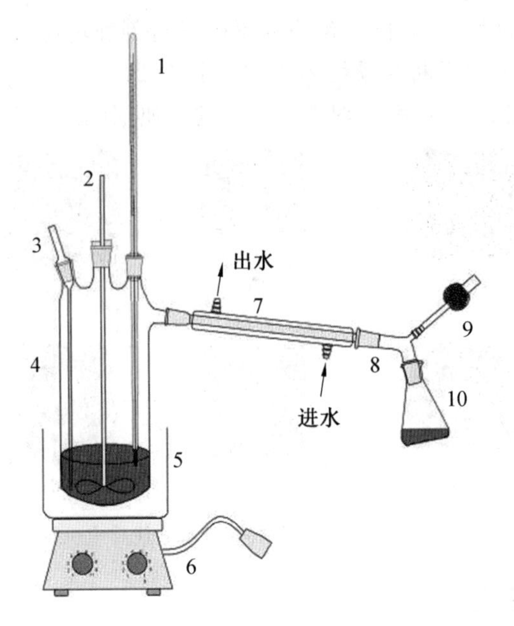

图 18.3　直接法合成三乙氧基硅烷装置图

1—温度计；2—电动搅拌器；3—乙醇滴加管；4—自制玻璃反应器；5—油浴加热器；6—恒温加热套；7—冷凝管；8—尾接管；9—$CaCl_2$干燥管；10—锥形瓶

乙醇滴加管3与滴液瓶相连，滴加速度可以精确控制，自制玻璃反应器4中生成的产物经冷凝管7冷凝后收集于锥形瓶10中。

(3) 三乙氧基硅烷的合成。

在装有电动搅拌器、恒压滴液漏斗、温度计及自制玻璃反应器4中的自制250 mL四口烧瓶中，加入300 mL高沸点溶剂十二烷基苯，在搅拌下加入经过高温活化预处理的硅粉8 g和自制氯化亚铜1.17 g经研磨混合均匀得到的混合催化剂，升温到230 ℃，再加入0.1 g氟化铵助催化剂，搅拌20 min，从高沸点溶剂低层通入60 mL色谱纯无水乙醇，控制滴速为1～2滴/s。待60 mL乙醇滴加完毕，停止反应。洗涤干燥，称重剩余的固体质量，计算硅粉转化率。用硅粉转化率和产物选择性及收率来评价催化剂的活性以及工艺条件的优劣。定量分析的相关计算如下：

$$\text{硅粉转化率}=\frac{\text{含硅反应产物的量(g)}}{\text{投入反应器中硅粉的量(g)}}\times 100\% \tag{18.11}$$

$$\text{产物选择性}=\frac{\text{生成三乙氧基硅烷的量(mmol)}}{\text{含硅反应产物的量(mmol)}}\times 100\% \tag{18.12}$$

$$\text{产物收率}=\frac{\text{生成三乙氧基硅烷的量(mmol)}}{\text{投入反应器中硅粉的量(mmol)}}\times 100\% \tag{18.13}$$

(4) 产物的分子式分析。

将反应后产物在常压下分馏，取134～135 ℃的馏分。用气－质谱联用仪分析产物的分子式结构。

五、实验数据记录与处理

(1) 测试方法。

采用气相色谱仪(型号 GC112A,上海精密科学仪器有限公司),使用内标法进行产物的定量分析,测试条件:SE－54 填充柱(2 m×3 mm),氢火焰离子化检测器,柱箱温度 80 ℃,进样器温度 250 ℃,检测器温度 250 ℃,载气流速 35 mL/min。采用气－质谱联用仪(型号 6089/5973N,美国 Aglent 生产)确定产物结构,测试条件:石英毛细管柱(0.25 mm×30 m×0.25 μm),柱箱开始温度为 50 ℃,保持时间为 2 min,升温速率为 20 ℃/min,柱温保持在 280 ℃,保持时间为 5 min,汽化室温度为 300 ℃。

(2)数据记录与处理。

产物转化率的分析:使用气相色谱内标法进行产物转化率定量分析。以正十二烷为内标物。称取产物质量 m_1(2 g 左右)和正十二烷质量 m_2(0.2 g 左右),进行气相色谱标定。以如下公式进行计算得到产率:

$$n_{产物}=\frac{f\times A_1\times m_2\times m_3}{164.3\times A_2\times m_1} \tag{18.14}$$

式中　f——校正因子,本实验中取 2.9;

A_1——目标产物在气相色谱中(面积归一法)所占的峰面积比例值;

m_3——加入两种原料的总质量;

A_2——正十二烷在气相色谱中(面积归一法)所占的峰面积比例值。

六、注意事项

(1)由于三乙氧基硅烷容易与水发生水解反应,所以反应所需要的所有设备都要进行干燥。

(2)由于此反应是放热反应,所以在滴加乙醇时要保持一定的滴加速度,防止滴加速度过快使反应体系温度过高而产生大量的副反应。

七、思考题

(1)直接法制备三乙氧基硅烷的反应机理是什么?

(2)影响三乙氧基硅烷产率的主要因素有哪些?

实验 19　正辛基三乙氧基硅烷的合成

一、实验目的

(1)掌握硅氢加成反应机理。

(2)掌握采用正辛烯和三乙氧基硅烷制备正辛基三乙氧基硅烷的方法。

(3)学习硅氢加成反应条件对正辛基三乙氧基硅烷收率的影响。

二、实验原理

硅氢加成反应是含 Si—H 键的化合物与不饱和有机化合物在一定条件下进行的加成反应。通过该反应，可以制得含 Si—C 键的有机硅单体或聚合物。Si—C 键的形成在有机硅化学研究中具有举足轻重的作用，这是因为以碳为主的有机基团与硅元素通过 Si—C 键的结合赋予了硅元素有机化合物的性质，使得这一存在于无机化合物中的元素具备了广泛的有机化合物工业应用前景。目前，工业生产中硅氢加成反应多用 Speier 催化剂和 Karstedt 催化剂，这两种催化剂都是以价格昂贵的铂为活性中心，导致生产成本较高，并且以铂为催化中心的催化剂对于一些硅氢加成反应在选择性和转化率上并不是最优的选择，比如含氢烷氧基硅烷与烯丙基衍生物的加成反应就有更好的选择。近 20 年来，对新型硅氢加成反应催化剂的研究取得了较大的进展。在催化剂研究发展的同时，有关硅氢加成反应催化机理的研究也取得了一定的进展。人们自从发现硅氢加成反应以来，一直在探讨其催化机理，对不同的催化体系提出了不同的催化机理，主要分为自由基加成机理、离子加成机理、配位加成机理三大类。

本实验中主要研究配位加成机理。一般认为，由过渡金属(如铂、铑、钯、镍等)形成的催化体系对硅氢加成反应的催化，属于配位加成机理。

目前铂催化剂在硅氢加成反应中的应用较多，故对铂的催化机理的研究也较多。一般认为，铂催化机理主要有 Chalk－Harrod 机理、硅基迁移机理和铂胶体过渡态机理 3 种。

(1)Chalk－Harrod 机理。

1965 年，Harrod 等人从分子水平探讨催化硅氢加成反应的机理，提出了过渡金属络合物催化硅氢加成反应的机理。该机理最常用，是从氯铂酸的研究开始的，但也为其他过渡金属络合物提供了理论依据。它基于有机金属化学的基本步骤(图 19.1)。首先是四价的 Pt 离子被含氢硅烷或其他化合物还原成低价 Pt，再经过三个基本步骤，形成催化循环。第一步是氢硅烷向 Pt—烯烃络合物进行氧化加成；第二步是将配位的烯烃插入到 Pt—H 中；第三步是还原消除，形成硅氢化产物。

由于 Chalk－Harrod 机理不能解释反应中一些不饱和有机硅产物的形成(如乙烯硅烷)，一种在烯烃中插入 Si—Pt 键的 Chalk－Harrod 改良机理被提出。

Chalk－Harrod 机理由于能很好地解释硅氢加成反应有一个时间不短的诱导期(图 19.1)、随着反应的进行会生成铂金属沉淀、反应产物中有异构化烯烃出现及其他副反应发生等实验现象，因而为人们所接受；但此机理仍然存在一些不足，如无法解释二价及低价 Pt 催化剂的诱导期原因。

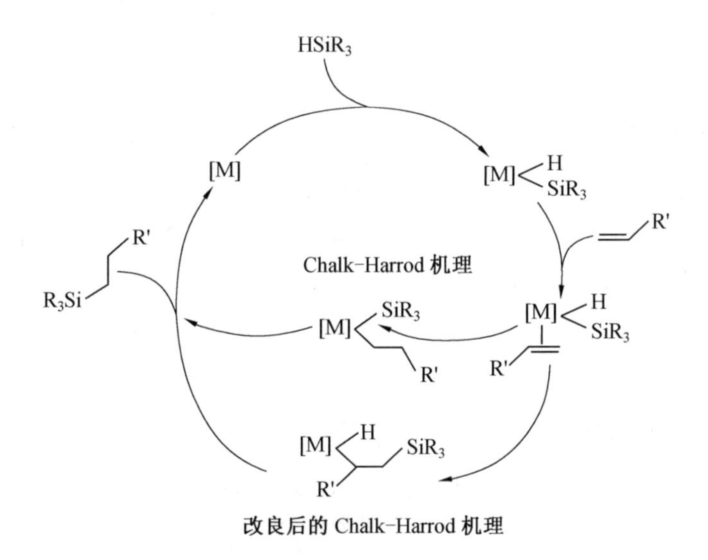

图 19.1　Chalk－Harrod 机理示意图

(2)硅基迁移机理。

研究发现,一些催化体系除得到正常的硅氢加成产物外,还能得到乙烯基硅烷与硅烷,这是 Chalk－Harrod 机理难以解释的。于是有人提出了硅基迁移机理(图 19.2)。

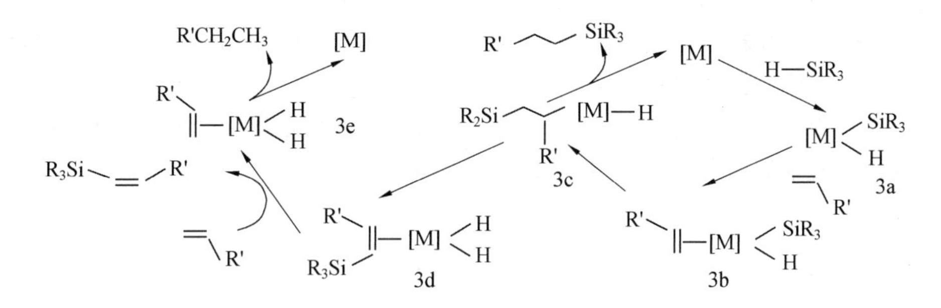

图 19.2　硅基迁移机理

在硅基迁移机理中,首先,活性中心 M 与 R_3SiH 发生反应,生成产物 3a;3a 再与烯烃形成烯烃配合物 3b,经过中间体 3c,该中间体可能按两种不同的途径进行反应:一种可能是形成脱氢硅烷化产物;另一种可能是经 3d 脱去烯烃硅氢化产物,形成烯烃氢配合物 3e,最后将烷烃脱去完成一次循环。

(3)铂胶体过渡态机理。

1973 年高活性的 Karstedt 催化剂的出现,说明 Pt^0 的络合物也是有效的硅氢加成反应催化剂。Chalk－Harrod 机理表现出了它的不足,于是人们试图提出新的反应机理来解释。20 世纪 80 年代,Lewis 等人深入研究了广泛应用于硅氢加成反应的催化剂,并用透射电子显微镜分析了硅氢加成反应后的催化剂溶液;结果发现了铂胶体的存在,于是提出了铂胶体过渡态机理(图 19.3)。在这一机理中氧分子作为共催化剂存在,其作用在于阻止胶体粒子的集结,增加胶体铂的亲电性,使之更适合于烯烃的亲核进攻。

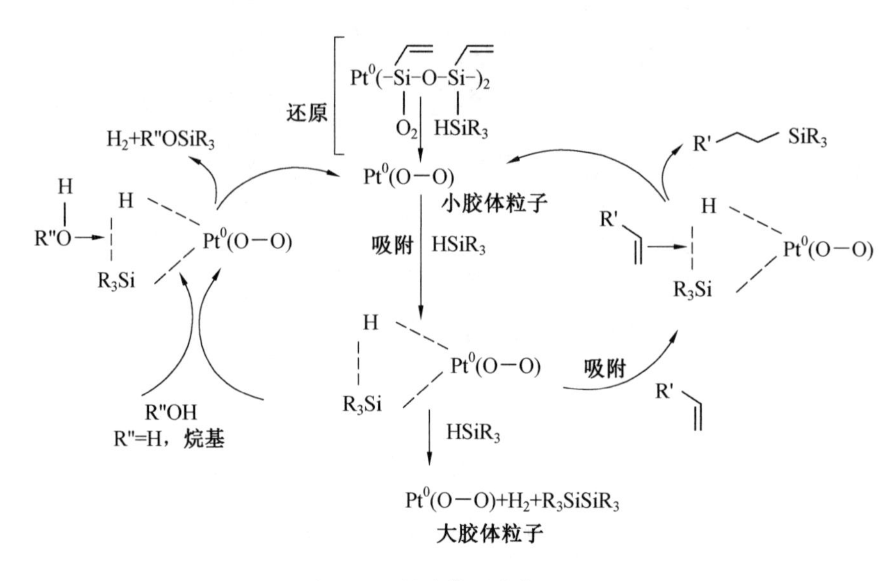

图 19.3 铂胶体过渡态机理

Lewis 等人还对硅氢加成反应溶液中 Pt 的扩展 X 射线吸收精细结构进行了考察。结果表明：铂胶体是在硅氢加成反应的最后阶段才形成的；而溶液中铂的最终存在形式取决于两个因素，一是反应中含氢硅烷与乙烯基化合物的比例，二是不饱和烯烃的性质。铂胶体过渡态理论认为，胶体是反应活性中间体的机理并不排除 Chalk－Harrod 机理的存在，它认为当 Pt 络合物中存在较强的配位体时，反应遵循配位加成的分子催化机理；只有在低价无强配位体催化剂（如 Karstedt）类型催化反应时，反应才按胶体催化机理进行。

在本实验中，正辛基三乙氧基硅烷是以三乙氧基硅烷为原料，以 Pt 化合物为催化剂，与正辛烯硅氢发生加成反应，合成路线如下：

主反应：

$$HSi(OC_2H_5)_3+CH_2CH(CH_2)_5CH_3 \xrightarrow{\text{催化剂}} CH_3(CH_2)_5CH_2CH_2Si(OC_2H_5)_3 \tag{19.1}$$

副反应：

$$HSi(OC_2H_5)_3+CH_2CH(CH_2)_5CH_3 \xrightarrow{\text{催化剂}} CH_3(CH_2)_5\underset{\displaystyle Si(OC_2H_5)_3}{\underset{|}{CH}}CH_3 \tag{19.2}$$

三、实验试剂及仪器

(1)实验试剂。

三乙氧基硅烷（纯度≥98％，山东曲阜万达化工有限公司）、正辛烯（纯度≥99％，上海诺泰化工有限公司）、六氯合铂酸（含铂量 37.0％，陕西开达化工有限责任公司）、异丙醇（分析纯，用 3A 分子筛除水，天津市东丽区天大化学试剂厂）、正十二烷（分析纯，天津市东丽区天大化学试剂厂）。

(2)实验仪器。

电子天平(万分之一)、10 mL 量筒 1 支、自制滴加回流反应器 1 套(含蛇形冷凝管、三口瓶、温度计、玻璃直通套管、磁子)、控温电动搅拌器、50 mL 恒压滴液漏斗 1 个、100 mL 塑料烧杯 1 个、搅拌磁子 1 个、油浴玻璃器、气相色谱仪。

四、实验步骤

(1)仪器设备的组装。

由 100 mL 三口瓶、温度计、玻璃直通套管、蛇形冷凝管、恒压滴液漏斗、干燥过滤器、油浴容器、磁力加热搅拌器、磁子组成滴加回流反应器(图 19.4)。此套系统可以保证在恒温情况下进行搅拌,并且可以随意滴加另一种原料,反应也有很好的适应性。

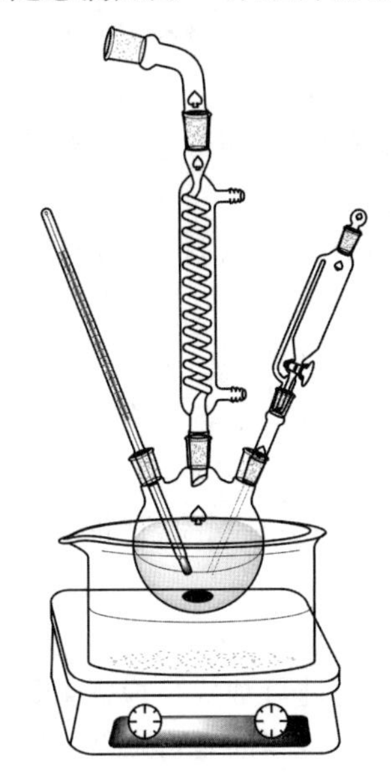

图 19.4　滴加回流反应器

(2)催化剂的配置。

称取 0.078 6 g 六氯合铂酸,加入 3 mL 经过干燥后的异丙醇,用搅拌磁子搅拌 5 min,配置成 0.1 mol/L 的六氯合铂酸/异丙醇溶液。

(3)反应的进行过程。

在装有温度计、蛇形冷凝管、恒压滴液漏斗的 100 mL 三口烧瓶中,加入正辛烯 0.1 mol(正辛烯分子量为 112.2,密度为 0.72,需取 15.6 mL),用搅拌磁子搅拌,冷凝水开启,加热至温度 80 ℃,滴加 8 滴 0.1 mol/L 的六氯合铂酸/异丙醇溶液作为催化剂,活化 0.5 h 后,开始以每 3 s 滴加 1 滴的速度滴加 0.1 mol 的三乙氧基硅烷,滴加完成后保持温度反应 1 h,停止加热,降到室温,停止搅拌。

五、实验数据记录与处理

(1)测试方法。

采用气相色谱仪(型号 GC112A,上海精密科学仪器有限公司),使用内标法进行产物的定量分析，测试条件：SE－54 填充柱（2 m×3 mm），氢火焰离子化检测器，柱箱温度 80 ℃，进样器温度 250 ℃，检测器温度 250 ℃，载气流速 35 mL/min。采用气－质谱联用仪（型号 6089/5973N，美国 Aglent 生产）确定产物结构，测试条件：石英毛细管柱（0.25 mm×30 m×0.25 μm），柱箱开始温度为 50 ℃，保持时间为 2 min，升温速率为 20 ℃/min，柱温保持在 280 ℃，保持时间为 5 min，汽化室温度为 300 ℃。

（2）数据记录与处理。

产物转化率的分析：使用气相色谱内标法进行产物转化率定量分析。以正十二烷为内标物。称取产物质量 m_1（2 g 左右）和正十二烷质量 m_2（0.2 g 左右），进行气相色谱标定。以如下公式进行计算得到产率：

$$n_{产物}=\frac{f\times A_1\times m_2\times m_3}{236.3\times A_2\times m_1} \tag{19.3}$$

式中　f——校正因子，本实验中取 2.9；

A_1——目标产物在气相色谱中（面积归一法）所占的峰面积比例值；

m_3——加入两种原料的总质量；

A_2——正十二烷在气相色谱中（面积归一法）所占的峰面积比例值。

六、注意事项

（1）由于三乙氧基硅烷容易与水发生水解反应，所以反应所需要的所有设备都要进行干燥。

（2）结合硅氢加成反应机理，观察实验现象，讨论实验条件对产品收率的影响。

七、思考题

（1）制备正辛基三乙氧基硅烷的硅氢加成反应需要注意哪些事项？

（2）影响正辛基三乙氧基硅烷的主要因素有哪些？

（3）简要分析硅氢加成反应机理。

实验 20　采用 Stöber 法制备 SiO_2 杂化粒子及其在纸张上的疏水应用

一、实验目的

（1）了解 Stöber 法制备 SiO_2 粒子的合成机理。

（2）掌握 Stöber 法制备均一、稳定的 SiO_2 粒子并进行杂化的方法，了解其在纸张疏水方面的应用性能。

（3）了解 SiO_2 杂化粒子粒径及浓度对纸张表面疏水效果的影响。

二、实验原理

1968 年，Stöber 等人报道一种简便的制备单分散二氧化硅纳米粒子的方法，该方法以醇为溶剂，以水为反应物，以硅氧烷为有机硅源，在氨水的催化下经过成核与生长过程，最终形成单分散的二氧化硅纳米粒子，粒子的粒径可以在 10 nm～2 μm 之间进行调控。以正硅酸甲酯为硅源，其反应过程如下：

$$Si(CH_3O)_4 + H_2O \xrightarrow{NH_3 \cdot H_2O + CH_3OH} Si(OH)_4 + CH_3OH \tag{20.1}$$

$$Si(OH)_4 \xrightarrow{NH_3 \cdot H_2O + CH_3OH} SiO_2 + 2H_2O \tag{20.2}$$

在该工作中，Stöber 系统地研究了体系中各类因素的变化对 SiO_2 粒子尺寸的影响，其中反应物水和催化剂 NH_3 对粒子的粒径影响较大。随着氨浓度增加，粒子粒径增加，后趋于缓慢，直到氨浓度达到饱和浓度时，粒子粒径最大；随着水浓度的增加，粒子的粒径先增加后减小。如果选择恰当的溶剂和硅源，那么粒子最大可以合成到 800 nm 左右。如果溶剂选用烷基链加大的醇，或者烷基链较大的硅氧烷，粒子的粒径都会变大，最大可以达到 2 μm。1988 年，Zukoski 小组发现 SiO_2 粒子的粒径还会随着反应温度的上升而单调下降，该小组发现，粒子的尺寸分散性与其尺寸相关，越小的粒子均一性越差，而越大的粒子均一性越好。

1988 年，Matsoukas 小组首先发表了有关研究 Stöber 反应机理的工作。文献中利用光散射强度测量了体系中粒子质量的变化，实验表明粒子的质量变化，即粒子的生长随时间呈单指数变化。接下来在甲醇为反应溶剂的条件下，利用拉曼光谱测定了体系中连接在 TEOS 上和游离在体系中的乙氧基的浓度的变化。结果表明，TEOS 的水解也呈单指数趋势变化，说明其可理解为一级反应，并且发现水解速率常数与粒子的生长速率常数相等。因此得出粒子的生长是由水解反应控制的。接下来，Matsoukas 等人以此为基础，提出并发展了一种单体生长模型（monomer addition model）。

该模型可描述为：粒子的成核与生长过程都是由单体的水解反应所控制的，两个水解后单体的缩合即代表核的形成，而粒子的生长只是通过水解后单体在核表面的缩合。粒子的体积随时间的变化，也就是粒子的生长速度 v_p 可表示为

$$\frac{dv_p}{dt} \propto k_c R^{\alpha} C_h \tag{20.3}$$

式中 k_c——缩合速率常数；

R——核的尺寸；

α——常数，即生长速度与 R 的 α 幂函数有关。

C_h——溶液中单体的即时浓度。

通过 α 值可以区分反应控制和扩散控制的两种生长机理。在反应控制的生长过程中，水解后单体缩合在核的表面，因此生长速率与粒子的表面积相关，进而 $\alpha=2$。在扩散控制的生长过程中，粒子的生长受限于单体扩散到核表面的过程。如果假设单体的扩散速度远远大于粒子的扩散速度，那么粒子的生长速度只与核的粒径成正比，此时 $\alpha=1$。此外不同的生长机理还会影响最终粒子的粒径和分散度（polydispersity）。对于扩散控制的生长过程，尺寸分散度 $\sigma^2 \propto R^{-3}$；而对于反应控制的生长过程，尺寸分散度 $\sigma^2 \propto R^{-2}$。也就是说，反应控制的生长过程中尺寸分散度减小的速度更快。Matsoukas 等人即以此通过拟合分散度随时间的变化曲线，最终得到 $\sigma^2 \propto R^{-1.75 \pm 0.2}$。因此他们得出结论，即 Stöber

反应是由水解反应控制的。

三、实验试剂及仪器

（1）实验试剂及材料。

正硅酸甲酯（≥98%）、甲醇（分析纯）、氨水（分析纯）、辛基三乙氧基硅烷（自制）、盐酸（分析纯）、氯化钠（分析纯）、氢氧化钠（分析纯）、pH 试纸、超纯水、普通打印纸。

（2）实验仪器。

电子天平、量筒、自制恒压滴加回流反应器一套（含 250 mL 三口瓶、温度计、玻璃直通套管、球形冷凝管、100 mL 恒压滴液漏斗、磁力加热搅拌器、磁子）、控温磁力搅拌器（配磁子）、温度计、烧杯、镊子、恒温干燥箱、碱式滴定管、激光笔、接触角测试仪。

四、实验步骤

（1）仪器设备的组装。

由 250 mL 三口瓶、温度计、玻璃直通套管、球形冷凝管、100 mL 恒压滴液漏斗、磁力加热搅拌器、磁子组成恒压滴加回流反应器（图 20.1）。此套系统可以保证在恒温情况下进行搅拌回流反应，开展 Stöber 法制备 SiO_2 粒子及其改性实验。

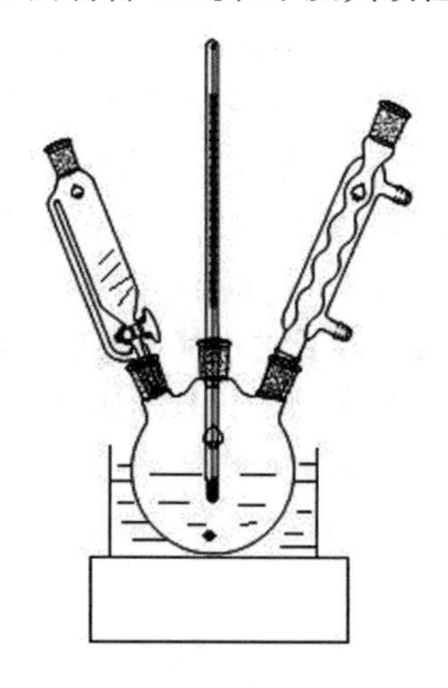

图 20.1　恒压滴加回流反应器

（2）实验过程。

①Stöber 法制备 SiO_2 粒子实验过程。

向三口烧瓶中加入水和甲醇的混合液，开启搅拌，冷凝水开启，在常温下，滴加氨水作为催化剂，搅拌均匀。开始滴加正硅酸甲酯和甲醇的混合液，滴加时间为 25～30 min，滴加完成后继续搅拌，老化反应 1 h。

②SiO_2 粒子表面积测定。

吸取含量 1.5 g 二氧化硅的硅溶胶 a mL 于洁净的烧杯中，加入（150－a）mL 的 20% NaCl 溶液，用盐酸调节碱性胶调节混合液的 pH 为 4.0（加入溶液量应极少），然后于 25 ℃下用 0.1 mol/L NaOH 溶液滴定。在充分搅动下直至混合液的 pH 为 9.0。以下列经验式表示：

$$S=32V-25 \tag{20.4}$$

式中　S——硅溶胶粒子比表面积，m^2/g；

V——滴定度，即混合液 pH 自 4.0 滴至 9.0 所需 0.1 mol/L 的 NaOH 溶液体积，mL。

$$d=\frac{2\ 727}{32V-25} \tag{20.5}$$

③SiO_2粒子的杂化改性。

将 Stöber 法制备的 SiO_2粒子溶液加入适量辛基三乙氧基硅烷(辛基三乙氧基硅烷预聚体)，在 30 ℃的条件下搅拌反应 1.5 h，制备 SiO_2杂化粒子。

④SiO_2杂化粒子在纸张疏水性方面的应用。

采用浸渍—提拉法制备疏水纸张。将预先干燥的纸张浸入制备好的上述 SiO_2杂化粒子胶体溶液中 10 s，使溶胶与纸张充分接触，然后以 1 cm/min 的速度垂直提拉，在室温下自然干燥 15 min 后，在烘箱中进行 60 ℃的热处理。

五、样品分析及其在纸张上的疏水性能表征

(1)用激光笔观察 SiO_2粒子溶液是否有丁达尔现象，从外观上预测颗粒大小。

(2)通过滴定法半定量确定 SiO_2粒子的尺寸。

(3)通过比对实验比较 SiO_2粒子及 SiO_2杂化粒子对纸张的疏水作用。

六、注意事项

(1)氨水的浓度对粒径的影响最为重要，注意氨水的加入量。

(2)四甲氧基硅烷的滴加速度对粒径影响较大，注意控制滴加速率。

(3)四甲氧基硅烷和甲醇对眼睛及身体有一定毒性，做好安全防护。

七、思考题

(1)SiO_2杂化粒子为什么会提高纸张的疏水性？

(2)改性的 SiO_2杂化粒子在哪些其他领域还有应用？

(3)SiO_2粒子粒径的半定量求解依据是什么？

实验 21　水热合成 β-$NaYF_4$:18%Yb，2%Er 微米晶

一、实验目的

(1)掌握水热合成 β-$NaYF_4$:18%[①]Yb，2%Er 微米晶的方法。

(2)了解水热温度和时间对微米晶颗粒的影响。

---

① 指摩尔分数。

二、实验原理

水热反应依据反应的类型不同可分为水热氧化、水热还原、水热沉淀、水热水解、水热合成、水热结晶等。其中水热结晶应用最多。水热结晶主要机理是溶解一再结晶机理。反应原料在反应介质里溶解，以离子、分子团的形式进入溶液。利用强烈对流（釜内上下部分的温度差导致釜内溶液温度不一致）将这些离子、分子或离子团输送到放有籽晶的生长区（即低温区）形成饱和溶液，继而结晶。

水热合成法具有反应条件温和（反应温度一般不超过 200 ℃），反应活性高，合成的纳米颗粒结晶度高、纯度高、掺杂均匀等优点；但水热合成法缺点也很突出，如重复性差、合成的纳米粒子尺寸较大、较小的纳米粒子易团聚。尽管如此，水热法仍是一种合成上转换纳米颗粒的理想方法。$NaYF_4$合成路线如图 21.1 所示。

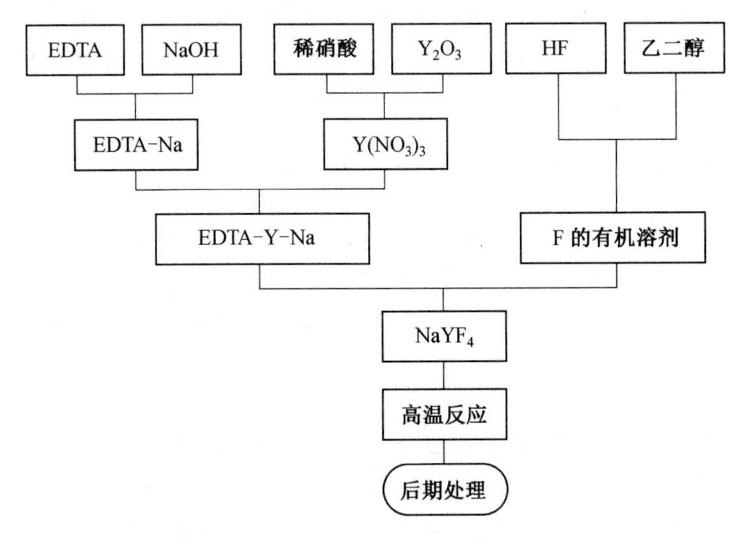

图 21.1 $NaYF_4$合成路线

反应机理如以下：

$$Y^{3+} + EDTA \longrightarrow Y-EDTA \tag{21.1}$$

$$Y-EDTA + Na^{+} + 4F^{-} \longrightarrow NaYF_4 + EDTA \tag{21.2}$$

在上述过程中，稀土离子首先与 EDTA 分别形成 1∶1 型稳定的螯合物。该螯合物缓慢释放出稀土离子，与 Na^+ 及 F^- 一起形成 $NaYF_4$纳米晶。当 EDTA 与 Y^{3+} 浓度比为 1∶1 时，所有的稀土离子都被 EDTA 螯合，形成 Y－EDTA 螯合物。

三、实验试剂及仪器

(1)实验试剂及材料。

氧化钇、氧化镱、氧化铒、乙二胺四乙酸、氢氧化钠、硝酸、氢氟酸、乙醇、pH 试纸。

(2)实验仪器。

电子天平（万分之一）、100 mL 玻璃烧杯 1 个、100 mL 塑料烧杯 1 个、10 mL 量筒 1 支、玻璃棒 2 支、磁子 2 个、50 mL 水热釜 1 个。

四、实验步骤

(1)溶解稀土氧化物:称取 0.80 mmol 氧化钇、0.18 mmol 氧化镱、0.02 mmol 氧化铒溶于稀硝酸中,加入 30 mL 蒸馏水,将此溶液置于电炉上加热,直到溶液澄清。

(2)形成络合溶液:将上述澄清溶液冷却到室温作为溶液 A,将 0.584 g EDTA 溶解到 10%NaOH 溶液中,调节 pH 到碱性范围(7~8),作为溶液 B;将溶液 A 与溶液 B 混合,加入 10 mL 乙二醇作为分散剂,充分搅拌,使 Y^{3+} 与 EDTA 完全络合。

(3)形成前驱体:取 2 mL HF(40%)溶于 10 mL 乙二醇中,然后滴加到上述混合液中,将 pH 调节到 8,强力搅拌 1 h。

(4)水热反应:充分反应后,倒入水热釜中 180 ℃下反应 48 h。

(5)后处理:水热反应 48 h 后将水热釜取出,自然冷却到室温。用乙醇将产物沉淀出来,在乙醇中洗涤沉淀以除去样品表面吸附的溶剂分子及杂质离子,重复用乙醇洗涤三次,再用去离子水洗涤两次,最后在 80 ℃的烘箱中干燥,得到外观为白色粉末状的 $NaYF_4$ 纳米晶。

(6)依照上述方法,考察水热温度对 $NaYF_4$:18%Yb,2%Er 纳米晶的影响,分别在 140 ℃、160 ℃、180 ℃水热合成纳米晶。考察水热时间对 β-$NaYF_4$:18%Yb,2%Er 微米晶的影响,分别在 4 h、12 h、24 h、48 h 条件下水热合成 $NaYF_4$:18%Yb,2%Er 纳米晶或微米晶。

(7)使用透射电子显微镜(TEM)或扫描电子显微镜(SEM)观察纳米颗粒的尺寸和形貌;对材料进行 X 射线衍射(XRD),分析其衍射图谱,获得材料的成分、材料内部原子或分子的结构等。

五、实验数据记录与处理

将水热温度对 $NaYF_4$ 纳米晶的影响实验数据记录在表 21.1 中。

表 21.1　水热温度对 $NaYF_4$ 纳米晶的影响

水热时间：　　　　pH：

水热温度/℃	晶化程度	颗粒尺寸及形貌
120		
150		
180		

将水热时间对 $NaYF_4$ 纳米晶的影响实验数据记录在表 21.2 中。

表 21.2　水热时间对 $NaYF_4$ 纳米晶的影响

水热温度：　　　　pH：

水热时间/h	晶化程度	颗粒尺寸及形貌
4		
12		
24		
48		

六、注意事项

(1)氢氟酸对皮肤有强烈刺激性和腐蚀性,操作一定要在通风橱中进行,而且需要穿实验服并戴防护手套。皮肤接触氢氟酸后立即用大量流水长时间彻底冲洗,尽快地稀释和冲去氢氟酸,然后使用一些可溶性钙、镁盐类制剂清洗。

(2)反应釜的承受温度、压力有一定限制及要求,所以在填充反应釜时,容积不要超过反应釜容积的80%,反应温度在200 ℃以内。

七、思考题

(1)什么反应适合使用水热合成法?

(2)在水热合成 $NaYF_4$:18%Yb,2%Er 纳米晶过程中都有哪些条件会对产物颗粒产生影响?

(3)从动力学和热力学方面分析,水热温度和水热时间如何对产物颗粒产生影响。

实验22 沉淀法合成 Lu_2O_3:10%Yb, 2%Er 纳米晶

一、实验目的

(1)掌握沉淀法合成 Lu_2O_3:10%Yb,2%Er 纳米晶的方法。

(2)了解反应过程中的纳米晶成核、生长机理。

二、实验原理

沉淀法通常是在溶解有各种成分离子的电解质溶液中添加合适的沉淀剂,反应生成组成均匀的沉淀,沉淀热分解得到高纯纳米粉体材料。共沉淀法的优点在于:其一是通过溶液中的各种化学反应直接得到化学成分均一的纳米粉体材料,其二是容易制备粒度小而且分布均匀的纳米粉体材料。物质在水中的溶解能力可用溶解度表示。溶解度的大小主要取决于物质和溶剂的本性,也与温度、盐效应、晶体结构和大小等有关。习惯上将溶解度大于1 g/100 g H_2O 的物质列为可溶物;将小于0.1 g/100 g H_2O 的物质列为难溶物;介于两者之间的物质列于微溶物。

在一定温度下,难溶化合物的饱和溶液中,各离子浓度的乘积称为溶度积,它是一个化学平衡常数,以 K_{sp} 表示。难溶物的溶解平衡可用下列通式表达:

$$A_mB_n(\text{固}) \rightleftharpoons mA^{n+} + nB^{m-} \tag{22.1}$$

$$K_{sp} = [A^{n+}]^m\,[B^{m-}]^n \tag{22.2}$$

若 $[A^{n+}]_m\,[B^{m-}]_n < K_{sp}$,溶液不饱和,难溶物将继续溶解;若 $[A^{n+}]_m\,[B^{m-}]_n = K_{sp}$,溶液达饱和,难溶物不再溶解且无沉淀产生;若 $[A^{n+}]_m\,[B^{m-}]_n > K_{sp}$,将产生沉淀。

因此,根据溶度积原理可以利用沉淀法合成难溶化合物。该方法反应操作简单,一般用于合成半导体量子点、金属氧化物以及最近研究较多的稀土氧化物上转换纳米粒子。

采用沉淀法合成出的纳米颗粒具有成本低、制备条件易于控制、合成周期短等优点。但是，沉淀剂的加入可能会使局部浓度过高，产生团聚或使组成不够均匀等。

三、实验试剂及仪器

(1)实验试剂及材料。

氧化镥、氧化镱、氧化铒、浓硝酸、NH_4HCO_3、氨水、聚乙二醇(PEG－400)、无水乙醇、pH 试纸。

(2)实验仪器。

电子天平(万分之一)、100 mL 玻璃烧杯 2 个、100 mL 容量瓶 4 个、10 mL 量筒 1 支、玻璃棒 2 支、磁子 2 个、抽滤泵 1 个、抽滤瓶 1 个。

四、实验步骤

(1)配置 1.5 mol/L 的 NH_4HCO_3 溶液，并用氨水调节该沉淀剂 pH 在 8.5～9.0 之间。

(2)分别称取定量的氧化镥、氧化镱和氧化铒，溶于浓硝酸，配制成 0.5 mmol/L 的硝酸盐。

比例(浓度比)为 $Lu(NO_3)_3$ ∶ $Yb(NO_3)_3$ ∶ $Er(NO_3)_3$＝88 ∶ 10 ∶ 2。配制两组，分别标记为 A、B 组，体积分别为 200 mL。

(3)A 组引入聚乙二醇(PEG－200)分散剂 5 mL，B 组作为对比实验，无其他分散剂引入。

(4)室温条件下，将配好的 NH_4HCO_3 溶液以 2～3 mL/min 的滴加速度滴加到剧烈搅拌的 A、B 两组稀土硝酸盐溶液中，滴定终点 pH 控制在 8.5 左右。然后继续搅拌 30 min，静置 1 h 后抽滤，沉淀经无水乙醇洗涤 3 次，超声分散于无水乙醇中，10 min 后再次抽滤，再洗涤 2～3 次，之后将前驱体沉淀置于 90 ℃烘箱中干燥 24 h，之后于 1 000 ℃煅烧得到 Lu_2O_3:10％Yb，2％Er 纳米晶。

(5)使用高倍电子透射显微镜(HRTEM)观察 Lu_2O_3:10％Yb，2％Er 纳米晶的尺寸、形貌及晶格间距；对材料进行 X 射线衍射(XRD)，分析其衍射图谱，获得材料的成分、材料内部原子或分子的结构等。

五、实验数据记录与处理

表 22.1 为分散剂对 Lu_2O_3:10％Yb，2％Er 纳米晶的影响实验数据记录表。

表 22.1　分散剂对 Lu_2O_3:10％Yb，2％Er 纳米晶的影响实验数据记录表

分散剂	分散性(好，较好，差)	颗粒纳米晶尺寸及形貌
无		
PEG－400		
PEG－400/不同量		

表 22.2 为煅烧温度对 Lu_2O_3:10%Yb,2%Er 纳米晶的影响实验数据记录表。

表 22.2 煅烧温度对 Lu_2O_3:10%Yb,2%Er 纳米晶的影响实验数据记录表

煅烧温度/℃	Lu_2O_3:10%Yb,2%Er 纳米晶尺寸及形貌	晶相(纯相,混相)
800		
1 000		
1 200		

六、注意事项

(1)浓硝酸具有强烈的腐蚀性及刺激性气味,操作一定要在通风橱中进行,而且需要穿实验服并戴防护手套。

(2)高温煅烧过程中,反应温度很高,为避免出现意外,要在实验人员看管下进行。

七、思考题

(1)降低煅烧温度或缩短反应时间,分析比较样品的 XRD 谱图,实验制备的 Lu_2O_3:10%Yb,2%Er 纳米晶结晶度会发生什么样的变化?是由什么原因引起的?

(2)讨论在合成 Lu_2O_3:10%Yb,2%Er 纳米晶过程中,分散剂用量对纳米晶尺寸的影响,并分析原因。

(3)分析在沉淀法合成 Lu_2O_3:10%Yb,2%Er 纳米晶过程中该沉淀法中的化学过程,讨论什么样的条件更易于反应进行?

实验 23 溶胶一凝胶法制备 YAG:Ho^{3+},Yb^{3+} 纳米晶

一、实验目的

(1)掌握通过溶胶一凝胶法合成 YAG:Ho^{3+},Yb^{3+} 纳米晶的方法。

(2)掌握上转换光学测试方法、过程及相关仪器的操作。

二、实验原理

溶胶一凝胶法(Sol-Gel 法,简称 S-G 法)是以无机物或金属醇盐为前驱体,在液相中将这些原料均匀混合,并进行水解、缩合化学反应,在溶液中形成稳定的透明溶胶体系,溶胶经陈化,胶粒间缓慢聚合,形成三维空间网络结构的凝胶,凝胶网络间充满了失去流动性的溶剂。凝胶经过干燥、烧结固化制备出分子乃至纳米亚结构的材料。溶胶一凝胶法是将含高化学活性组分的化合物经过溶液、溶胶、凝胶状态而固化,再经热处理形成氧化物或其他化合物固体的方法。

基本原理:

(1)溶剂化:金属阳离子 M^{z+} 吸引水分子形成溶剂单元 $M(H_2O)_n^{z+}$,为保持其配位数,具有强烈释放 H^+ 的趋势。

$$M(H_2O)^{z+}_{n} \longrightarrow M(H_2O)_{n-z}(OH)_z + zH^+ \tag{23.1}$$

(2)水解反应：非电离式分子前驱物，如金属醇盐 $M(OR)_n$ 与水反应。

$$M(OR)_n + xH_2O = M(OH)_x((OR)_{n-x} + xROH)M(OH)_n \tag{23.2}$$

(3)缩聚反应：按其所脱去分子种类，可分为两类，即

①失水缩聚：

$$MOH + HOM = MOM + H_2O \tag{23.3}$$

②失醇缩聚：

$$MOR + HOM = MOM + ROH \tag{23.4}$$

三、实验试剂及仪器

(1)实验试剂。

氧化钇(Y_2O_3)、氧化镱(Yb_2O_3)、氧化钬(Ho_2O_3)、硝酸铝、柠檬酸、硝酸、EDTA、氨水。

(2)实验仪器。

电子天平(万分之一)，加热器1个，磁子2个，全波段(200～2 500 nm)光谱仪及其相应探测器，二极管激光系统(含激光头，高精温度控制器和电流控制器)3套，不同波长(635 nm、650 nm、808 nm、976 nm)的大功率二极管激光器和氩离子激光器，高分辨、高速数据采集分析记录系统、光学元件和器件。

四、实验步骤

(1)按化学计量比准确称取 Y_2O_3、Ho_2O_3 和 Yb_2O_3，分别溶于适量硝酸，得到 $Y(NO_3)_3$、$Ho(NO_3)_3$ 和 $Yb(NO_3)_3$ 溶液，稀土离子总量为1.00 mmol，比例为88∶10∶2(此处体积不超过25 mL)。

(2)充分混合后，按一定比例将上述三种溶液和 EDTA、去离子水溶液混合并搅拌(金属离子∶EDTA＝1∶1、1∶2、1∶3、1∶4，摩尔比，总体积30 mL)，形成均匀的 Y(Ho,Yb)－EDTA 溶液。

(3)将 $Al(NO_3)_3$ 和柠檬酸按照摩尔比1∶5溶于去离子水中(Al^{3+}:0.1 mol/L，30 mL)，搅拌成均匀的 Al－柠檬酸溶液。将上述两种溶液混合，于80 ℃下恒温搅拌，并调节 pH(0.05 mol/L NaOH 溶液)至适当值以形成溶胶。

(4)搅拌一定时间，直到形成浅黄色的透明凝胶。此凝胶于一定温度下烘干48 h，得到黑色的干凝胶。最后将得到的干凝胶在一定温度下进行热处理(保温时间为2 h)。

(5)将通过步骤(1)、步骤(2)、步骤(3)合成的纳米晶压制成直径为5 mm、厚度约为2 mm的圆片用于光学测试。以半导体二极管 Ti－sapphire 激光器作为激发光源，激发波长为976 nm，输出功率为100 mW，最大半峰宽为10 nm，脉宽为120 fs。上转换时间分辨发射光谱相对于激发光源沿180°方向收集，光信号由光纤头输入光纤，送到25 cm 分光仪，此分光仪包括一个激发器和150 g/mm、0.4 nm分辨率的光栅。然后，上转换时间分辨发射谱被热电冷却电荷耦合装置(ICCD)(ANDOR)收集。同步延迟发生器作为外置触发器去触发 ICCD。测试在室温(25 ℃)下进行。观察上转换荧光的颜色，采集上转换荧光发射谱。

五、实验数据记录与处理

分别记录步骤(1)～(3)所合成样品的荧光光谱，在相同的泵浦功率下比较发光强度；记录不同泵浦功率下的荧光光谱，以此绘制强度－泵浦功率关系图，并拟合曲线，确定声子数，以此分析并绘制上转换机制图。

六、注意事项

(1)激光器直接照射皮肤或者眼睛，会造成灼伤，所以在操作光学仪器时，一定要佩戴防护眼镜。

(2)在反应形成溶胶的过程中，滴加速度要慢，如果直接形成沉淀将不能获得溶胶。

七、思考题

(1)比较三个实验所合成的纳米材料的上转换荧光强度。结合 XRD、FESEM 或 TEM，分析荧光性能与结构(相、结晶度、表面效应)、形貌(尺寸、形状)的关系。

(2)简要分析 YAG:Ho^{3+},Yb^{3+} 纳米晶的上转换荧光机理。

实验 24　溶胶－凝胶法制备 YAG 荧光粉及 YAG 荧光粉的结构与性能测试

一、实验目的

(1)了解 YAG 荧光粉的制备方法及各方法的优缺点。

(2)掌握溶胶－凝胶法制备 YAG 荧光粉的基本过程。

(3)掌握影响 YAG 荧光粉结构与性能的主要因素。

(4)熟悉表征 YAG 荧光粉结构与性能的常用手段。

二、实验原理

稀土掺杂钇铝石榴石相($Y_3Al_5O_{12}$,YAG)荧光粉是荧光粉中重要的一种，YAG 作为荧光粉的基质材料具有透明度高、化学稳定性好、导热性好、耐高强度辐照和电子轰击等优点，因此稀土掺杂的 YAG 荧光粉得到了广泛的研究。传统的 YAG 黄色荧光粉普遍采用高温固相反应制得，烧成温度高，合成周期长，烧成后的粉末硬、颗粒大，后处理困难，需经球磨，这样会破坏晶形，从而使发光亮度和发光效率大幅度下降。目前，国内外普遍尝试使用湿化学法合成工艺来合成 YAG 荧光粉，以达到降低烧成温度，提高性能，降低成本的目的。

溶胶－凝胶法是一种新兴的湿化学合成方法，利用这种方法制备稀土发光材料在近十几年内取得了巨大进展。用溶胶－凝胶法合成发光材料可以获得较小的粒径，无须研磨，且合成温度比传统的合成方法低，因此这种方法在发光材料合成中具有相当大的潜力，是合成纳米发光材料的重要方法之一。溶胶－凝胶法的基本过程是将无机盐以及金属醇盐或其他有机盐溶解在水或有机溶剂中形成均匀溶液，溶质与溶剂产生水解、醇解或螯合反应，反应生成物聚集成 1 nm 左右的离子并组成溶胶，溶胶经蒸发干燥转变为干凝胶，干凝胶经过干燥、热处理等过程转变成最终想要得到的产物。

本实验即采用溶胶一凝胶法，以金属硝酸盐为原料，以柠檬酸为络合剂，制备 YAG：Ce^{3+} 黄色荧光粉。

三、实验试剂及仪器

(1)实验试剂。

硝酸铝($Al(NO_3)_3 \cdot 9H_2O$)、柠檬酸($C_6H_8O_7 \cdot H_2O$)、氧化钇(Y_2O_3)、硝酸铈($Ce(NO_3)_3 \cdot 6H_2O$)、硝酸(HNO_3)、氨水($NH_3 \cdot H_2O$)。

(2)实验仪器。

电动搅拌器、电热恒温水浴锅、电子天平、真空干燥箱、箱式炉、X 射线衍射仪、荧光分光光度计。

四、实验步骤

按 $Y_{3-x}Al_5O_{12}:Ce_x^{3+}$ 化学计量比称取一定质量的 $Y(NO_3)_3$、$Al(NO_3)_3 \cdot 9H_2O$ 和 $Ce(NO_3)_3 \cdot 6H_2O$。x 取 0.06，将 5.631 g $Y(NO_3)_3 \cdot 6H_2O$、9.378g $Al(NO_3)_3 \cdot 9H_2O$ 和 0.130 g $Ce(NO_3)_3 \cdot 6H_2O$ 分别溶于去离子水配成溶液(10 mL、10 mL、2 mL)。将 $Al(NO_3)_3$溶液和 $Ce(NO_3)_3$溶液分别加入到 $Y(NO_3)_3$溶液中，混合均匀。取一定量的柠檬酸(阳离子与柠檬酸总摩尔比可取 2∶1、1∶1、1∶2、1∶3、1∶4)加入到上述溶液中，用氨水调节溶液 pH 至 7～8。将混合溶液置于 70 ℃水浴中充分搅拌(2.5 h 左右)，直至得到黏滞性溶胶。将溶胶放入 120 ℃真空干燥箱中干燥 4 h，使水分逐渐挥发同时放出大量的气体，变成干凝胶。干凝胶经研磨后置于高温炉中高温(800～1 200 ℃)焙烧 2 h，得到淡黄色粉末(YAG:Ce^{3+} 粉末)。

溶胶一凝胶法制备 YAG:Ce^{3+} 荧光粉工艺流程如图 24.1 所示。

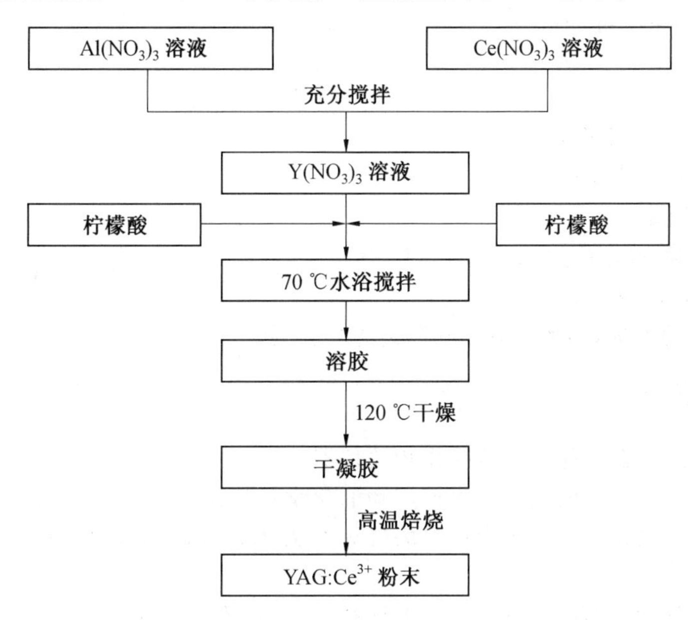

图 24.1　溶胶一凝胶法制备 YAG:Ce^{3+} 荧光粉工艺流程

五、实验数据记录与处理

(1)计算各原料的质量。

按照化学计量比 $Y_{3-x}Al_5O_{12}:Ce_x^{3+}$ ($x=0.01\sim0.10$),计算各原料 Y_2O_3、$Al(NO_3)_3\cdot9H_2O$和 $Ce(NO_3)_3\cdot6H_2O$ 的质量。根据计算结果,准确称量各原料的质量,并记录。

(2)计算柠檬酸的用量。

按照柠檬酸与总金属离子(Al^{3+}、Y^{3+}和 Ce^{3+})的摩尔比 1∶1,计算柠檬酸的用量。根据计算结果,准确称量柠檬酸的质量,并记录。

(3)计算 YAG:Ce^{3+} 粉末的晶胞参数与平均粒径。

利用 XRD 测得的数据,根据布拉格定律 $2d\sin\theta=n\lambda$,以及立方晶系中晶面间距 d_{hkl} 和它的晶面指数(hkl)及晶胞参数 a 之间的关系式

$$d_{hkl}=\frac{a}{\sqrt{h^2+k^2+l^2}} \tag{24.1}$$

可以得到

$$\sin^2\theta=\frac{(n\lambda)^2}{4a^2}(h^2+k^2+l^2) \tag{24.2}$$

对于相同物质的衍射图像,$\frac{(n\lambda)^2}{4a^2}=K$ 为一常数,因此有 $\sin^2\theta_1:\sin^2\theta_2:\sin^2\theta_n=(h_1^2+k_1^2+l_1^2):(h_2^2+k_2^2+l_2^2):(h_n^2+k_n^2+l_n^2)=m_1:m_2:m_n$。根据样品 XRD 谱图每根衍射线的 $\sin^2\theta$ 值,可求出这些晶面指数平方和的比值,找出其整数比,即 $m_1:m_2:m_n$。将 m 值化为三个整数的平方和,即可得到相应的晶面指数。然后,利用式(24.1),可以求出样品的晶胞参数值 a。

根据谢乐(Scherrer)公式

$$d=\frac{K\lambda}{\beta\cos\theta} \tag{24.3}$$

式中 d——样品平均粒径;

λ——X 射线波长;

θ——衍射角;

β——半峰宽(单位为弧度);

K——常数,取 0.9。

利用 XRD 测得的数据,即可计算出样品的平均粒径。

六、注意事项

(1)严格按照仪器的使用规范操作相关仪器。

(2)精确称量各原料的质量以保证产物的化学计量比。

(3)金属醇盐以及干燥过程中挥发的气体对人体有害,实验过程中必须佩戴口罩,做好防护。

(4)干凝胶是在高温(800 ℃以上)下烧结的,所以在烧结过程中,必须要时刻盯紧高温炉的状态,防止高温炉出现异常。

七、思考题

(1)概述制备 YAG 荧光粉的方法及各方法的优缺点。

(2)柠檬酸在溶胶一凝胶法制备 YAG 过程中起到怎样的作用?

(3)在溶胶干燥过程中,会挥发出大量的气体,解释该气体是如何产生的。

(4)研究表明,$Y_{3-x}Al_5O_{12}:Ce_x{}^{3+}$ 在 Ce^{3+} 的掺杂量 $x=0.06$ 时,荧光粉的发光强度达到最大值,而不是 Ce^{3+} 的掺杂量越大,荧光粉的发光强度也越大。为什么?

实验 25　硅氢加成制备有机硅树脂及其结构与性能测试

一、实验目的

(1)了解有机硅树脂的分类、特点及性能。

(2)掌握硅氢加成制备有机硅树脂的基本过程。

(3)掌握影响有机硅树脂结构与性能的主要因素。

(4)熟悉表征有机硅树脂结构及性能的常用手段。

二、实验原理

有机硅树脂是一类由硅原子和氧原子交替连接组成的骨架,不同的有机基团再与硅原子连接的聚合物的统称。有机硅树脂结构中既含有“有机基团”,又含有“无机结构”,这种特殊的组成和分子结构使它集有机物特性与无机物功能于一身。有机硅材料具有更强的耐热老化和抗紫外线性能、更好的透明度和更高的折射率;同时有机硅材料由于具有良好的机械特性、发光效率更高、使用寿命更长,成为国内外研究的热点。目前许多 LED 封装企业改用硅树脂代替环氧树脂作为封装材料,以提高 LED 的寿命。

硅树脂有多种分类方法。若按主链构成划分,可分为纯硅树脂及改性硅树脂两种,前者为典型的聚硅氧烷结构,根据硅原子上所连接的有机取代基种类又可细分为甲基硅树脂、苯基硅树脂及甲基苯基硅树脂等;改性硅树脂是杂化了有机树脂的热固性的聚硅氧烷,或者是使用其他硅氧烷及碳官能硅烷改性的聚硅氧烷;若按固化反应机理分,硅树脂可分为缩合型、铂催化加成型和过氧化物固化型;若按固化条件划分,可分为加热固化型、常温干燥型、常温固化型和紫外线固化型;若按产品形态划分,可分为溶剂型、无溶剂型、水基型和乳液型。

硅树脂的制备多是通过混合有机氯硅烷($MeSiCl_3$、Me_2SiCl_2、$MePhSiCl_2$、$PhSiCl_3$、Ph_2SiCl_2),经水解缩合及稠化重排,制成室温下稳定的活性聚硅氧烷预聚物。当其受热时,进一步缩合交联成坚固或弹性较小的固体硅树脂。有机氯硅烷在水解过程中生成氯化氢气体,氯化氢气体溶于水时会有热量放出,并生成盐酸。这二者都会加速反应中间体硅醇的自发缩合反应,使反应体系容易凝胶化。生成的盐酸还会腐蚀设备。现在广泛采用烷氧基硅烷水解、缩合制备硅树脂。

以上合成的硅树脂是羟基封端的,由 SiOH 缩合进行固化,有小分子放出,导致树脂固化后出现气泡和砂眼,而加成型树脂则无此缺陷,它是利用硅氢加成反应固化的,在铂催化剂作用下，通过硅树脂中的乙烯基和固化剂中的硅氢进行加成反应，无低分子物放出。

本实验即采用硅氢加成法，以乙烯基硅树脂为基础聚合物，含氢硅油为交联剂，在铂催化剂存在下交联固化成有机硅树脂。

三、实验试剂及仪器

(1)实验试剂。

苯基乙烯基硅树脂、苯基含氢硅油、铂催化剂、稀释剂(甲苯)、丙三醇。

(2)实验仪器。

电动搅拌器、电热恒温油浴锅、旋转黏度计、阿贝折射仪、傅立叶变换红外光谱仪。

四、实验步骤

将 18.1 g 乙烯基硅树脂加入到 20 mL 甲苯中，再称取 5 g 含氢硅油，加入到上述体系中。在室温下混合均匀，得到无色透明体系。在上述聚合物中添加 5 滴铂催化剂，随后滴入 10 mL 甲苯，并在 70 ℃下混合均匀，搅拌反应 1.5 h，得到无色透明的有机硅封装材料。

五、实验数据记录与处理

(1)计算乙烯基硅树脂与含氢硅油的质量。

按照含氢硅油与乙烯基硅树脂的摩尔比 1.2∶1，计算乙烯基硅树脂与含氢硅油的质量。根据计算结果，准确称量各原料的质量，并记录。

(2)计算铂催化剂的质量。

按照乙烯基硅树脂与含氢硅油总质量的$(2\sim50)\times10^{-6}$ mol/g，计算铂催化剂的质量。根据计算结果，准确称量铂催化剂的质量，并记录。

六、注意事项

(1)严格按照仪器的使用规范操作相关仪器。

(2)精确称量各原料的质量以保证产物的化学计量比。

(3)铂催化剂对人体有害，实验过程中必须佩戴口罩做好防护。

(4)有机硅树脂的固化时间不宜过长，避免其黏度过大，应使其具有良好的流动性能。

七、思考题

(1)概述合成有机硅树脂的方法及各方法的优缺点。

(2)写出硅氢加成合成有机硅树脂的反应机理。

(3)稀释剂在制备有机硅树脂过程中起到怎样的作用？

(4)研究表明，当催化剂浓度达到一定值时，有机硅树脂固化时间达到最小值，而不是催化剂浓度越大，固化时间就越小。为什么？

实验 26　引脚式白光 LED 封装及其性能测试

一、实验目的

(1)了解白光 LED 的实现途径和封装形式。

(2)熟悉引脚式白光 LED 的封装结构及主要部件的作用。

(3)掌握引脚式白光 LED 封装的工艺制作流程。

(4)熟悉评价白光 LED 性能指标的主要参数。

二、实验原理

白光 LED 的生成主要是依据颜色复合的原理实现的，通过改变 LED 颜色组成比例，可以得到各种类型的白光。总体来讲，白光实现途径主要有三种工艺：单芯片、双芯片、多芯片等。

单芯片工艺：由单芯片配合不同的荧光粉生成，可以有多种方法，其中，“蓝光芯片＋YAG 黄色荧光粉”是目前应用最为广泛也是最简单的方法，由日本日亚公司首先提出。具体工艺是选用 400～470 nm 蓝光芯片，在其表面涂覆 YAG(钇铝石榴石)荧光粉，芯片发出的蓝光一部分被荧光粉吸收，另一部分与荧光粉发出的黄光复合而成白光。通过不同波段的芯片配合不同发射波长的荧光粉可以调配不同色温的白光 LED。

而双芯片、多芯片等工艺目前尚不成熟，存在显色性较差、颜色有偏差、成本较高等亟待解决的问题。

LED 封装的作用是将外引线连接到 LED 芯片的电极上，不但可以保护 LED 芯片，而且起到提高发光效率的作用，所以 LED 封装不只是为了光辐射，更重要的是保护管芯正常工作，在 LED 的性能和可靠性方面发挥着重要的作用。目前，LED 封装形式主要有引脚式封装、表面贴装封装和功率型封装。

(1)引脚式封装。

引脚式封装是采用引线架作为各种封装外型的引脚。圆头插脚式 LED 是常用的封装形式。这种封装常用环氧树脂或硅树脂作为封装材料，芯片约 90%的热量由引线架传递到印刷电路板上，再散发到周围空气中。图 26.1 是引脚式封装的典型结构。

(2)表面贴装封装。

它是继引脚式封装之后出现的一种重要封装形式。它通常采用塑料带引线片式载体，将 LED 芯片放在顶部凹槽处，底部封以金属片状引脚。LED 采用表面贴装封装，较好地解决了亮度、视角、平整度、一致性和可靠性等问题，是目前 LED 封装技术的一个重要发展方向。

(3)功率型封装。

功率型 LED 分普通功率 LED(小于 1 W)和瓦级功率 LED(1 W 及以上)两种。其中，瓦级功率 LED 是未来照明的核心。最早的单芯片瓦级功率 LED 是由美国 Lumileds 公司于 1998 年生产的 LUXEON LED，这种封装结构的特点是采用热电分离的形式，将倒装芯片用硅载体焊在热沉上，并采用反射杯、光学透镜和柔性透明胶等新结构和新材料。

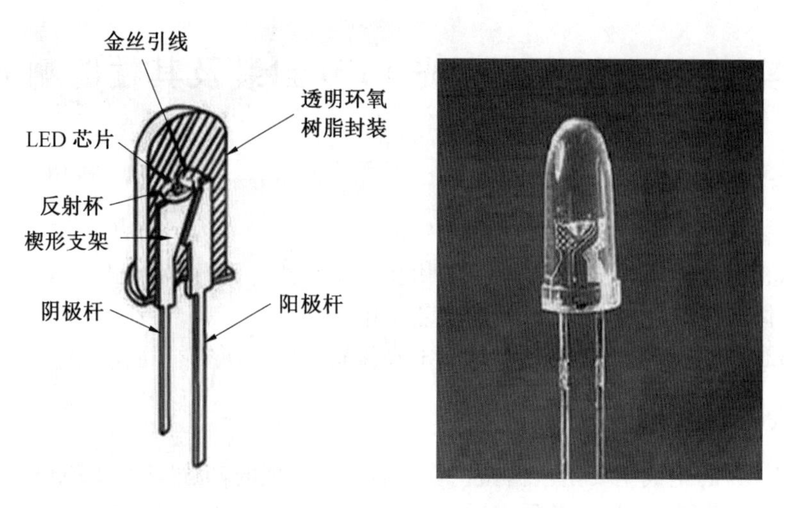

图 26.1　引脚式封装的典型结构

本实验采用蓝光芯片＋YAG 黄色荧光粉生成白光 LED 方案，以有机硅为封装树脂，封装成引脚式白光 LED，并对封装后的 LED 进行光色性能的测试。

三、实验试剂及仪器

(1)实验试剂及材料。

蓝光芯片、支架、绝缘胶、硅胶、自制 YAG:Ce^{3+} 荧光粉、金线、自制有机硅树脂(A 胶)、硬化剂(B 胶)、离模剂、模条、铝船。

(2)实验仪器。

扩晶机、点胶机、刺晶座、真空干燥箱、焊线机、粘胶机、灌胶机、LED 排测机、LED 光色电参数综合测试仪。

四、实验步骤

(1)固晶。

支架使用前进行除尘，将支架碗杯内点入绝缘胶，在已点胶的碗杯中放入扩晶后的 LED 芯片。然后在 150 ℃下烘烤 90 min，使绝缘胶固化。

(2)焊线。

用焊线机通过金线将芯片正负极与支架引脚相连。

(3)荧光粉涂覆。

将烘干、研磨后的自制荧光粉与自制硅胶混合，充分搅拌，使用真空干燥箱抽去胶体中的气泡，制成荧光粉胶体。用点胶机将荧光粉胶体灌入支架碗杯中，然后放入干燥箱，先在 80 ℃下 60 min 低温短烤，再在 150 ℃下 180 min 长烤，使荧光粉胶体固化。

(4)灌胶。

①配胶：将硅树脂(已预热)、硬化剂(已预热)按照一定比例配胶，充分搅拌，将搅拌均匀的胶水放入真空干燥箱内抽去气泡。②模条预热：将模条装入铝船内，在130 ℃下烘烤 60 min，防止灌胶时产生气泡。③喷离模剂：在对支架灌胶前需要将模条内部喷上离模剂，离模剂量不能过多也不能过少。④支架粘胶：把支架碗杯内粘满胶，排尽碗杯内空气。

⑤灌胶:将胶水灌入喷过离模剂的模条内。⑥插支架和压支架:将粘过胶的支架插入已灌入胶的模条内,为了让支架插到位,插入后的支架还需再一次进行下压。

(5)LED 成品。

将压完后的支架在 130 ℃下初烤 60 min,然后离模,将支架与模条分离,将离模后的支架在 135 ℃下长烤 4 h。之后再经过前切(将支架靠近芯片部位的连接筋切掉,使其成为两个独立引脚),测试(利用排测机排除不良品),后切(将支架正负极切成两个不同长度的引脚),白光 LED 器件便制作完成。

具体工艺流程如图 26.2 所示。

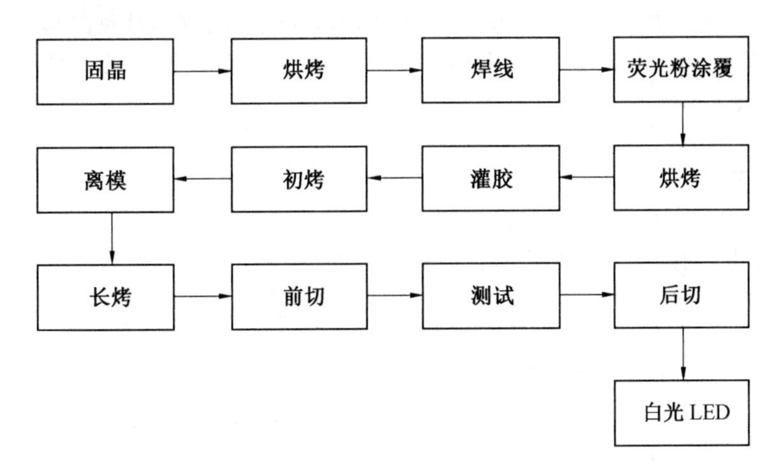

图 26.2　白光 LED 封装工艺流程

五、实验数据记录与处理

(1)计算荧光粉涂覆中荧光粉与硅胶的质量。

按照荧光粉与硅胶的质量比 1∶1,计算荧光粉与硅胶的质量。根据计算结果,准确称量各原料的质量,并记录。

(2)计算灌封(配胶)中各成分的质量。

按照有机硅树脂(A 胶)与硬化剂(B 胶)的质量比 1∶1 配胶,计算 A 胶与 B 胶的质量。根据计算结果,准确称量各原料的质量,并记录。

(3)记录各阶段烘烤的温度。

记录有烘烤工艺的温度,每 15 min 记录一次,比较温度波动的范围,波动范围一般不超过±0.5 ℃。

六、注意事项

(1)严格按照仪器的使用规范操作相关仪器。

(2)绝缘胶需点于支架碗杯的正中央,芯片也必须固定于支架碗杯的正中央。绝缘胶高度为芯片高度的 1/4～1/3(最高不能超过芯片高度的 1/2)。

(3)要确保焊线过程中不受污染,执行严格的焊线操作。焊线弧度的最高点应比支架的第二焊点高 3/2～2 个芯片高度。

(4)荧光粉胶少配勤配,每次配比胶总量不多于 6 g,减少荧光粉胶在胶筒内的沉淀时间。

(5)支架粘胶时务必检查碗杯是否粘满，如果没满要及时补上，否则会造成气泡不良。

(6)灌胶过程中不能产生气泡，以免影响发光效果。

(7)插支架时检查支架是否正确卡入导柱沟槽，如未卡入正确位置须立刻做调整，务必卡到位；压支架时用力不要过大且要均匀，不能造成插坏卡点、插深插浅及插偏心等不良现象。

(8)烘烤设定温度应正确，设定过低会导致烘烤不干，需延长烘烤时间，设定过高会导致材料裂胶、变形。

(9)离模时用力要均匀，不可单边先起，如此操作会造成离模不易及离模变形。

(10)前切好的材料不能有切坏、毛刺、倒钩、歪头、切反等外观不良；后切后正负极长度相差不得超过 2 mm。

七、思考题

(1)概述引脚式白光 LED 的制作流程。

(2)若绝缘胶点偏，会对固晶产生怎样的影响？

(3)模条内喷离模剂的作用是什么？当离模剂喷过多或过少时，会对成品造成怎样的影响？

(4)配胶前，A 胶和 B 胶要进行预热，目的是什么？

(5)研究表明，当荧光粉浓度达到一定值时，LED 的光通量达到最大值，而不是荧光粉浓度越大，LED 的光通量也越大。为什么？

实验 27　层接层自组装薄膜的制备

一、实验目的

(1)了解层接层自组装薄膜的制备原理。

(2)熟悉层接层自组装薄膜制备方法的选料要求。

(3)掌握层接层自组装薄膜的制作流程。

(4)熟悉层接层自组装薄膜评价的主要参数。

二、实验原理

层接层自组装法制备多层膜是在 21 世纪初期逐渐兴起并被广泛采用的一种制备多功能薄膜材料的方法。此种方法起源于 1966 年，Iler 首先提出将带有正、负电荷的胶体铝和胶体氧化硅通过静电吸引自发组装制备薄膜。然而，Iler 并没有对成膜机制给予解释，直至 1991 年，Decher 课题组在平板基底上构筑了纳米级别自组装聚电解质多层复合膜，对成膜机制给予解释，并将这种新的纳米复合薄膜制备技术命名为静电自组装薄膜技术(electrostatic self-assembly technology)。

采用层接层自组装法可以构筑与自然界物质结构相类似的结构有序的多层膜结构。因此，层接层自组装法自正式被提出后发展至今，主要运用于有机－无机杂化薄膜的构筑和生物材料两个主要领域。通过层接层自组装法制备多层膜的过程中，成膜过程主要依靠目标分子在平衡状态下自发、有序的“自发”组装成膜，在成膜的驱动力以及保持薄膜结构完整性的“自我”作用力中，最先被提出到目前为止仍被广泛采用的成膜动力为静电引力。

然而，依靠静电引力成膜对多层膜的组分物质有如下要求：①物质具有水溶性；②具有较大的分子或离子团直径；③其离子态带有多于1的电荷。由于这些要求条件，许多物质(主要为不溶于水的有机物)不能通过层接层自组装法制备多层膜。因此，随着研究的深入，研究者探索出了新的如氢键、自发的化学反应、共价键等多种成膜驱动力，而成膜位置也由气一固界面拓展至液一固界面、气一液界面，如Dexter等人以三重β一片状缩氨酸为目标物质，在气一液界面上成功组装了pH可控的生物功能薄膜。层接层自组装法成膜驱动力的多样化，使得成膜目标分子多样化。

目前，纳米颗粒、生物分子、DNA、富勒烯等均可通过层接层自组装法成膜，这也使得层接层自组装法在各个研究领域被广泛采用，如在材料科学领域，各类胶体粒子和共聚物通过自组装法可组装成变色材料、荧光材料等；在生物材料领域，自组装多层膜被用于传感器；在电化学领域，层接层自组装薄膜被用于电极的表面修饰改性等。同时，由于层接层自组装技术具有较多其他成膜方法不具备的优点，因此受到光电子学、生物医学、化学、催化、材料学等众多领域学者的重视。近年来，利用层接层自组装技术已经制备了具有多种结构的多层膜材料，同时也形成了多种自组装成膜类型。自组装材料的主要种类如图27.1所示。层接层自组装薄膜仍是目前自组装材料的研究主体。这是因为分子自组装薄膜不论是成膜方法还是成膜后薄膜的性质都具有其他制膜方法难以同时兼具的优点，如薄膜尺寸小、缺陷少、成膜条件温和、可调控等。

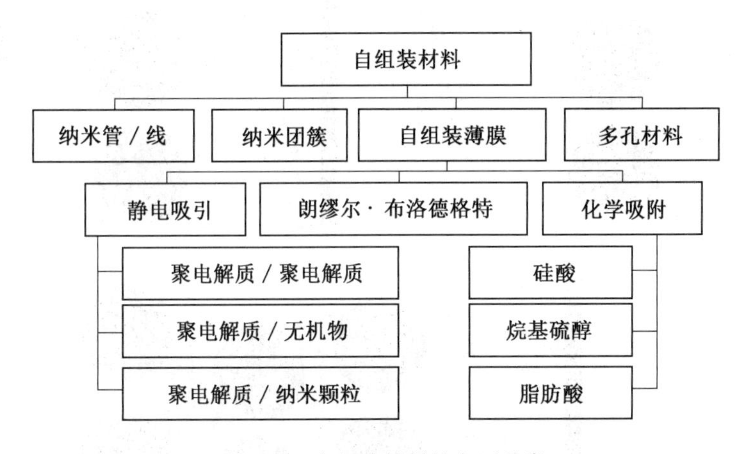

图27.1　自组装材料的主要种类

如今，层接层自组装法可以将目标分子通过化学键、配位键、离子一共价键、电荷转移、氢键、静电吸引等形式的相互作用自发地吸附在固一液、气一固界面而形成有序的薄膜。在层接层自组装法制膜过程中，当吸附分子存在时，局部已形成的无序单层分子具有自我修复功能，可以自我再生成更完善的、有序的自组装薄膜。自组装薄膜的主要特征如下：

(1)薄膜的生长过程原位自发形成。

(2)薄膜可在任何形状基底上生长。

(3)薄膜的组成分子高密度堆积且薄膜具有低缺陷浓度。

(4)组成薄膜的分子排列有序,且排列顺序可人为控制。

(5)可人为设计成膜分子结构和薄膜表面结构来获得预期的界面物理、化学性质。

(6)在制膜前可以通过改变基底预处理方式而调控薄膜与基底结合方式。

Moriguchi 等人基于多金属氧酸盐的特点,提出最为简单的制备多金属氧酸盐一聚电解质多层膜的方法,而且可实现自动操作。他们的方法是:首先在带负电荷的基底表面修饰上一层或多层聚电解质,然后将其放入到含有多金属氧酸阴离子的酸性或弱酸性水溶液中浸泡 5~20 min,这样得到的薄膜再重新放入到含有聚电解质的溶液中浸泡,反复上述操作,就可以得到多金属氧酸盐一聚电解质多层膜,中间的聚电解质层可以是单层也可以是多层,任何形状、大小和电荷的多金属氧酸盐都可以固定在这种多层膜中。其实验过程可以用图 27.2 表示。

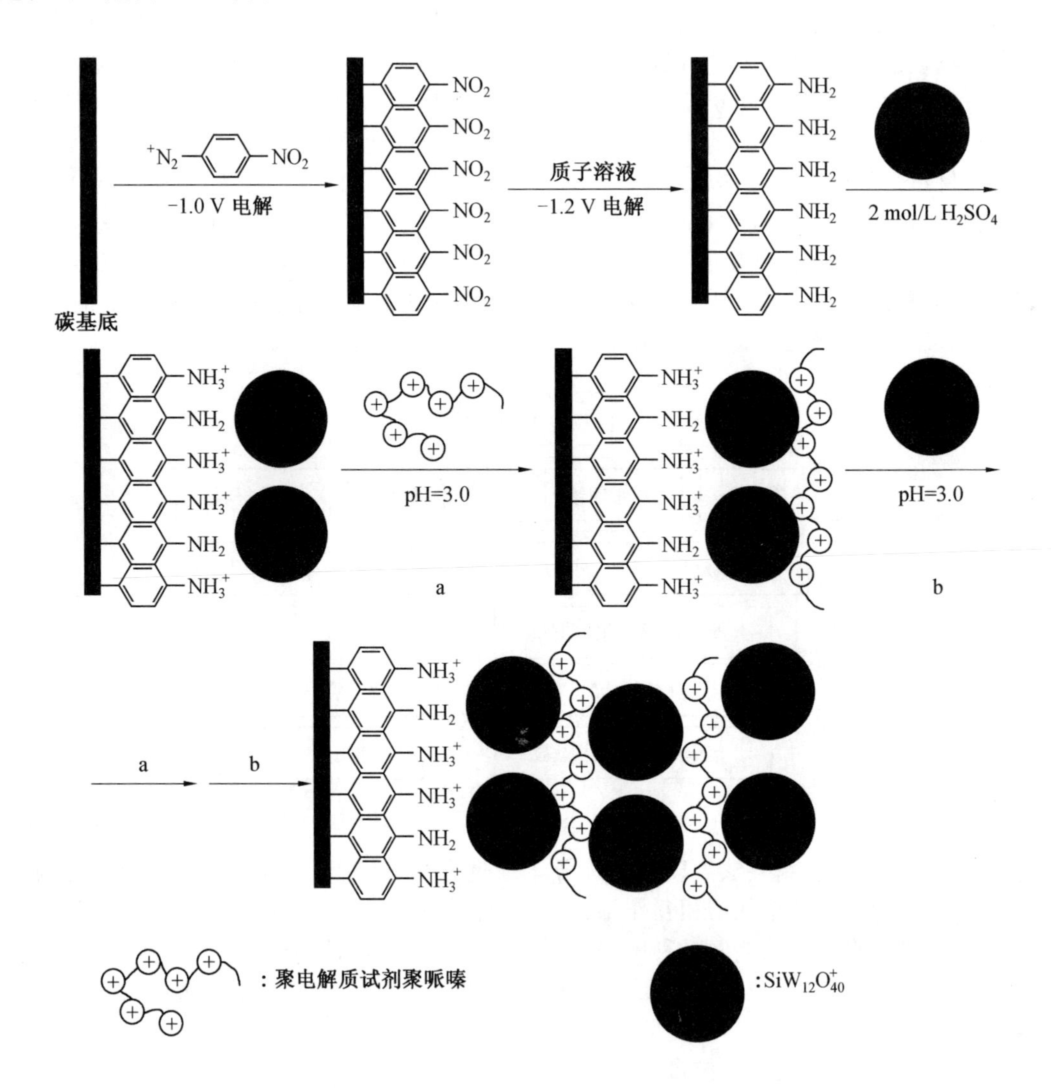

图 27.2 由杂多阴离子和聚阳离子 PDDA 组成的超薄复合膜的制备缩略图

三、实验试剂及仪器

（1）实验试剂。

聚电解质试剂聚哌嗪（Polyethelenimine，PEI，分子量 750 000）、4－氨基苯甲酸（4-Aminobenzoic acid，4-ABA）、SiV_3W_9、分析纯乙醇、四氯化铝（使用前于 90 ℃ 条件下干燥）、0.3 μm 和 0.05 μm 的 α－Al_2O_3粉、$LiClO_4$、$NH_3 \cdot H_2O$、H_2O_2、醋酸缓冲溶液。

（2）实验仪器。

电化学工作站、计算机（用于电化学测试和数据收集）、空白玻碳电极、Ag/AgCl 参比电极、铂丝对极、pH 计、石英片。

四、实验步骤

（1）基片预处理。

①玻碳电极预处理。碳基底由于具有化学惰性，所以以此为基底在组装多层膜之前，首先要对碳基底进行活化，碳电极上产生功能化单层膜的方法一般有氨阳离子自由基法和重氮盐还原法。由于这些电化学方法修饰条件温和，得到的单层膜均匀、致密、不破坏基底，最终所生成的多层膜平整，膜更有序，层状结构更好。玻碳电极用 0.3 μm 和 0.05 μm的 α－Al_2O_3粉抛光至镜面，然后在水中超声清洗 5 min，在乙醇中超声清洗 5 min，用氮气吹干。将清洁的玻碳电极（GCE）放入含有 3 mmol/L 4-ABA 的 0.1 mol/L 的 $LiClO_4$无水乙醇溶液中，根据文献方法修饰 4-ABA，电极表面形成含羧基官能团的单层膜。

②石英片预处理。在制备多层膜之前，首先将浓硫酸和过氧化氢溶液按照体积比 7∶3混合配制成 Piranha 溶液，继而将石英片浸入在温度为 353 K 的 Piranha 溶液中处理 20 min，取出用大量的水冲洗。然后将处理后的基片放入温度为 343 K 的 $NH_3 \cdot H_2O/H_2O_2/H_2O$（体积比为 1∶1∶5）的混合液中，处理 20 min，取出用大量的蒸馏水冲洗。经过上两步的处理，除去了基片表面的无机和有机物杂质，同时产生了一个亲水表面。处理过的基片在 2 h 内均可用于膜的组装，使用前用氮气吹干。

（2）多层膜的制备。

①玻碳电极层接层自组装多层膜的制备。将玻碳电极按照上述方法处理清洗干净，使得电极表面变成亲水表面，用缓慢的氮气流将其吹干，将清洗后的 4-ABA/GCE 电极浸入到 2×10^{-3} mol/L PEI＋0.5 mol/L 醋酸缓冲溶液中（pH 为 3.84），－0.2～0.65 V 之间以 100 mV/s 的扫速扫描25 圈，取出后用水冲洗，用缓慢的氮气流将其吹干，这样在电极的表面就形成了带有正电荷的 PEI 层。将带有 PEI 层的电极浸入到 2×10^{-3} mol/L SiV_3W_9＋ 0.5 mol/L 醋酸缓冲溶液中，在合理的电压范围内以 100 mV/s 的扫速扫描 25 圈，取出用水冲洗，用缓慢的氮气流将其吹干。这样在 PEI 层的基础上吸附了带有负电荷的多金属氧酸盐阴离子。如此交替吸附在 4-ABA/GCE 电极上制备多层膜 $(PEI/SiV_3W_9)_n$。

②石英基片层接层自组装多层膜的制备。将石英片按照上述方法处理清洗干净，使得基片表面变成亲水表面，用缓慢的氮气流将其吹干，将清洗后的基片浸入到 2×

10^{-3} mol/L PEI＋0.5 mol/L 醋酸缓冲溶液中(pH 为 3.84) 20 min,取出后用水冲洗,用缓慢的氮气流将其吹干,这样在基片的表面就形成了带有正电荷的 PEI 层。将带有 PEI 层的基片浸入到 2×10^{-3} mol/L 多酸溶液中 20 min,取出用水冲洗,用缓慢的氮气流将其吹干。这样在 PEI 层的基础上吸附了带有负电荷的多金属氧酸盐阴离子。如此交替吸附在基片上制备多层膜$(PEI/SiV_3W_9)_n$。

五、实验数据记录与处理

(1)计算自组装多层薄膜电极表面覆盖率。

用紫外光谱监控或者测量组装好的多层膜,在波长 200～1 100 nm 范围内,对比 SiW_9V_3溶液与$(PEI/SiV_3W_9)_n$自组装多层膜的紫外光谱差别,分析造成紫外－可见吸收峰偏移的原因。

按照公式 $\Gamma=\frac{N_A A_\lambda}{2m\varepsilon_\lambda}$($\Gamma$ 为薄膜表面物质覆盖率;N_A 为阿伏伽德罗常数;A_λ 为特征波长 λ 处的吸光度;m 为被检测离子的式量;ε_λ 为被检测离子在特征波长处的吸光系数),计算SiV_3W_9在基片上的覆盖率。

(2)研究多层膜的生长规律。

采用紫外－可见分光光度计监控多层膜的生长规律,选取其特征吸收峰吸光度值绘制吸收光度随单元层数的变化关系图,分析多层膜的自组装生长规律。

六、注意事项

(1)严格按照仪器的使用规范操作相关仪器。

(2)自组装薄膜的制备需连续进行,中途中断会对自组装薄膜的生长规律产生影响。

(3)新配置的 Piranha 溶液会因反应剧烈产生飞溅,属于正常现象,需注意安全。

七、思考题

(1)概述层接层自组装多层膜的制备流程。

(2)层接层自组装薄膜组分物质的遴选规则是什么?

实验 28　TiO_2光催化分解水制氢

一、实验目的

(1)了解牺牲剂溶液的工作原理。

(2)熟悉半导体光催化反应原理。

(3)掌握半导体光催化剂筛选方法。

(4)熟悉光催化分解水制氢反应实验操作流程。

二、实验原理

1972 年,日本学者 Fujishima 和 Honda 在 *Nature* 上发表了关于 TiO_2电极在光照条

件下光催化分解水的研究报道。此篇研究论文的发表，激发了研究者通过光催化反应途径制备新能源一氢能的极大兴趣，也掀起了光催化研究热潮。同时，光催化研究领域也从均相光催化发展至异相光催化。自 20 世纪 80 年代到 21 世纪初期，经过三十多年的研究发展，异相光催化被研究者逐渐细分为环境光催化和太阳能转化光催化两个分支。其中，太阳能转化光催化是指以新能源即太阳能的开发、利用和储能为主要目标，以利用太阳能光催化分解水制氢为主要反应途径的新技术。这一技术的突出特点是拟用清洁、无污染的氢能代替目前污染严重且日渐枯竭的石油燃料，如煤、石油、天然气等。

目前，人类面临着能源和环境两个非常严峻的问题。进入 21 世纪后，为了实现人类的可持续发展，开发清洁的可再生能源已迫在眉睫。而太阳能转化光催化不仅可以解决能源危机这一当今世界性难题，同时也能较好地治理环境污染问题，使得太阳能转化光催化成为异相光催化领域中的热门分支。

早期太阳能转化光催化研究主要集中在紫外光响应的 TiO_2 方面，研究内容主要集中在催化剂的形貌、晶相组成或转变、制备、化学性质修饰、理论计算等方面。近几年，国内外相继开展了悬浮体系下的太阳能转化光催化制氢研究。如日本研究者通过研究相继发现一些氧化物和氮氧化物（主要为 Ti、Nb、Ta、Ga 这四种元素）具有良好的光催化析氢性能，李灿课题组通过研究，也相继开发出了 $ZnIn_2S_4$、$Y_2Ta_2O_5N_2$、$In(OH)_yS_x$∶Zn 等新的、可见光响应的、化学稳定性高的、具有高光催化活性的光催化剂，并建立了基于生物质的、高 CO 选择性的光催化产氢体系、在非水溶液中通过直接分解 H_2S 获得 H_2 和单质 S 的光催化反应体系和通过人工模拟光合过程而实现光催化产氢的反应体系，同时成功将异质结以及异相结理念应用在光催化剂的设计方面，从而获得了表面具有异相结（锐钛矿和金红石）的 TiO_2 和异质结的 MoS_2PCdS 光催化剂。然而，在太阳能转化光催化研究领域，特别是太阳能转化光催化制氢方面，对 TiO_2 的改性研究仍然是目前光催化剂的开发与利用的主体，这是因为，TiO_2 不仅化学性质稳定，其光化学性质也十分稳定，在紫外光照射下不会发生光腐蚀，且 TiO_2 在生物学上不溶解、不发生水解、不参与生物体新陈代谢、无毒副作用。同时，TiO_2 的制备方法简单，成本低廉。

半导体材料自身的光电特性也决定了半导体可以作为催化剂。这是因为，半导体的电子费米能级与金属导体连续的费米能级不同，呈不连续分布。而半导体的能带结构由全充满的价带和空的导带构成，在价带和导带之间为空的禁带，其禁带宽度在数值上等于半导体价带与导带位置间的能极差（Energy band gap, E_g）。Asahi 等人研究发现，TiO_2 的态密度主要由 Ti e_g，Ti t_{2g}（包括 d_{yz}、d_{zx} 和 d_{xy}），O p_σ 和 O p_π 四种轨道构成。其中，价带顶可以分为三个主要区域：低能区来自于 O p_σ 键的 σ 键；中能区来自于 π 键，O p_π 非键轨道作用于高能区。导带主要由 Ti e_g（>5 eV）和 t_{2g} 轨道（<5 eV）组成。当半导体被光照射时，如果半导体接收到的光能等于或大于其禁带宽度相当的能量时，半导体位于价带上的电子被激发跃迁至半导体的导带位置，电子的跃迁使得价带位置出现相应的空穴。由于半导体的能带是不连续的，因此半导体与金属相比，光生电子一空穴在复合前存在时间较长。在实际反应过程中，半导体在光照射下产生的光生电子和空穴会迁移至半导体颗粒的表面，并分布在不同位置，从而发生相应的氧化、还原反应，顺利完成光催化反应。半导体产生的光生电子、空穴具有较高的反应活性，比如金红石型 TiO_2 产生的光生空穴

的氢标还原电位约为 3.0 eV，极易与吸附在 TiO_2 表面的羟基作用生成羟基自由基（其氢标还原电位约为 2.7 eV），由于光生空穴和羟基自由基具有很强的氧化能力，从而使有机物得以氧化分解而完成光催化反应过程。

然而，TiO_2 自身的光学性质也存在缺点。TiO_2 作为一种间接半导体，由于晶体对称性的影响，轨道间的电子直接跃迁是被禁止的。半导体的光吸收带边（光吸收阈值）λ_g 与带隙 E_g 有关，其关系式为

$$\lambda_g(\mathrm{nm}) = 1\,240/E_g(\mathrm{eV}) \tag{28.1}$$

Braginsky 和 Shklover 通过研究发现，随着二氧化钛粒子尺寸的不断减小，当界面原子数目足够多时（材料粗糙度增加或者尺寸减小至纳米级别），如 TiO_2 纳米晶、微晶及介孔结构二氧化钛，TiO_2 光吸收阈值均向短波方向显著移动。当二氧化钛光吸收强度急剧增大时，必满足关系式：

$$h\nu < E_g + W_c \tag{28.2}$$

式中　W_c——二氧化钛态密度中导带宽度，$W_c = \dfrac{1\,240}{\lambda}$，具体能量如图 28.1 所示。

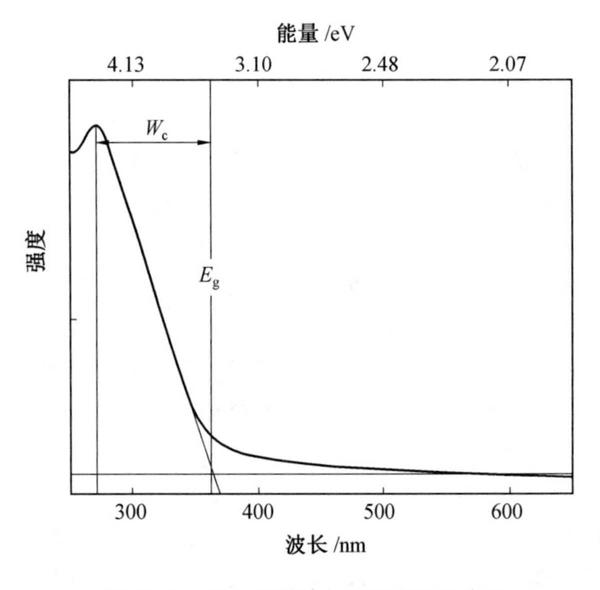

图 28.1　TiO_2 能带隙与导带宽度示意图

只有当 $h\nu = E_g + W_c$ 时，光照射激发产生的电子才能跃迁到导带的任意位置。研究结果证实，当 TiO_2 晶粒尺寸小于 20 nm 时，这种界面吸收机制是材料光学吸收的主要机制。

TiO_2 存在三种晶体结构，其中具有较高催化活性的锐钛矿型 TiO_2 的带隙能较大（3.2 eV），这说明只有具有较高能量的紫外光才能将其价带中的电子激发并使之跃迁至导带位置，而紫外光在太阳光中所占的比例很小，仅占太阳光总能量的 4%左右。随着纳米技术的不断发展，各类材料如催化剂的尺寸也不断减小。而纳米材料的吸收光谱一般随着材料尺寸的减小逐渐蓝移，故纯锐钛矿型 TiO_2 纳米光催化剂对太阳能的利用率与普通锐钛矿型 TiO_2 粉体相比更低。但在反应过程中，能否实现可见光条件照射条件下光催

化分解水制氢主要取决于二氧化钛的带隙宽度及导带和价带的电势位置(图 28.2),其基本要求为:导带底需比 H^+/H_2(0 V vs NHE)还原电势低,价带顶需比 O_2/H_2O(1.23 V)氧化电势高。而在牺牲剂溶液中进行光催化制氢反应,仅要求二氧化钛的导带位置比 H^+/H_2(0 V vs NHE)还原电势更负。

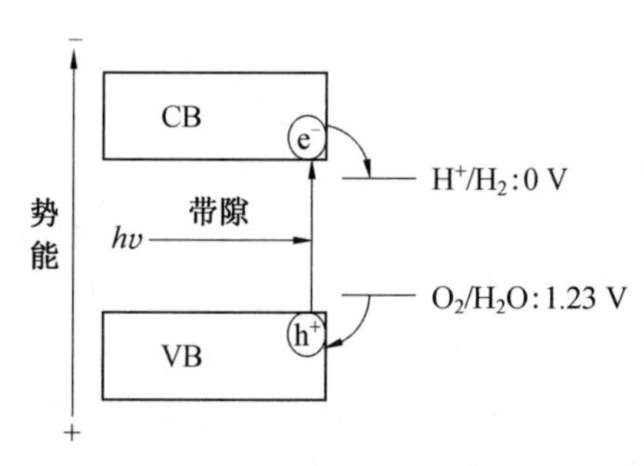

图 28.2　半导体催化剂光催化反应示意图

在半导体光催化剂的运用领域研究中,影响光催化活性的主要因素为激发态价带空穴和导带电子的失活。而处于激发态的光生电子和空穴有以下几种失活(复合)途径:①光生电子和空穴在催化剂的表面重新快速复合;②光生电子和空穴被催化剂自身亚稳态的表面捕获;③光生电子和空穴迁移到催化剂表面与吸附在催化剂表面的电子给体或受体发生反应。以 TiO_2 光催化剂为例,其中对于光催化反应而言,第①种失活途径由于光生电子、空穴未与任何反应物质作用是不利的,因此光生电子一空穴对的复合速率是评价光催化剂的催化性能的一个重要参数。若光生电子、空穴的复合速率慢,则在光催化本体中产生的光生电子和空穴有充足的时间实现从体相到表面的位置迁移,并在催化剂表面完成与目标物质的氧化还原反应;反之,光生电子和空穴还未运动到催化剂表面就已经被消耗,则与目标物质的氧化还原反应不能进行。以 TiO_2 为例,这一竞争过程可以表示为

$$TiO_2 + h\nu \longrightarrow e^- + h^+ \tag{28.3}$$

$$e^- + Ti(\text{IV})O—H \longrightarrow Ti(\text{III})O—H^- \tag{28.4}$$

$$h^+ + Ti(\text{IV})O—H \longrightarrow Ti(\text{IV})O^{\cdot}—H^+ \tag{28.5}$$

$$h^+ + 1/2\ O^{2-}_{lattice} \rightleftharpoons 1/4\ O_2(g) + \text{vacancy} \tag{28.6}$$

$$e^- + O_{2,s} \longrightarrow O^-_{2,s} \tag{28.7}$$

$$O_{2,s}{}^- + H^+ \rightleftharpoons HO_{2,s} \tag{28.8}$$

$$h^+ + Ti(\text{III})O—H^- \longrightarrow Ti(\text{IV})O—H \tag{28.9}$$

$$e^- + Ti(\text{IV})O^{\cdot}—H^+ \longrightarrow Ti(\text{IV})O—H \tag{28.10}$$

$$O_{2,s} + Ti(\text{IV})O^{\cdot}—H^+ \longrightarrow Ti(\text{IV})O—H + O_{2,s} \tag{28.11}$$

式中　$Ti(\text{III})O—H^-$、$Ti(\text{IV})O^{\cdot}—H^+$——羟基氧激发态;

$O^{2-}_{lattice}$——TiO_2 晶格氧;

vacancy——TiO_2 晶格氧逃离后产生的氧空位。

反应式(28.3)表示光子吸收过程;反应式(28.4)～(28.8)表示光催化氧化还原过程;反应式(28.9)～(28.11)表示光生电子与空穴复合过程。反应式(28.5)和式(28.6)是产生羟基自由基和氧空位的空穴消耗过程,在光催化反应过程中,为一组竞争反应。其中,

反应式(28.6)和式(28.8)为可逆的反应过程。通过反应式(28.6)产生反应中间体。

大量实验研究表明,光生电子、空穴通过复合方式的大量、快速消耗而不能有效地用于光催化反应,是限制 TiO_2 催化速率的根本因素。因此,降低或阻止光生电子、空穴的复合,是提高二氧化钛光催化速率急需解决的问题。Matsumoto 等人将 Pt 分散到 TiO_2 表面,形成"短路"光电化学反应池,Pt 充当对电极捕获电子,从而提高光解水制氢速率。而选用适当的牺牲剂或制造催化剂的空位缺陷充当光生电子、空穴的俘获剂,可以有效抑制或减缓其复合速率,提高 TiO_2 在光催化反应过程中反应速率的有效途径。

在光催化分解水过程中,其反应过程可以分为水的还原和水的氧化两个半反应。通过在光催化反应体系中加入电子给体不可逆消耗反应产生的光生空穴或羟基自由基,可以提高光催化制氢体系的析氢反应的速率。同样也可以通过加入电子受体消耗产生的光生电子而促进析氧反应。当水溶液中含有易被氧化的还原性物质,如甲醇等作为电子给体时,光激发产生的光生空穴将会优先与电子给体发生不可逆的氧化反应,使光生电子被剩余而富集,体系总体的析氢作用得到加强。当光催化反应体系中存在如 Ag^+、Fe^{3+} 等电子受体时,光生电子则优先与电子受体反应,光生电子被消耗从而使光生空穴被相对富集,最终使体系整体的析氧作用被加强。事实上,在牺牲剂体系中进行的光催化反应,析氢或析氧的反应路径都仅仅是水分解的半反应。因此,在牺牲剂体系中以析氢或析氧的反应速率来衡量光催化剂的光催化能力,当催化剂脱离这种特定的反应环境时,并不意味着其还具有同等的光催化制氢(氧)的能力。这也是近年来对于太阳能转化光催化制氢体系,各种光催化剂产氢速率各不相同且产氢速率难以重复的原因。

Jae Sung Lee 课题组对 0.1 mol/L Na_2S + 0.02 mol/L Na_2SO_3 牺牲剂能够有效提高 TiO_2 的光催化制氢速率的原因进行了研究。他们认为主要是因为 S^{2-} 能有效地捕获光生空穴从而抑制空穴与电子的复合过程。具体过程如下:

$$S^{2-} + H_2O \longrightarrow HS^- + OH^- \tag{28.12}$$

$$2h^+ + HS^- \longrightarrow S_2^{2-} + 2H^+ \tag{28.13}$$

$$S_2^{2-} + SO_3^{2-} \longrightarrow S_2O_3^{2-} + S^{2-} \tag{28.14}$$

而 Linkous 课题组研究发现,在紫外光照射下,未加任何光催化剂的 Na_2S 溶液本身就能实现光催化制氢。其过程主要为紫外光直接将 S^{2-} 水解形成的 HS^- 激发,形成 HS^{-*},而后 HS^- 和 HS^{-*} 复合得到氢气。紫外光直接分解历程为

$$S^{2-} + H_2O \longrightarrow HS^- + OH^- \tag{28.15}$$

$$HS^- + h^+ \longrightarrow HS^{-*} \tag{28.16}$$

$$HS^- + HS^{-*} \longrightarrow H_2 + S_2^{2-} \tag{28.17}$$

白雪峰课题组认为,在添加光催化剂的 Na_2S 溶液中,也存在着光催化分解历程,即紫外光激发 TiO_2 产生光生电子与空穴,空穴将 S^{2-} 氧化成单质 S,而电子则将 H_2O 还原成 H_2。其光催化分解具体过程为

$$TiO_2 \xrightarrow{h\nu} e^-_{(CB)} + h^+_{(VB)} \tag{28.18}$$

$$2e^-_{(CB)} + 2H_2O \longrightarrow H_2 + 2OH^- \tag{28.19}$$

$$2h^+_{(VB)} + S^{2-} \longrightarrow S\downarrow \tag{28.20}$$

同时，光催化剂对于 Na_2S 溶液中光催化制氢速率的提高，是因为在光催化反应体系中紫外光直接分解历程和光催化分解历程并存。

对 Na_2S 牺牲剂溶液中的光催化制氢研究发现，当连续向牺牲剂中通入 H_2S 气体时(速率：40 mL/h)，不仅可实现光催化反应体系的连续产氢，而且可间接实现光催化分解 H_2S 制氢。因此，选择 $Na_2S-Na_2SO_3$ 牺牲剂体系进行光催化制氢评价或研究，不仅可以实现氢能的制备以缓解当今能源危机，也可实现 H_2S 气体处理，以达到环境治理的双重目的。

三、实验试剂及仪器

(1)实验试剂。

亚硫酸钠、硫化钠、P25。

(2)实验仪器。

125 W 高压汞灯、500 W 氙灯、气相色谱仪(氢气柱)、不锈钢自分离光催化反应器。

四、实验步骤

(1)气相色谱仪器预热。

按照气相色谱仪使用说明，进行仪器开机、预热。采用国产北分色谱 SP－2100A 型程序升温气相色谱检测仪检测并分析 H_2 含量。SP－2100A 型程序升温气相色谱仪安装氢气检测柱，以纯度为 99.99%的标准 H_2 进行标定。测试过程中采用手动六通进样。

(2)牺牲剂溶液配制。

新鲜配制 100 mL 0.05 mol/L Na_2S＋0.1 mol/L Na_2SO_3 混合溶液，用作光催化分解水制氢反应牺牲剂。

(3)光催化分解水反应。

称取 0.1 g P25，将其均匀分散在 100 mL 牺牲剂溶液中，再将混有 P25 的牺牲剂溶液倒入不锈钢光催化反应器中，密封反应器并检查装置的气密性，N_2 吹扫 30 min。连通气体收集装置，开启光源，分别以高压汞灯(P＝125 W，λ_{em}＝200～580 nm)和氙灯(P＝500 W)为紫外、可见光光源(图 28.3)，进行光催化分解水制氢反应。每 60 min 分别在气体收集装置入口处和出口处采集 5 mL 气体，供气相色谱分析检测。

五、实验数据记录与处理

(1)P25 光催化分水制氢反应产氢速率计算。

根据气相色谱检测得到的气体收集装置入口处和出口处氢峰面积及浓度，计算出气体收集装置中 H_2 平均浓度及含量，做 H_2 含量－光照时间图，所得曲线与时间包围的面积积分为产氢总量，曲线上某一时刻对于点的斜率即为 TiO_2 薄膜光催化制氢产氢速率。

(2)不同光源产氢速率比较。

根据气相色谱检测结果，分别绘制在紫外灯和氙灯光源照射下，P25 光催化分解水制氢产氢速率，根据曲线获得 P25 即时产氢速率，比较不同光源条件下的产氢速率差异。

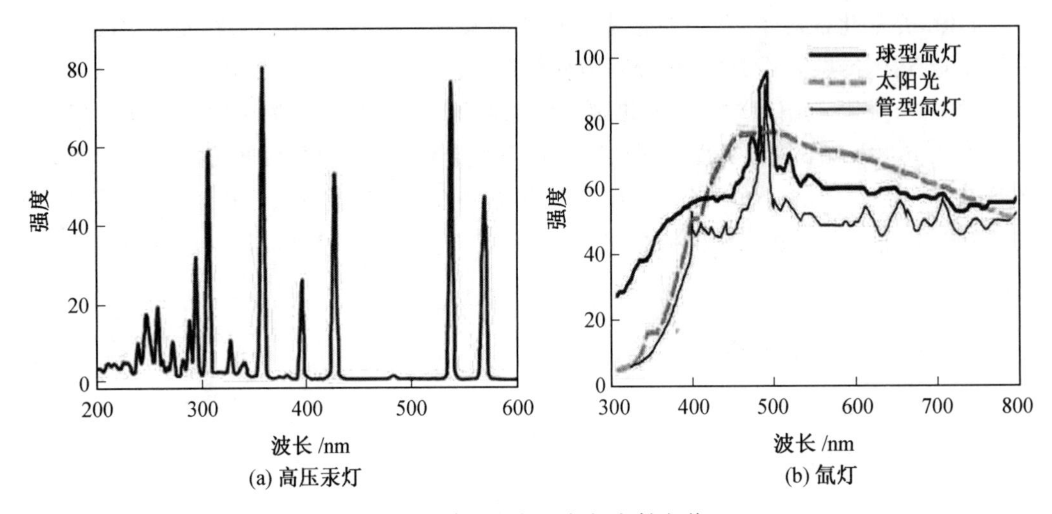

图 28.3 高压汞灯和氙灯发射光谱

六、注意事项

(1)气相色谱在使用前需预热 30 min。

(2)光催化分解水制氢反应装置需先检查装置密闭性,再氮气吹扫 30 min 后,方可开启光源。光源开启,光催化反应开始。

(3)硫化钠—亚硫酸钠牺牲剂溶液需要新鲜配置,放置时间过长,硫离子会与空气中的氧反应,造成数据不准确。

七、思考题

(1)理论上优良光催化剂应具有哪些结构特征?

(2)为什么不同光源会引起 P25 光催化分解水制氢的反应速率不同?

实验 29 电催化还原 CO_2 制乙酸

一、实验目的

(1)了解电催化还原 CO_2 反应装置构成。

(2)熟悉电化学催化还原 CO_2 较其他 CO_2 处理方法的优势。

(3)掌握电催化还原 CO_2 实验方法。

(4)熟悉电催化还原 CO_2 法拉第效率计算方法。

二、实验原理

二氧化碳作为温室气体的主要成分,是造成全球变暖的"罪魁祸首"。2019 年 5 月,大气管理局监测到大气中二氧化碳的浓度首次超过 1.2×10^{-5} mol/L,达历史最高,再次给人类敲响警钟。地球人口数目的增多,化石燃料燃烧产生的废气未经彻底清洁化处理且过度排放，森林树木被砍伐、土地荒漠化致使大自然对二氧化碳浓度的调节能力失衡等，是二氧化碳浓度逐年攀升的重要原因。全球气温升高造成两极冰川融化，陆地面积减少；过量的二氧化碳被海洋吸纳加剧了海水酸化；极端风暴现象频发、物种灭绝，对生态和环境造成不可逆转的破坏。遏制温室效应的加剧，改善大气环境，是生态文明建设的重要一环，主要可以考虑从以下几个方面来采取措施：①提高燃烧效率以减少矿物燃料的消耗；②采用可再生能源替代化石燃料，如风能、生物质能、水电和地热能等清洁能源；③发展CO_2捕获和地质隔离技术；④有效利用二氧化碳，实现碳资源的固定化。就目前发展阶段而言，在今后几十年中，传统矿物燃料仍将继续作为一种主要能源利用形式，短时间内无法被完全替代。而CO_2捕获和储存的方法通常是能源密集型的、成本昂贵的和不可回收的，例如海地储存方法，一旦所储存液态CO_2泄漏，将对海洋生态环境造成毁灭性破坏。从可持续发展角度来看，采用有效的措施实现碳资源固定化，将CO_2直接转化为燃料或化学品是更具有潜力价值的方法。在过去的几十年中，已采用多种方法成功将CO_2转化为了其他化学品或燃料，方法主要有放射还原、化学还原、光催化还原、电催化还原、CO_2催化加氢以及干法重整等。在这些CO_2转化方法中，主要依靠的是在高温、高压及加催化剂等条件下还原CO_2。特别是CO_2催化加氢重整的转化过程，不仅需要较高的反应温度和压力，还需要等量的氢作为还原剂，这在大规模应用中意味着巨大的能源消耗。

相比于其他方法，电化学催化还原CO_2以其独特的优势引起了人们的极大关注：①电还原过程中反应条件温和，电催化过程可控；②可通过改变电位条件、反应温度、电解质等参数来调节电化学还原中的产物分布；③可通过优化电催化剂材料将CO_2还原的副产物量降至最低；④电能可通过其他可再生能源（例如太阳能、风能等）产生，同时以电作为驱动力催化还原CO_2，过程中无CO_2的二次生成，更加清洁环保。

在CO_2电催化还原研究中，一般多采用双室电解槽，即将阳极和阴极分开放置在两个电解室中，两个室之间用离子交换膜隔开。阳极主要发生析氧反应，即水被氧化成分子氧；在阴极，CO_2的电催化还原过程发生在固体催化剂表面与电解质溶液之间的界面上。这个催化还原过程主要包括三个基本步骤：①CO_2通过化学吸附与阴极表面形成键的相互作用；②通过电子转移和/或质子转移（质子化）以破坏 $O=C=O$ 键形成中间体产物，并在后续的反应中形成 C—O、C—H 键或发生 C—C 偶联；③产物在电极表面发生重排和解吸并扩散到电解质溶液中。在电催化体系中反应途径不同形成的产物也不同，在电催化还原CO_2过程中可能生成的产物如图 29.1 所示。

通过阴极还原将CO_2转化为具有高能量密度的小碳质分子，例如甲酸（HCOOH）、一氧化碳（CO）、甲醇（CH_3OH）、甲烷（CH_4）等。

对电催化还原CO_2过程进行研究时，一般考虑解决以下三个基本问题：①CO_2的吸收问题：CO_2在水中的溶解度很低（约 0.33 mol/L，25 ℃，1 atm），限制了这种受扩散控制的反应。②活化问题：由于CO_2是碳的完全氧化态，是一种线性和中心对称的分子，具有极强的惰性。从动力学角度来说，实现CO_2的直接还原是较为困难的。在电催化还原CO_2过程中，首先必须要实现 $O=C=O$ 线性分子的弯曲，然后通过单电子转移产生CO_2自由基阴离子（$CO_2\cdot^-$），这是整个催化还原过程的速控步骤。这一过程的发生需要的热力学平衡电位约为−1.90 V(vs NHE)，通常为了达到满意的反应速率，往往需要外界施

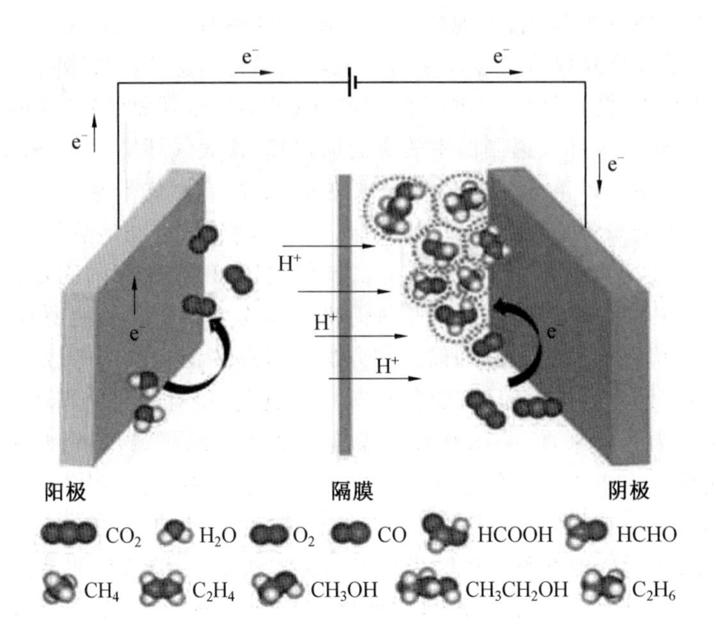

图 29.1 CO_2电化学还原过程的示意图和在电化学电解池中可能产生的产物

加比平衡电位更负的电压，这代表着严重的能量损失。③转化问题：质子还原生成 H_2的热力学平衡电位为－0.42 V(vs NHE)(pH 为 7)，析氢反应所需的中间体* H 可能比 CO_2还原过程中所需的中间体* CO 或* COOH 更稳定，这导致在极负的电位下，析氢作为主要发生的副反应与 CO_2的电催化还原形成竞争，特别是在质子溶液中，这大大降低了 CO_2还原的法拉第效率，影响了其产物选择性。

目前对 CO_2电催化还原的研究，旨在构建一种能够有效抑制副反应的发生、高效高选择性地产生特定所需的化学物质的高效电催化系统。在电催化还原 CO_2过程中，电解工艺参数对反应途径和产物分布有很大影响，包括电催化剂(组成、尺寸、形貌、表面氧化状态和粗糙度、晶体结构等)、电极/电解质界面(如电解液类型、反应中间体的吸附、活性位点的可利用性)、电化学池类型、温度、压力和电极电位等。

三、实验试剂及仪器

(1)实验试剂。

碳酸钠、高纯铟片、高纯二氧化碳气体、高纯氮气、Nafion117 质子交换膜、丙酮、乙醇。

(2)实验仪器。

分析天平、数显恒温测速磁力搅拌器、电化学工作站、离子色谱。

四、实验步骤

(1)电极材料预处理。

In 片电极在使用前需要进行预处理以清洗表面的有机和无机杂质，本实验使用到的清洗方法有以下两种方法。

①化学清洗法：将购买的 In 片依次置于丙酮、乙醇、去离子水中，每次浸泡清洗时间为 20 min，最后用 N_2 吹干备用。

②物理清洗法：采用空气等离子体对购买的 In 片进行表面清洗，具体的操作为，将裁好的 In 片放入等离子仪腔体中，抽真空待气压稳定，设置高频放电，在 18 W 的清洗功率下清洗处理 10 min，最后取出备用。

(2)搭建电催化还原 CO_2 反应装置。

本实验的电催化反应装置为 H 型电解槽，其示意图如图 29.2 所示。

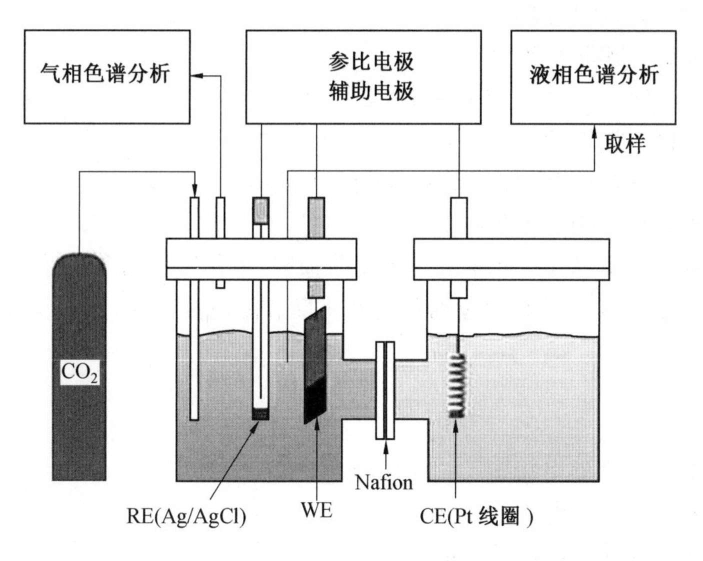

图 29.2　反应装置示意图

H 型电解槽分为阴极区和阳极区两部分，中间用 Nafion117 质子交换膜分隔开，确保三电极体系的阴极与阳极反应在不同的区域进行，避免阳极区产生的 O_2 对阴极的还原反应造成影响，也避免阴极的产物在阳极表面再氧化，便于后续产物的检测。阴极为工作电极，Pt 片作为对电极，Ag/AgCl 电极作为参比电极，进气端伸入阴极电解液中，可持续通入 CO_2、N_2，液相产物用离子色谱进行检测。

(3)电催化还原 CO_2 反应。

如图 29.2 所示组装好实验装置，工作电极为 In 片，参比电极为 Ag/AgCl，对电极为 Pt 电极，电解液为新鲜配制的 0.1 mol/L Na_2CO_3 水溶液，实验在室温条件下进行。本实验采用恒电位电解催化还原 CO_2，施加电压为 −1.6 V，扫速为 50 mV/s。具体操作：先向阴极区以 10 mL/min 的速度持续通入 CO_2 气体 30 min，达到预饱和后，即可开始 CO_2 电催化还原反应，恒电位电解完成后对阴极电解液中的产物进行分析。

五、实验数据记录与处理

(1)计算反应体系的法拉第效率。

法拉第效率(Faradaic efficiency)即电流效率,表示电化学反应中对于特定产物中转移的电量占总通电量的比例,可以反映出催化剂在电催化反应中对于某一产物的选择性,是重要的评价催化剂性能的指标。本实验中法拉第效率的计算公式如下:

$$\mathrm{FE}=\frac{Z \cdot n \cdot F}{Q} \tag{29.1}$$

式中 FE——产物的法拉第效率,%;

n——液相产物的物质的量,mol;

Z——每一分子产物生成时得到的电子数;

F——法拉第常数,F = 96 485 C/mol;

Q——在电解过程中通过工作电极的总电量,C。

(2)计算反应体系的电流密度。

CO_2还原反应电流密度表示催化表面单位面积、单位时间内电子穿过电解质/电极势垒的速率。电流密度反映了在单位面积上催化反应的电流大小,单位为 mA/cm^2。计算公式如下:

$$j_x=\frac{i_x}{S} \tag{29.2}$$

式中 j_x——相应产物的电流密度, mA/cm^2;

i_x——对应产物的电流, mA;

S——催化电极的表面积,cm^2。

六、注意事项

(1)电化学工作站使用前需预热 30 min。

(2)电催化反应装置需先检查装置密闭性,先氮气吹扫,再 CO_2吹扫 30 min。

(3)电解液需新鲜配置,放置时间过长易造成数据不准确或体系不稳定。

七、思考题

(1)影响电催化还原 CO_2产物法拉第效率的因素有哪些?

(2)影响 CO_2电催化还原产物类别的主要因素是什么?

实验 30 扫描电子显微镜测试样品的制备

一、实验目的

(1)了解扫描电子显微镜的基本结构与成像原理。

(2)熟悉扫描电子显微镜的特点。

(3)掌握常规样品的制备方法与特殊样品的制备方法。

二、扫描电子显微镜基本结构与成像原理

电子显微镜，简称电镜(Electron Microscope，EM)，通常分为透射电子显微镜(TEM)和扫描电子显微镜(SEM)两种类型。利用电子显微镜可对样品的表面形貌和内部结构进行表征与研究。相较于光学显微镜而言，电子显微镜分辨率高，可搭配X射线能谱仪等其他分析装置，成为集微观形貌成像和微区成分分析于一身的综合系统，可提供更为丰富的材料表面信息，是材料表面研究领域强有力的工具之一。

电子显微镜最早是由德国科学家Enest Ruska和Max Knoll在1931年发明的。他们根据磁场可以会聚电子束的原理，用电子束和电磁透镜组成显微镜，获得了放大12～17倍的电子光学系统中的光阑的像。电子显微镜一出现即展现了它的优势，被誉为20世纪最重要的发明之一。在1986年，世界上第一台透射电镜的发明者Ruska与发明扫描隧道显微镜的科学家Binnng和Rohrer一起荣获诺贝尔物理学奖。1939年，德国Siemens公司生产了第一台作为商品用的透射电镜，分辨率为10 nm左右，但因其体积庞大，无法进一步推广，20世纪50年代初到60年代末期，电镜发展迅速，机器无论从性能上，还是从构造上都得到极大的改进，特别是机器的分辨本领得到大幅度提高，已经可达1 nm左右。到了80年代，电镜的分辨率已接近0.1 nm，最新研制的超高压透射电镜的分辨率可达0.005 nm。

自从第一台电镜问世，在短短的几十年时间里，电镜技术取得了飞跃的发展，分辨能力大幅提高以及仪器性能不断进步和完善，功能多样化的实现，使其在自然科学的许多学科中得到了广泛的应用，并且极大地推动了这些学科的发展。

电镜是在真空中利用细聚焦电子束作为光源照射在样品表面，入射电子穿透样品表面，电子与样品的原子核和核外电子就会产生弹性或非弹性散射作用，激发出来一系列的电子和光子，利用相应的探测器检测不同的激发电子，就可以进行样品表面性质分析。例如，利用特征X射线的波长和强度进行样品表面微区成分分析，利用二次电子进行样品表面形貌分析。当电子束在样品表面逐点移动时，不断输出一系列不同强度的数据信号，具有数字成像能力的仪器将数据信号转换为一系列成像信号，即可在显示器上显现出样品表面图像。

扫描电子显微镜，简称扫描电镜。扫描电镜的成像机理主要是样品在电子束的作用下，表面拥有不同特征的微区所产生的物理信号强度也不同，不同的信号强度会使阴极射线管荧光屏上的不同区域的亮度也有所不同，因此可以获得具有一定衬度的电镜图像，微区表面特征包含形貌、原子序数、化学成分、晶体结构或位向等。常用的包括主要由二次电子(Secondary Electron，SE)信号所形成的形貌衬度像和由背散射电子(Back Scattered Electron，BSE)信号所形成的原子序数衬度像。

扫描电镜有较高的分辨率。钨灯丝电镜分辨率可达3 nm，场发射扫描电镜的分辨率已经可以达到1 nm左右。扫描电镜的放大倍数不仅较大，而且从低倍率的几倍到高倍率的几十万倍之间均可以连续调节，高倍聚焦后缩小到低倍成像时无须再聚焦。扫描电镜有很大的景深，成像视野大并且富有立体感，可对各种样品表面凹凸不平的细微结构进

行直接观察。被测样品制备方法简单，使用方便。可搭配 X 射线能谱仪等其他分析装置，使扫描电镜成为集微观形貌成像和微区分析于一身的综合系统。

(1)扫描电镜的系统组成。

扫描电镜是继透射电镜之后发展起来的新型电子光学仪器，主要由电子光学系统、信号收集及显示系统以及真空系统和电源系统组成。

①电子光学系统。

电子光学系统由电子枪、电磁透镜、扫描线圈和样品室组成。其作用是产生信号的激发源，即获得扫描电子束。扫描电子束的亮度和束斑直径决定了图像的信号强度和图像分辨率，较高亮度和较小束斑直径的电子束可以提高信号强度和图像分辨率。

a. 电子枪。其构造、原理和用途与透射电镜相似，利用阴极与阳极灯丝间的高压产生高能量的电子束，通常普通的钨灯丝扫描电镜采用较便宜的 V 型钨灯丝的尖端作为点发射源，曲率半径大约为 0.1 mm，采取在灯丝电极加直流电压的方式使钨丝发热至 2 600～2 800 K之间，由于温度较高，所以电流密度较大，使得钨丝有很高的电子发射效率，也使灯丝的蒸发速度较快，使用时间较短，一般在 50～200 h 之间，而且由于电子发射温度高，发射的电子能量分散度大(一般为 2 eV)，电子枪引起的色差会比较大，而且电子枪的亮度低，当束斑聚焦到几纳米时，总的探针电流会很小，信噪比较低，仪器分辨率不高。高等级的扫描电镜的电子枪可采用六硼化镧或场发射电子枪，场发射电子枪为经过腐蚀制成针状的 0.1 mm 直径的钨丝，曲率半径在 100 nm～1 μm 之间，电子枪亮度相比钨灯丝提高上千倍。当束斑尺寸缩小到 1 nm 以下时依然具有足够强的探针电流来获得成像信号，分辨率高。场发射电子枪采用在灯丝尖端增加电场，降低其表面势垒至纳米尺度，从而出现量子隧道效应的方法，实现在常温甚至在低温下，大量低能电子通过隧道发射到真空中，由于使用温度较低，材料损失较小，使用时间很长，可使用上万小时，但灯丝价格较为昂贵。

b. 电磁透镜。电磁透镜又称聚光镜，位于电子枪的下方，其作用主要是把电子枪的束斑逐渐缩小，其工作原理与透射电镜中的电磁透镜相同。扫描电镜一般装有 2～3 级电磁透镜，可使束斑直径缩小到数纳米，这种极细的电子束又称为电子探针。

c. 扫描线圈。扫描线圈又称偏转线圈，是由两组电磁线圈组成，可以控制电子探针做光栅状的扫描，控制方向可为 X 和 Y 两个方向，改变入射电子束在样品表面的扫描振幅，从而可以得到所需要的放大倍率的扫描像。通常扫描电镜中都装备有三个扫描线圈，一个用于电子探针在样品的表面扫描，另外两个可以控制用作观察和摄影的显像管，使显像管中的电子束在荧光屏上同步扫描。

d. 样品室。样品室位于镜筒与真空系统之间，设有空气闭锁装置。这是为了在换样品时不破坏镜筒的真空，同时又可以保护灼热的灯丝，防止氧化，延长使用寿命。扫描电镜样品室最突出的特点是尺寸较大，它可以放下直径约为 10 cm，并且可以进行三维空间移动的样品台(而透射电镜样品载网的直径只有 3 mm)。另外还装有样品微动装置，使样品可以上下左右移动，并可以倾斜和旋转。这样就大大扩展了样品的观察面。有的扫描电镜还设有加热或冷冻样品台，能观察加热、冷冻、拉伸或割断的样品。

(2)信号收集及显示系统。

信号收集及显示系统负责检测样品发出的各种信号，在入射电子作用下，样品会产生各类物理信号，这些信号被收集后经视频放大作为显像系统的调制信号。

扫描电镜装有适于检测电子探针与样品相互作用之后产生的各类有关信号的特定的检测器，如二次电子检测器、背散射电子检测器等。

(3)真空系统和供电系统。

普通钨灯丝扫描电镜的真空系统一般由两级真空泵组成，即机械泵和分子泵，获得 10^{-3} Pa 的真空度即可满足。场发射扫描电镜因为其电子枪尖阴极如果在较低真空中被电离的离子轰击，很容易被扫平而失效，而且电子枪吸附的气体分子会急剧加大阴极材料的表面势垒，造成电子枪发射不稳、亮度降低以及分辨率下降等问题，所以场发射电镜需使用超高真空，一般由三级真空泵即机械泵、分子泵和离子泵组成，获得 10^{-8} Pa 以上的真空度才可以稳定工作。供电系统可给扫描电镜的各部件提供特定的电源。图 30.1 所示为扫描电镜组成。

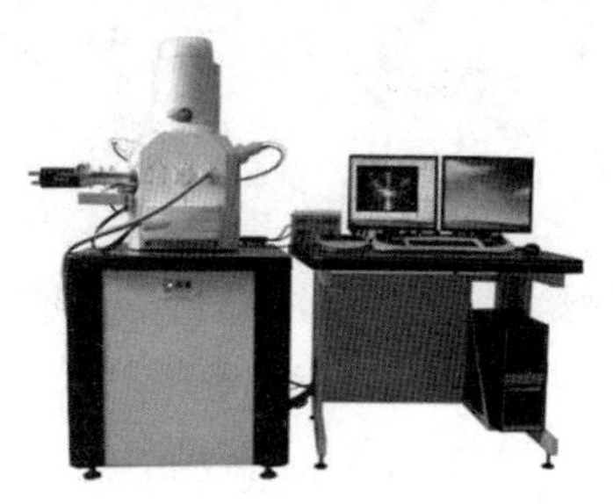

图 30.1　扫描电镜组成

三、扫描电镜的特点

总体而言，扫描电镜具有可观察表面形貌、图像景深大、富有立体感、放大范围广(放大倍数为数 10～数 10 万倍)、分辨率较高(取决于电子探针的直径，一般为 5～10 nm)、可观察块状样品(0.5～10 cm^3)、样品制备简单、可结合元素分析等特点。

(1)分辨率。

对表面微区的成分分析而言，扫描电镜的分辨率是指可以分析的最小区域；对成像而言，为二次电子分辨率，一般为成像图片中能分辨两点之间的最小距离。测定时使用如图 30.2 所示的碳基底金颗粒标样，在一定的放大倍数下，测定图像上的最小距离除以放大倍数即为分辨率。扫描电镜的分辨率明显优于光学显微镜，二次电子像的分辨率为 5～10 nm；背散射电子像的分辨率为 50～200 nm。

(2)放大倍数。

电镜的有效放大倍数($M_{有效}$)为所成清晰图像的宽度($A_{图像}$)除以仪器实际在样品表面的扫描宽度($A_{扫描}$)，可用如下公式计算：

$$M_{有效}=A_{图像}/A_{扫描}$$

如果一台电镜在样品表面实际的扫描大小为 $A_{扫描}=1$ mm，成像图像相应的大小为 $A_{图像}=100$ mm，那么仪器的放大倍数 $M_{有效}$ 为 100 mm / 1 mm，即 100 倍。如果超过一定

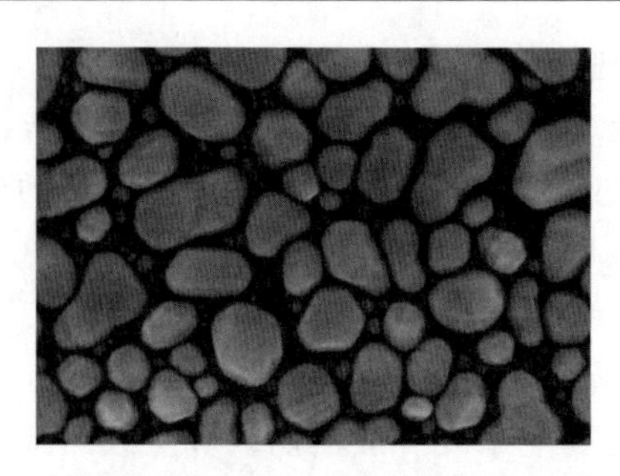

图 30.2　扫描电镜二次电子像(碳基底金颗粒标样)

的放大倍数,所得图像细节不能分辨,成像模糊不清,这时所得的放大倍数就非有效放大倍数,即"空放大"。图 30.3 为用校准光栅测定扫描电镜的放大倍数。

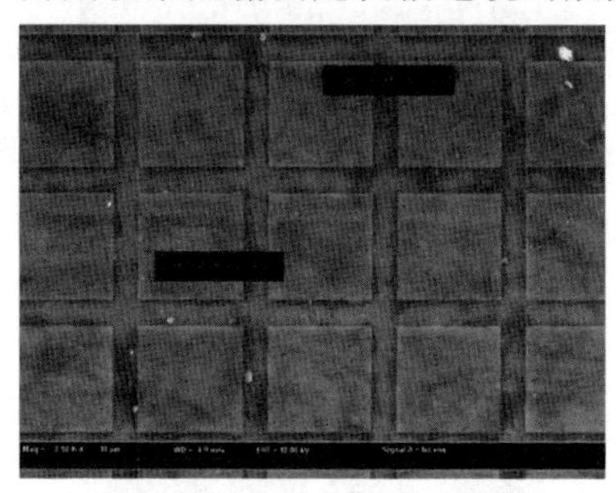

图 30.3　扫描电镜放大倍数测定图像(校准光栅)

扫描电镜的放大倍数在 20～20 万倍之间连续可调,既可在低倍率下成像,又可在高倍率下成像,且在高倍率下聚焦后低倍率下可直接进行成像,不需要二次聚焦。这对于某些样品,如材料断口分析等既要求低倍率又要求高倍率的连续成像是非常便利的。

(3)景深。

若透镜可以在一定能力范围内对被测样品凹凸不平的各个部分同时聚焦成像,则这个能力范围就称为景深。相同机器,放大倍数越小,工作距离越大,景深越大,对于放大倍数较小并且表面起伏较大的样品,可以适当增加工作距离以提高景深,增强图像的三维立体感。扫描电镜的景深相对较大,是透射电镜的 10 倍,是普通光学显微镜的 100 倍以上。

四、扫描电镜样品制备方法

测试须知:

(1)磁性粉末物质不能测试(块状强磁性需消磁后方能测试)。

(2)液体不能测试(如液体中含粒状物,干燥后或用铜网捞出晾干后方可测试)。

(3)有毒物质(测试完毕后需自行带走样品处理)。

(4)所有样品最好能在 100 ℃下干燥 1～3 h 或在白炽灯下照射 3 h 以上或自然风干半天(特别是用导电液一定要干燥)。

适用于扫描电镜的样品种类繁多,样品制备方法简单,不用制作超薄切片,对样品的厚度和大小也不如透射电镜的要求苛刻,只要能放入样品室即可。对于各种类别的块状样品,测试时只需确认他们的大小是否适合样品室尺寸,体积较大的样品只需要将其体积减小后直接粘于样品台上进行成像测定即可。

对于一些矿物、塑料等非导电样品，需要在用扫描电镜观察前喷镀碳膜或金膜导电层，并将导电层的膜厚控制在 20 nm 为宜。之所以选择这类物质作为导电层，是因其具有较高的二次电子发射系数。相反，若将非导电样品直接用于扫描电镜观察，则会引起电荷堆积，难以成像。

颗粒或细纤维样品多为粉末状，制备样品时应该保证粉料与样品台粘牢（特别要控制样品的量，保证样品不重叠），否则没有粘牢的样品在电子枪的冲击下会飞溅污染电镜腔体。另外，粉末状样品容易团聚，制备过程应该尽量使其分散。目前常用的分散方法有干法和湿法。

①干法。干法（直接撒粉法）适用于安装数微米级的大颗粒，制备步骤为"撒、刮、吹"。

具体操作为：将粉末直接撒在清洁光亮的样品台、导电截片上或导电胶、导电液上。将试样台水平轻轻晃动几下，使样品分布平整、均匀。用洗耳球吹，观察样品分布情况，如需照小倍数照片，最好在样品台一角撒比较密集的样品。用电热风吹干或用电子枪吹掉没有粘牢的粉末。

干法制样的优缺点是制样方法简单，但均匀性比较差，适用于一般要求粗颗粒样品的观察。

②湿法。湿法是将样品首先超声分散在液体（乙醇、丙酮）中，待样品均匀分散后，用吸管吸取超声分散溶液，滴在清洁的载玻片上，烘干后将载玻片粘在样品台上；或者用镊子镊住铜网或微栅在超声溶液中捞一下，将铜网或微栅再粘到样品座上；或者将铜网或微栅置于干净的滤纸上，将超声分散溶液用滴管滴在铜网或光栅上；或者用吸管将样品直接滴在样品台或导电胶上。

五、实验试剂及仪器

（1）实验试剂及材料。

硅片、铜网、实验制备的纳米晶、乙醇、毛细管。

（2）实验仪器。

超声清洗仪。

六、实验步骤

（1）硅片、铜网预处理。

硅片在使用前需要进行预处理以清洗表面的有机和无机杂质，首先将浓硫酸和过氧化氢溶液按照体积比 7∶3 混合配制成 Piranha 溶液，继而将石英片浸入在温度为 353 K 的 Piranha 溶液中处理 3 min，取出用大量的水冲洗。然后将处理后的硅片放入温度为 343 K 的 $NH_3 \cdot H_2O/H_2O_2/H_2O$（体积比为 1∶1∶5）的混合液中，处理 5 min，取出用大量的蒸馏水冲洗。乙醇浸泡待用。

铜网在使用之前需依次用丙酮、乙醇超声清洗 5 min，乙醇浸泡待用。

（2）湿法超声分散样品。

用毛细管蘸取少量样品，分散在 1 mL 乙醇中，超声分散 30 min。将清洗过的硅片或铜网用镊子取出置于滤纸上，用毛细管蘸取液滴，将带有毛细液面的一端轻触硅片或铜网，自然风干，即可进行 SEM 测试。

七、思考题

(1)用于 SEM 测试的硅片或铜网是否可以重复利用？

(2) SEM 测试硅片基底和铜网基底会对测试产生什么影响？

实验 31 SiO_2气凝胶的制备

一、实验目的

(1)掌握有机硅单体水解、缩聚形成聚硅氧烷的聚合原理。

(2)掌握超临界干燥法制备气凝胶的原理。

(3)掌握多孔聚合物结构和性能的基本表征技术和方法。

二、实验原理

纳米 SiO_2是较为常见的无机纳米材料，是一种白色、无毒、无味、化学稳定性好的粉末状物质。其粒径小、比表面积大、表面吸附能力强，具有纳米材料特有的小尺寸效应、表面效应、量子隧道效应等。纳米 SiO_2制备工艺简单，原料易得，在橡胶、塑料、陶瓷、催化、光电等领域有广泛的应用前景。由于纳米 SiO_2粒径小、比表面积大、表面相原子数多、表面原子配位严重不足、不饱和键多，引起纳米 SiO_2大的表面能和高活性，因此使用中非常容易二次聚集，分散困难，造成颗粒纳米效应难以发挥。SiO_2气凝胶是一种由气体填充构成的三维空间网络结构的多孔材料，具有极低的密度(1～500 kg/m^3)、较大的比表面积(200 ～ 1 000 m^2/g)、较高的孔隙率(85% ～ 99. 9%)、极低的导热系数(约 0.01 W/(m· ℃))等特性，成为科学家们研究的重点。

SiO_2气凝胶略低于比空气密度，所以也被称为“冻结的烟”或“蓝烟”。由于里面的颗粒非常小(纳米量级)，所以可见光经过它时散射较小(瑞利散射)，就像阳光经过空气一样。因此，SiO_2 气凝胶一般为蓝色，对光照射条件下偏红。由于气凝胶中一般 80%以上是空气，所以有非常好的隔热效果，一寸厚的气凝胶相当于 20～30 块普通玻璃的隔热功能。气凝胶在航天探测上也有多种用途。气凝胶在粒子物理实验中，用来作为切连科夫效应的探测器。其轻量的性质也是其中一个优点。

SiO_2气凝胶貌似“弱不禁风”，其实非常坚固耐用。它可以承受相当于自身质量几千倍的压力，在温度达到 1 200 ℃时才会熔化。此外它的导热性和折射率也很低，绝缘能力比最好的玻璃纤维还要强 39 倍。

气凝胶最初是由 Kistler 命名，由于他采用超临界干燥方法成功制备了二氧化硅气凝胶，故将气凝胶定义为:湿凝胶经超临界干燥所得到的材料。在 20 世纪 90 年代中后期，随着常压干燥技术的出现和发展，目前普遍接受的气凝胶的定义是:不论采用何种干燥方法，只要湿凝胶中的液体被气体所取代，同时凝胶的网络结构基本保留不变，这样所得的材料都称为气凝胶。气凝胶的结构特征是拥有高通透性的圆筒形多分枝纳米多孔三位网络结构，具有极高孔洞率、极低的密度、高比表面积、超高孔体积率，其体密度在0.003～0.500 g/cm³（空气的密度为0.001 29 g/cm³）范围内可调。

三、实验试剂及仪器

（1）实验试剂。

甲基三甲氧基硅烷（MTMS，95%）、甲醇、二水合草酸、氨水、二甲基甲酰胺（DMF）、异丙醇、正己烷、无水乙醇。

（2）实验仪器。

电子天平、超级恒温水槽、数显型顶置式搅拌器、超声波仪、恒温油水浴锅、电热恒温鼓风干燥箱、场发射扫描电子显微镜、接触角测量仪。

四、实验步骤

（1）气凝胶的制备。

称取MTMS与甲醇摩尔配合比为1∶24混合，采用数显型顶置式搅拌器于常温下进行剧烈搅拌，同时逐滴加入一定量的酸催化剂草酸（0.01 mol/L）和化学干燥控制剂DMF搅拌2 h，使硅源在酸性条件下充分水解。然后加入氨水调节溶液pH至8，强力搅拌10 min后，溶胶采用恒温油水浴锅加热使其凝胶。待湿凝胶形成后，在一定温度下老化24 h，然后分别采用异丙醇和正己烷溶剂置换2 h，采用电热恒温鼓风干燥箱常压干燥法进行分级干燥，60 ℃烘干12 h，80 ℃、100 ℃、120 ℃和150 ℃各烘干1 h，即制得SiO_2气凝胶。

（2）气凝胶的表征。

①表观密度测试。

SiO_2气凝胶材料的表观密度大小直接影响气凝胶的性能。采用电子天平以及排水法测量。

SiO_2气凝胶的表观密度：

$$\rho_b=\frac{M}{V} \tag{31.1}$$

式中　ρ_b——气凝胶的表观密度，kg/m^3；

M——气凝胶的质量，kg；

V——气凝胶的体积，m^3。

②孔隙率测试。

SiO_2气凝胶样品的孔隙率计算如下：

$$P=\left(1-\frac{\rho_b}{\rho_s}\right)\times 100\% \tag{31.2}$$

式中　P——样品的孔隙率，%；

ρ_b——样品的密度，kg/m^3；

ρ_s——SiO_2理论密度，$\rho_s=2.2\ g/cm^3$。

③FE－SEM 测试。

采用场发射扫描电子显微镜观察 SiO_2 气凝胶的表面形态。

④接触角测试。

采用接触角测量仪对气凝胶的接触角进行测试，在 5 μL 水滴与气凝胶接触后读数，同样品不同位置测量 5 次，取平均值。

五、思考题

(1)直接采用 SiO_2 是否可以制备气凝胶？

(2)怎样降低气凝胶的密度？

实验 32　一步法制备二硫化钼/亚氧化钛电解水析氢催化剂

一、实验目的

(1)掌握一步法制备二硫化钼/亚氧化钛复合催化剂的制备方法。

(2)掌握电解水析氢化学实验方法。

二、实验原理

氢气因其单位质量能量密度高、燃烧产物无污染，被认为是未来最有潜力的能量载体。在所有的制氢方法中，利用可持续能源如风能、太阳能、潮汐能等进行电催化分解水的析氢反应(HER)引起了人们的广泛关注。因为拥有较低的过电势以及高的反应速率，以铂为主的贵金属仍然是目前 HER 催化活性最高的催化剂体系，相关研究报道较多。然而，铂贵金属储量低、催化剂成本高，极大地限制了电解水制氢技术的发展。

近年来，科学家们致力于寻找可替代的廉价 HER 电催化剂。21 世纪最初十几年，结构式为 MX_2(M＝Co、Ni、Mo、W 等，X＝S、Se、Te)的层状过渡金属硫族化合物展现出能够取代贵金属电催化剂的电解水析氢潜力。MoS_2 作为一种典型的二维纳米层状过渡金属硫化物，实验和理论都证明了纳米片层结构的边缘硫是其电催化析氢的活性位点。由于 MoS_2 具有适度的接近于铂的氢吸附吉布斯自由能，因而表现出高效的 HER 性能，引起了科学界的广泛关注和研究。

MoS_2 的合成方法主要有从上到下和从下到上两种。从上到下的方法具体有超声剥离法以及球磨法等。从下到上的方法主要有溶剂热法以及气相沉积法。其中，溶剂热法合成的 MoS_2 具有尺寸分布范围窄、操作安全简单、可控性好等优点，是一种重要的 MoS_2 合成技术。纳米 MoS_2 比表面积高，容易团聚失去边缘硫，从而导致电催化活性降低。同时，MoS_2 是半导体，导电性差，极大地限制了其电催化反应的动力学和反应活性。因此，将纳米 MoS_2 担载在导电载体上，使电子通过导电载体快速到达边缘硫而发生催化反应生成氢气，是一种提高 MoS_2 电解水析氢性能的有效途径。目前，常用的导电载体大部分为碳基材料，如多孔炭、碳纤维、活性炭、纳米炭等，然而碳材料在强酸强碱高电压等苛刻反应条件下可发生结构坍塌、导电性减小等不可逆变化，因此，寻找性能更加稳定的替代材料尤为重要。亚氧化钛（Ti_xO_y）作为一种高电位下耐强酸强碱的电极材料，近年来逐渐引起了人们的关注，在电催化反应中已经表现出优异的性能。

本实验采用溶剂热法一步合成了新型 MoS_2/ Ti_xO_y催化剂，系统考察了硫源、钼源以及溶剂对 MoS_2/ Ti_xO_y析氢催化剂结构及其电解水析氢活性的影响，初步获得了通过硫源、钼源以及溶剂调控 MoS_2/ Ti_xO_y析氢电催化剂的规律。

三、实验试剂及仪器

(1)实验试剂。

无水乙醇、异丙醇、钼酸铵、钼酸钠、硫脲、Nafion 溶液(质量分数 5%)、硫化钠、正硫代乙酰胺、硫酸、亚氧化钛、N,N一二甲基甲酰胺。

(2)实验仪器。

电子天平、超级恒温水槽、数显型顶置式搅拌器、超声波仪、恒温油水浴锅、电热恒温鼓风干燥箱、场发射扫描电子显微镜、接触角测量仪。

四、实验步骤

(1)复合催化剂的制备。

钼酸铵、钼酸钠与硫化钠、硫脲、硫代乙酰胺的摩尔比分别为 4∶1、5∶1、6.5∶1，将其依次加入 30 mL 溶剂(水、乙醇、N,N一二甲基甲酰胺(DMF))中。再加入 80 mg 亚氧化钛，超声 30 min，使其混合均匀。然后将混合溶液密封在有聚四氟乙烯内衬的水热反应釜中于 200 ℃保持 24 h，降温取出，无水乙醇洗涤三遍，60 ℃干燥，得到亚氧化钛负载的 MoS_2复合催化剂。

(2)复合催化剂的电化学表征。

电化学测试在标准三电极体系下采用 CHI 528D 电化学工作站完成。电解液为 0.5 mol/L的稀硫酸溶液，碳棒作为对电极，Ag/AgCl 电极作为参比电极。测试用催化剂分散液制备：取 4 mg 催化剂粉末分散在 0.5 mL 水和 0.5 mL 异丙醇混合溶液中，再加入 10 μL 5%的 Nafion 溶液，超声分散 1 h。再将得到的分散液取 10 μL 滴到玻碳电极表面(有效面积为 0.196 25 cm^2)，待室温自然干燥后，即可进行电化学测试。

电势换算公式为

$$E(\text{RHE}) = E(\text{Ag/AgCl}) + 0.2045\ \text{V} \tag{32.1}$$

五、思考题

(1)亚氧化钛在复合催化剂中的作用是什么？

(2)分析硫源、钼源对复合催化剂性能的影响。

实验 33　氧化锰—碳纳米纤维复合材料电催化还原氮气

一、实验目的

(1)掌握电催化还原氮气的基本原理。

(2)掌握静电纺丝实验方法。

(3)掌握电催化还原氮气催化剂效率评价方法。

二、实验原理

氨气(Ammonia，NH_3)是一种无色气体，具有强烈的刺激气味，非常容易溶于水，在室温常压下 1 体积水可溶解大约 700 体积的气态氨。氨是一种主要的化学工业品，可以用于制造化肥、硝酸、炸药、医药、合成纤维、塑料、染料等。气态的氨在温度 20 ℃和压力 0.87 MPa 的条件下就可以实现液化，方便储存和运输。而且氨中氢的含量较高，质量百分比可达到 17.6%。液氨在需要时可以在常压下及在催化剂存在的作用下热解得到氢，是氢能的理想载体。同时，氨作为燃料，最早用于火箭的推动剂，同时作为一种富有吸引力的能源载体，有较高的燃料利用效率，可以直接作为发动机的燃料或者用作燃料电池的燃料。

工业上合成氨的过程是：高纯的氮气和氢气在高温高压(300～500 ℃和 200～300 atm)条件下反应，使用铁基或者钌基催化剂。高纯氮气可以应用低温液化的方法从空气中分离制备。氢气的制备方法在前面已详细描述，工业制备需要消耗大量的化石能源。

合成氨的反应方程式是：$N_2+3H_2 \rightleftharpoons 2NH_3$。反应是一个可逆过程。高温高压的条件会使反应有趋势向氨生成的方向进行，但是由于反应活化能的存在，反应的速率很慢。加入催化剂会降低反应的活化能，使反应以显著的速率进行。但是单次反应，反应的转化率较低。哈伯发明了一种循环的方法，将反应产生的氨从混合气体中分离出来。未反应的气体，再补充部分新鲜原料气，又重新参与合成反应。这样循环进行，提高了合成氨的转化效率。

高温高压的条件，会使氮氮三键在发生氢化之前首先断裂，留下单个的氮原子吸附在催化剂表面，再分别氢化后变为氨分子。

主要步骤如下：

$$2M+N_2 \longrightarrow 2MN \tag{33.1}$$

$$MN+[H]_{吸} \longrightarrow MNH \tag{33.2}$$

$$MNH+[H]_{吸} \longrightarrow MNH_2 \tag{33.3}$$

$$MNH_2+[H]_{吸} \longrightarrow MNH_3 \longrightarrow M+NH_3 \tag{33.4}$$

M 代表催化剂；$[H]_{吸}$代表吸附的氢原子。不加催化剂时，氨的合成反应的活化能大约为 335 kJ/mol。加入催化剂后，降低了反应的活化能。反应分为两个阶段，第一个阶段生成氮化物，反应活化能为 126～167 kJ/mol；第二个阶段生成氮氢化物，反应活化能为 13 kJ/mol。

合成氨反应的进行需要高温高压的条件，是一个高耗能的反应，需要的能量主要来源于化石能源。而且合成氨工业会排放大量二氧化碳和粉尘，造成环境污染。发展环境友好的绿色的合成氨工艺具有重要意义。

在常温常压下，以氮气和水为原料，通过电化学方法进行氮还原反应(NRR)来合成氨气，是一种非常值得期待的合成氨技术。应用水与氮气进行电化学合成氨，具体可分为酸性电解质、中性电解质和碱性电解质三种状况，其化学方程式可分别写为

酸性电解质：

阳极：$$3H_2O \longrightarrow 3/2O_2 + 6H^+ + 6e^- \tag{33.5}$$

阴极：$$N_2 + 6H^+ + 6e^- \longrightarrow 2NH_3 \tag{33.6}$$

总反应：$$3H_2O + N_2 \longrightarrow 3/2O_2 + 2NH_3 \tag{33.7}$$

碱性或中性电解质：

阳极：$$6OH^- \longrightarrow 3H_2 + 3/2O_2 + 6e^- \tag{33.8}$$

阴极：$$N_2 + 6H_2O + 6e^- \longrightarrow 2NH_3 + 6OH^- \tag{33.9}$$

总反应：$$N_2 + 6H_2O + 6e^- \longrightarrow 2NH_3 + 6OH^- \tag{33.10}$$

在水溶液中进行电化学氮还原，会伴随析氢反应，这与氮还原反应存在竞争关系，从而会严重制约氮还原反应的效率。因此，要降低反应的活化能，提高反应的选择性，提高反应的效率，发展在常温常压下能够催化氮还原反应的高活性、高选择性、高稳定性的催化剂是其中的关键。

在常温常压下，碳纳米管负载氧化铁在电位为－2.0 V 时，氨的产率为 0.22 μg/(h·cm^2)。但是相关法拉第效率仅有 0.15%。研究发现，产生于氧化铁粒子与碳纳米管界面的活性位点能够活化氮气，同样更能促进析氢反应的进行。采用静电纺丝的方法合成的 Nb_2O_5 纳米线，应用于酸性环境下的氮还原催化剂。结果显示，在电位为－0.55 V 时，氨的平均产率为 43.6 μg/(h·mg)，法拉第效率达到 9.26%。同时，钛片上生长的二氧化钛纳米片阵列也能够有效地催化氮的还原。在 0.1 mol/L Na_2SO_4 溶液中，在电位为－0.7 V 时，能够取得氨的产率为 9.16×10^{-11} mol/(s·cm^2)，法拉第效率为 2.50%。对于过渡金属氧化物用于氮还原催化剂的研究中，铁、钼、钛、钒、铌等元素的氧化物研究较多。但对于含锰氧化物的研究较少。

三、实验试剂及仪器

(1)实验试剂。

聚乙烯醇(PVA，分子量为 67 000)、醋酸锰、氯化铵、水杨酸钠、硫酸钠、乙醇、盐酸、氢氧化钠、次氯酸钠溶液、亚硝基铁氰化钠二水合物、对二甲氨基苯甲醛、盐酸肼、Nafion 117 溶液(5%)。

(2)实验仪器。

电子天平、超级恒温水槽、磁力搅拌器、超声波仪、静电纺丝装置、电热恒温鼓风干燥箱、电化学工作站、高温炉、紫外－可见分光光度计。

四、实验步骤

(1)制备聚乙烯醇(PVA)/醋酸锰复合物凝胶。

称取 1.3 g 聚乙烯醇,加入 8 mL 的超纯水,磁力搅拌,加热至 80 ℃,持续搅拌 2 h,冷却至室温后,继续搅拌 12 h。称取 0.5 g 醋酸锰,加入 1 mL 超纯水中,使其充分溶解。将聚乙烯醇溶液加入至醋酸锰溶液中,搅拌,50 ℃水浴中持续搅拌 5 h,形成黏稠的聚乙烯醇/醋酸锰凝胶复合物。

另外,称取 1.3 g 聚乙烯醇,用水溶解后,按照相同的程序制备成聚乙烯醇凝胶。

(2)制备纳米纤维。

将凝胶溶液加入到注射器中,固定于静电纺丝设备的固定位置,针头的尺寸是 22 GA (0.759 5 mm),针头连接到高压电源,正压 20 kV,负压 −5 kV,设置驱动泵的速度是 0.6 mL/h,针头和样品收集器的距离为 16 cm。制备的纳米线在空气中 80 ℃干燥 12 h。

将干燥后聚丙烯醇纳米线加入管式炉中,在氩气氛围中以 30 ℃/h 的速度升温至 700 ℃,退火 2 h。继续通氩气,缓慢降至室温后,取出备用,即得到碳纳米纤维(CNFs)催化剂材料。

将干燥后的聚丙烯醇—醋酸锰纳米线采用以上相同的程序,加入管式炉中,氩气中 700 ℃退火 2 h,得到 MnO−CNFs 催化剂材料。

将干燥后的聚丙烯醇—醋酸锰纳米线在空气中以 30 ℃/h 的速度升温至 700 ℃,退火2 h。缓慢降至室温后,得到三氧化二锰催化剂材料。

(3)电极制备。

称取 5 mg 催化剂样品,加入 0.5 mL 乙醇—水溶液(体积比 1∶1)中,再量取 10 μL 的 Nafion 溶液加入,超声 1 h 形成均匀的墨水。取一定量的墨水滴加到直径为 3 mm 的玻碳电极上,于氮气中 40 ℃干燥 1 h。

(4)电化学氮还原。

电化学氮还原在 H 型电解槽中进行,左右两部分用 Nafion 211 膜分开。在电化学氮还原实验之前,Nafion 211 膜需要预处理:在 5%双氧水溶液中,80 ℃保持 1 h,用超纯水冲洗多次后,再加入 0.5 mol/L 的硫酸溶液中,继续于 80 ℃ 保持 1 h,超纯水冲洗多次;超纯水中 80 ℃保持 1 h,再用超纯水冲洗几次。

使用电化学工作站进行电化学氮还原实验,采用三电极工作体系。制备的电极作为工作电极,碳棒作为辅助电极,参比电极为 Ag/AgCl 电极。在实验中,所有电位都转换为可逆氢电极电位,所有电流都转换为电流密度,所有极化曲线都在稳态下测定。

氮还原测试中,电解液是氮气饱和的 0.1 mol/L 硫酸钠溶液,高纯氮气(99.99% 纯度)持续输入到阴极区域,气泡可以持续冲击电极。设计对比实验,MnO−CNFs 在氩气环境中测氮还原催化性能;裸玻碳电极在氮气环境中测氮还原催化性能。在不同的电位下测定 NRR 值,电位值分别为−1.1 V、−1.15 V、−1.2 V、−1.25 V 和−1.30 V。测定不同负载催化剂的量对于氮还原性能的影响,负载量分别为 25 μg、37.5 μg、50 μg、62.5 μg、75 μg。

(5)比色分析法—水杨酸法测定氨浓度。

使用的试剂如下。①显色剂：水杨酸钠(0.4 mol/L)和氢氧化钠(0.32 mol/L)。②氧化剂：次氯酸钠(有效氯质量分数为 4%～4.9%)和氢氧化钠(0.75 mol/L)。③催化剂：0.1 g $Na_2[Fe(CN)_5NO]\cdot 2H_2O$，用超纯水稀释到 10 mL。④标准氨溶液：$NH_4^+$ 质量浓度为 0 μg/mL、0.1 μg/mL、0.2 μg/mL、0.3 μg/mL、0.4 μg/mL、0.5 μg/mL、0.6 μg/mL、0.7 μg/mL、0.8 μg/mL。

测定程序：取 4 mL 样品，分别加入 50 μL 氧化剂溶液、500 μL 显色剂溶液和 50 μL 催化剂溶液，室温放置 1 h 后，测定吸光度，范围为 800～500 nm。绘制工作曲线用来计算氨的浓度。

(6)法拉第效率及氨的产率的计算：

①法拉第效率的计算公式：

$$FE=\frac{3F\rho_{NH_3}V}{QM_{NH_3}\times 10^6}\times 100\% \tag{33.11}$$

②氨的产率计算公式(μg/(h · mg)：

$$V_{NH_3}=\frac{\rho_{NH_3}V}{t\,m_{cat}} \tag{33.12}$$

式中　ρ_{NH_3}——测定的氨的质量浓度，μg/mL；

V_{NH_3}——收集氨的硫酸钠溶液的体积，mL；

M_{NH_3}——氨的分子量，g/mol；

F——法拉第常数，C/mol；

t——反应时间，h；

m_{cat}——催化剂的质量，mg。

(7)肼的测定方法。

取浓盐酸 5.0 mL，加入 200 mL 超纯水，搅拌均匀后转移至 500 mL 容量瓶中，定容后转入试剂瓶备用，最终盐酸浓度为 0.12 mol/L。

称取 4.0 g 对二甲氨基苯甲醛，加入 200 mL 95%的乙醇和 20.0 mL 浓盐酸，溶解后储存于棕色瓶中保存，用作显色液。

配制肼的标准溶液：称取 0.328 g 盐酸肼，加入浓盐酸 10.0 mL 溶解后，定容于 1 L 的容量瓶中，肼的质量浓度为 100 mg/L，再用 0.12 mol/L 的盐酸稀释至 1.00 mg/L，即为 1.00 μg/mL。再分别稀释至 0.1 μg/mL、0.2 μg/mL、0.3 μg/mL、0.4 μg/mL、0.5 μg/mL、0.7 μg/mL，形成系列质量浓度的标准溶液。分别取以上标准溶液 25 mL，加入 5.0 mL 对二甲氨基苯甲醛显色溶液，混匀后，放置 20 min，在 1 cm 宽度吸收池中测定波长在 458 nm 处的吸光度，以蒸馏水为参比。以肼的质量浓度为横坐标，系列标准溶液的吸光度扣除试剂空白后作为纵坐标，绘制标准工作曲线，利用线性回归的分析方法，计算工作曲线的线性方程。

五、思考题

(1)简述比色分析法一水杨酸法测定氨浓度的测试原理。

(2)如何确定电极表面催化剂的负载量？

实验 34　原位构建铜钴磷化物无定形纳米膜析氢反应评价

一、实验目的

(1)掌握碱性介质中析氢反应的基本原理。

(2)掌握纳米整列构筑方法。

(3)掌握材料电容测试方法及电容计算方法。

二、实验原理

电解水制氢即通过电能的作用促使水分子发生分解,产物是氢气和氧气,其原理如图 34.1 所示。因为电能的来源比较广泛,除了传统的化石能源发电以外,可再生的水力、风力、地热、潮汐和太阳能都可以作为电能的来源。电解水制氢,特别是利用丰富的可再生能源产生电能,再利用电能制氢,实现能源清洁高效的利用,对于环境保护和社会发展都具有非常重要的意义。

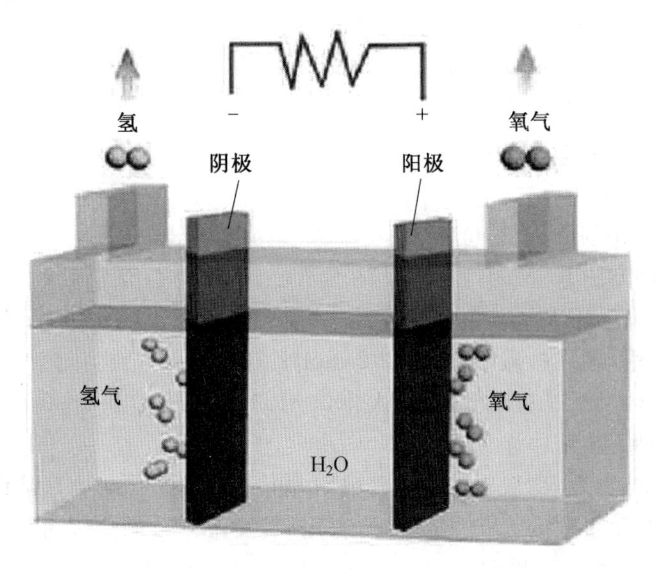

图 34.1　电催化水分解示意图

电解水是一个电化学反应过程,由两个半反应组成。在阴极发生还原反应,产物是氢气,称为析氢反应(Hydrogen Evolution Reaction,HER);在阳极发生氧化反应,产物是氧气,称为析氧反应(Oxygen Evolution Reaction,OER)。在不同的电解液中,发生的电极反应是不同的,见表 34.1。但总的反应式是相同的,产生氢气和氧气的物质的量的比值都为 2∶1。

表 34.1　不同介质中电解水电极反应

介质	酸性介质	碱性介质或中性介质
阳极反应	$2H_2O \longrightarrow O_2(g)+4H^+ +4e^-$	$4OH^- \longrightarrow O_2(g)+2H_2O+4e^-$
阴极反应	$4H^+ +4e^- \longrightarrow 2H_2(g)$	$4H_2O+4e^- \longrightarrow 2H_2(g)+4OH^-$
总反应	$2H_2O \longrightarrow 2H_2(g)+O_2$	$2H_2O \longrightarrow 2H_2(g)+O_2(g)$

根据热力学平衡理论，常温常压下析氢反应（HER）热力学平衡电极电位为 0 V，析氧反应（OER）的热力学平衡电极电位为 1.23 V。因此常温常压时，理论上的水电解的分解电位即为 1.23 V。但实际的电解水过程中，反应在电解槽中发生，阳极室和阴极室被隔膜隔开。电解水体系中不但存在着溶液电阻、隔膜电阻、电极电阻等，而且阴极和阳极都因电极极化会产生过电位，这就要求施加的电压要远大于电解水的理论分解电压才能促进水的分解。在实际过程中，电解水需要的外加启动电压为 1.8～2.0 V。因而，充分提高电流利用效率，降低电解水过程中的能量损耗，具有非常重要的意义。

降低电解水的能量损耗，一方面可以通过优化设计电解槽，降低存在的隔膜电阻；另一方面选择合适的电解质，提高电解液的离子浓度，可以降低溶液电阻。在不同的电解质中，电催化水分解在阳极和阴极上将发生的反应是不同的，在表 34.1 中已经列出。虽然在酸性介质中，氢离子的存在会有利于析氢反应，但是酸性介质会腐蚀设备，很难满足工业电解水装置长期稳定的需求。碱性介质中的电解水因其宽泛的反应适应条件、稳定的输出和高的产品纯度备受关注。

由于电极材料的不同，电极反应中的极化过电位也不同，所以选择合适的电极催化材料非常重要。极化过电位与电极表面的状态和材料的本征性质密切相关。合适的电极材料，不但可以降低反应过程中的动力学能垒，加快电极反应的速度，降低因电极极化产生的过电位，而且可以降低电极电阻，驱动电子更快地传导。近年来，研究者致力于研究过电位小、成本低廉且性能稳定的电极材料，特别是能够应用在碱性介质中，来提高电解水过程中的电能利用效率。

在碱性介质中，析氢反应（HER）在阴极发生，水分子得到电子转化为氢气（$2H_2O+2e^- \longrightarrow H_2(g)+2OH^-$），是一个多步反应。

第一个步骤 $H_2O+e^- \longrightarrow H^* +OH^-$，称为 Volmer 反应。水分解产生的质子与电极表面转移过来的电子结合成氢原子，并吸附在电极表面。第二个步骤，把吸附在电极表面的氢原子转变为析出的氢气分子。可能存在两种途径：$H_2O+e^- +H^* \longrightarrow H_2 + OH^-$，水分解产生的质子先结合从电极表面转移过来的电子，再与吸附在电极表面上的活性氢原子（第一个步骤中产生）结合形成氢气分子，这一途径被称为 Heyrovsky 反应，又称为电化学脱附步骤；另外一种可能的路径是吸附在催化剂表面的两个氢原子直接结合，形成氢气分子，这一过程称为塔费尔反应，又称为复合脱附步骤。这三个反应都有可能是整个反应的速控步骤，可以通过塔费尔斜率进行简单的判定。若得到的塔费尔斜率为 120 mV/dec，则 Volmer 反应为决速步骤；若得到的塔费尔斜率为 40 mV/dec 或者 30 mV/dec，则决速步骤分别为 Heyrovsky 或塔费尔反应。

过渡金属磷化物是由过渡金属元素与磷元素形成的化合物。磷元素以填充的形式进入过渡金属原子晶格内部，导致更多的活性位点暴露，展现出类似贵金属催化剂的性能。而且过渡金属磷化物价格低廉，化学稳定性好，再加上优良的物理化学性质，因而备受人们的关注。近几十年来，科学家们发现过渡金属磷化物在很宽的 pH 范围内都具有较高的析氢活性，成为人们研究的热点方向。如在碳布上首先利用水热法合成前驱纳米阵列，再在惰性氛围中，利用次亚磷酸钠高温磷化处理前驱体，得到杂交的 Cu_3P-CoP 纳米线阵列，在酸性环境下具有优异的析氢催化性能。但是，高温磷化的方法容易产生有毒的磷化氢气体，而且酸性环境会腐蚀催化设备。利用原位电化学沉积的方法来制备铜钴金属磷化物，用于碱性环境下的析氢催化剂，一方面可以减少有毒气体的产生，另一方面可以有效地提升析氢性能。

三、实验试剂及仪器

(1)实验试剂。

六水硝酸钴、三水硝酸铜、氟化铵、尿素、硫酸铵、一水次亚磷酸钠、柠檬酸钠、盐酸、丙酮、乙醇、钛网、全氟磺酸聚合物(Nafion，质量分数 5%)、铂碳(Pt/C，Pt 质量分数 20%)。

(2)实验仪器。

电子天平、超级恒温水槽、超声波仪、反应釜、电热恒温鼓风干燥箱、高温炉、磁力搅拌器、电化学工作站、氧化汞电极。

四、实验步骤

(1)制备 $CuCo_2O_4$ 纳米阵列。

钛网具有优良的导电性能，而且耐酸碱腐蚀，适合用作电解水催化剂的基底。先用剪刀将购买的钛网剪成小块，规格大约 3 cm×2 cm，然后进行处理，分别用 3 mol/L HCl 溶液、丙酮超声洗涤 3 次，再用超纯水超声洗涤 3 次，用乙醇超声洗涤 3 次，晾干备用。分别称取 0.121 g $Cu(NO_3)_2 \cdot 3H_2O$、0.291 g $Co(NO_3)_2 \cdot 6H_2O$、0.300 g $Co(NH_2)_2$ 和 0.093 g NH_4F，溶解于 30 mL 超纯水中，磁力搅拌 20 min 后形成混合溶液。

清洁好的钛网和配制的混合溶液一起转移至 40 mL 的聚四氟乙烯反应釜中，盖好盖子，加入到相对应的不锈钢反应釜中，拧紧。放入烘箱中，设定程序升温至 120 ℃，在此温度下维持 6 h。当温度降至室温后，取出反应釜，取出钛网，先用超纯水超声洗涤几次，除去多余的附着物，再用无水乙醇超声洗涤几次。置入烘箱中，60 ℃干燥 3 h。再将干燥好的钛网，放入管式炉中，以 2 ℃/min 的速度升温至 350 ℃，退火 2 h。等缓慢降至室温后，即得到在钛网上生长的 $CuCo_2O_4$ 纳米阵列，简写为 $CuCo_2O_4$/TM，备用。

(2)制备电极催化材料 Cu－Co－P@$CuCo_2O_4$/TM。

分别称取二水柠檬酸钠(1.160 g)、硫酸铵(1.189 g)、一水次亚磷酸钠(1.166 g)，室温下加入 40 mL 超纯水，搅拌 20 min 使其充分混匀溶解，形成原位电化学还原需要的电解液。

利用 CHI 528D 电化学工作站制备电极催化材料 Cu－Co－P@$CuCo_2O_4$/TM，通过控制电位电化学还原来实现。还原过程在三电极电化学系统中实现，利用制备好的

$CuCo_2O_4$/TM 作为工作电极，石墨片作为辅助电极，氧化汞电极作为参比电极，加入 40 mL配制好的电解液，固定电位为 −1.0 V，反应时间为 4 500 s。反应后，工作电极分别用超纯水和无水乙醇洗涤，在 50 ℃ 干燥 2 h，备用。

(3)制备 Pt−C 电极。

称取 30 mg Pt/C 粉末，10 μL 全氟磺酸聚合物溶液(质量分数 5%)，加入到 1 mL 乙醇水溶液(体积比为 1∶1)中，超声 20 min，形成均匀的催化墨水。取 30 μL 墨水，滴在洗涤干净的裸钛网上(0.5 cm × 0.5 cm)，自然干燥。

(4)电化学性能测定。

所有的电化学性能测定都是在上海辰华 CHI 528D 电化学工作站上进行。采用传统的三电极体系，利用以钛网为基底的催化材料作为工作电极，石墨片作为辅助电极，氧化汞电极作为参比电极。所有的测定都在 25 ℃ 下进行。

①电容测定(C_{dl})。

在六种不同的扫描速率下，即 20 mV/s、40 mV/s、60 mV/s、80 mV/s、100 mV/s、120 mV/s，扫描−0.006～0.094 V 区间的循环伏安曲线。电容值的计算公式为 $C_{dl}=\Delta j/2v=(j_a-j_c)/2v$，其中 j_a和 j_c分别是在电位为+0.044 V 下阳极和阴极的电流密度，v 为扫描速率。分别测定并计算 TM、$CuCo_2O_4$/TM 和 Cu−Co−P@ $CuCo_2O_4$/TM 的电容值。

②法拉第效率计算。

在计时电位法下电解(−0.01 A)，利用 CEM DT−8890 差压式压力数据记录仪记录压力数据，分别记录第 10 min、20 min、30 min、40 min、50 min、60 min 的压力数值。利用气体状态方程计算测定的析氢的物质的量。利用电流与电解时间来计算实际消耗的电量，再利用法拉第定律计算理论上析氢的物质的量。根据测定的析氢量对比理论计算的析氢量计算法拉第效率。

五、思考题

(1)简述析氢法拉第效率计算方法。

(2)分析催化剂电容大小与析氢性能的对应关系。

电化学测试方法概述

循环伏安法(Cyclic Voltammetry, CV)是一种比较常用的电化学方法。主要是在工作电极上施加一个扫描电位，电位以 10～200 mV/s 的速率随时间线性变化，进行一次或者多次扫描，记录不同电位下的电流，得到电位−电流曲线。在此过程中，电极上交替发生不同的氧化反应或还原反应，可以根据循环伏安曲线的形状和变化，判断电极反应发生的可逆程度，中间体是否形成，或者新相形成的可能性等。常用于计算电化学反应的各种评价参数，判断电化学反应的机理和速控步骤等。

在电化学催化中，工作电极的极化曲线采用线性扫描伏安法(Linear Sweep Voltammetry, LSV)进行测定。控制研究电极的电极电位以某一速率变化，记录研究电极上的电流。以电极电位为横坐标，以电流密度(电流/电极面积)为纵坐标，作图即得到电流密度随电极电位变化的极化曲线，用来分析随着电位的变化电化学反应的具体过程，了解电极实际电位偏离平衡电位的程度。当电极反应发生时，法拉第过程和非法拉第过程均会发生。在评价催化剂活性时，主要对其法拉第电流部分进行分析。在实验测定过程中，一般保持较小的扫描速度(一般控制在 5 mV/s)，以减小极化现象对电极测试数据的影响。

计时电位法(chronopotentiometry)是工作电极保持电流密度恒定，记录随着时间的进行电极电位如何变化的工作曲线。计时电流法(chronoamperometry)是向电化学体系的工作电极施加单电位阶跃或双电位阶跃后，测量电流响应与时间的函数关系。这两种方法常用于评价电化学反应过程中催化材料的性能是否稳定。

电化学阻抗谱(Electrochemical Impedance Spectroscopy，EIS)是给系统施加不同频率的正弦波，测量系统的阻抗随正弦波频率 ω 的变化而变化的情况，或者是阻抗的相位角 Φ 随正弦波频率的变化情况。电化学阻抗谱曲线可用于分析电极过程动力学、双电层、扩散等，可以用来研究电催化材料的反应机理。电化学阻抗谱可将整个电化学系统拟合成一个包含电阻(R)、电感(L)、电容(C)等基本元件的等效电路。根据系统的测定结果，可以判断等效电路的组成和基本元件的组合方式。通过测定的结果还可以判断各电路元件的大小，进一步分析电化学系统的结构和电极过程的机理等。由于电化学体系中电路电阻和溶液电阻的存在，即电阻 R_s 的存在，测得的反应电流不能直接反映催化剂的活性，因此可以通过 EIS 测试曲线计算出阻抗 R_s 值，对初始 LSV 曲线数据进行 R_s 补偿，得到更为真实的数值以便进行性能的对比。

通过对材料进行详细的电化学性能测试，可以得到一系列催化性能的评价指标，如过电位、交换电流密度、塔费尔斜率、电极材料稳定性等。

首先，通常需要将相对于参比电极的电极电位 E(vs Ref)转化为相对于标准可逆氢电极(Reversible Hydrogen Electrode，RHE)的电位 E(vs RHE)。计算公式如下：

$$E(\text{vs RHE}) = E(\text{vs Ref}) + E_{\text{Ref}} + 0.059 \times \text{pH} \tag{34.1}$$

式中 E_{Ref}——参比电极电位。

析氢反应过电位

$$\eta_{\text{HER}} = E(\text{vs RHE}) - E_{\text{HER}}^{0} = E(\text{vs RHE}) \tag{34.2}$$

析氧反应过电位

$$\eta_{\text{OER}} = E(\text{vs RHE}) - E_{\text{OER}}^{0} = E(\text{vs RHE}) - 1.23\ \text{V} \tag{34.3}$$

根据线性伏安扫描曲线，可以得到不同电流密度下对应的电位值。根据以上计算可以得到在某一电流密度下的过电位的数值。对比不同材料的电催化性能，一般比较相同电流密度下的过电位的大小。最常用的参数中，一是比较起始过电位(onset overpotential)，一般指电流密度在 1 mA/cm^2 时的过电位。起始过电位越低，意味着催化反应需要施加的外加电压越低，从而在相等的过电位条件下反应催化活性越高。二是比较电流密度为 10 mA/cm^2 时的过电位。有时还比较电流密度为 20 mA/cm^2、50 mA/cm^2 和 100 mA/cm^2 时的过电位。同一电流密度下催化剂的过电位值越小，说明催化剂有越好的催化性能。

塔费尔曲线一般指符合塔费尔关系的曲线。该段曲线中过电位和电流密度符合塔费尔方程，过电位 η 和 $\log j$ 在该区域中呈线性关系 $\eta = a + b\log j$，其中 j 表示电流密度

(电流/电极面积,单位一般为 mA/cm^2),a 表示电流密度为 1.0 mA/cm^2 时的过电位(线性塔费尔曲线与纵轴的截距),它的大小和电极材料的性质、电极表面状态、溶液组成及温度等因素有关,b 表示塔费尔曲线的斜率,称为塔费尔斜率。

根据塔费尔方程,对线性扫描伏安曲线(极化曲线)进行坐标变换,得到过电位与电流密度对数值的曲线,并对其线性区间进行拟合,得到塔费尔方程。通过塔费尔方程可以得到交换电流密度 j_0 和塔费尔斜率 b。塔费尔斜率 b 可以反映电极反应的动力学过程及催化机理。较小的塔费尔斜率代表着在增加相同的过电位时,电流密度增长的幅度更大,也就意味着反应速率常数更大。

交换电流密度(exchange current density)j_0 指电极电位等于平衡电位时的电流密度,此时过电位 η 为零,电极上没有净反应发生。交换电流密度反映了电极反应处于平衡时的电化学反应速度。交换电流密度 j_0 表征了电极反应在平衡状态下的动力学特性,其值与电极材料、反应物浓度及在平衡电位下的自由活化能相关。一般来说,交换电流密度越大,意味着电极反应速度越快,其对应的电极反应过电位越小,说明催化剂的活性越高。总体来说,期望的高活性的催化剂材料应有高的交换电流密度和低的塔费尔斜率。

转换频率(Turnover Frequency,TOF)指在催化剂表面,在单位时间内,单个活性位点的转换数,单位为 s^{-1}。转换频率为催化剂的固有性质,通常用来衡量催化剂的反应速率,是评判电催化剂性能优劣的重要参考指标。由于很难确定催化剂表面的活性位点数,所以在大多数非均相催化剂表面很难得到准确的电极反应的转换频率。但是由于转换频率可用来表示的是每个催化活性位点的本征活性,可以利用电化学活性比表面积或者比表面积来获得一个相对科学的数值。

法拉第效率(FE)可以用于评价电催化体系中的电子利用率。在电催化水分解体系中,法拉第效率是通过测定气体(氢气或者氧气)的产生量与理论上的气体产生量来对比进行计算的。法拉第效率可用实际产生的气体量占理论的气体产生量的百分比进行计算,或者是用电解水反应的电量占通过电路的总电量的百分比来计算。

实验 35　质子型离子液体体系中的秸秆预处理

一、实验目的

(1)了解离子液体进行生物质组分分离的实施策略。

(2)掌握秸秆中纤维素、半纤维素和木质素含量的测定方法。

(3)掌握离子液体循环使用方法。

二、实验原理

对秸秆进行预处理分离,高效利用秸秆组分中纤维素、半纤维素和木质素是当前研究如何充分利用秸秆生物质资源的重要课题。在早期的研究中,研究人员广泛利用大量的强酸、强碱以及亚硫酸盐溶液对生物质秸秆进行预处理分离,以高效利用秸秆中的重要组分,但是这些方法已经造成了严重的环境污染问题。当前国家对于环境问题高度重视,这些以牺牲环境为代价的工业方法已经被叫停，迫切需要新型绿色高效的生物质预处理分离方法。

离子液体作为一种新型高效的绿色介质，其特殊的氢键作用以及较强的溶解能力，使其在生物质组分分离领域的应用引起了人们的广泛关注。通过调节离子液体的阴阳离子结构，可以有目的地调节离子液体的理化性质，这对于运用离子液体方法进行生物质组分分离具有重要意义。研究人员可以通过设计合成不同功能化的离子液体，实现选择性提取生物质组分中纤维素、半纤维素和木质素，进而分别高效转化利用生物质资源。

到目前为止，人们对于生物质资源的利用仍主要集中于对生物质组分中纤维素和半纤维素的转化和利用，而木质素作为生物质组分中唯一一种以芳香类化合物作为骨架结构的大分子聚合物，其在生物质资源利用的过程中往往被作为废弃物或工业残渣处理，这不仅会引起较多环境问题，同时也是能源的浪费。因此，开发高效的木质素转化工艺，实现木质素的高值化利用，对于充分利用生物质能源具有重大意义。离子液体作为一种新型的功能化绿色介质，不仅在生物质组分分离领域具有巨大的应用前景，在木质素高效催化转化领域也表现出巨大的潜力。研究人员通过利用离子液体特定的理化性质，建立基于离子液体的木质素转化体系，可以实现木质素资源的选择性催化转化，以制备高附加值化学品。

在运用离子液体进行生物质组分的分离研究中，到目前为止，已经被人们研究并报道的分离策略主要有两种(图 35.1)。第一种策略为分离提取生物质组分中纤维素，具体方法包括溶解生物质组分中纤维素并再生得到高纯度纤维素材料，以及溶解生物质组分中半纤维素和木质素保留高纯度纤维素组分两种。第二种策略为分离提取生物质组分中富纤维素材料，具体方法包括溶解生物质组分中纤维素和半纤维素并再生得到目标产物，以及溶解生物质组分中木质素得到富纤维素残余物。与其他生物质预处理分离方法相比，离子液体工艺过程需要的压力低，设备摩擦磨损小，同时可以分离出不同特性的组分产品。

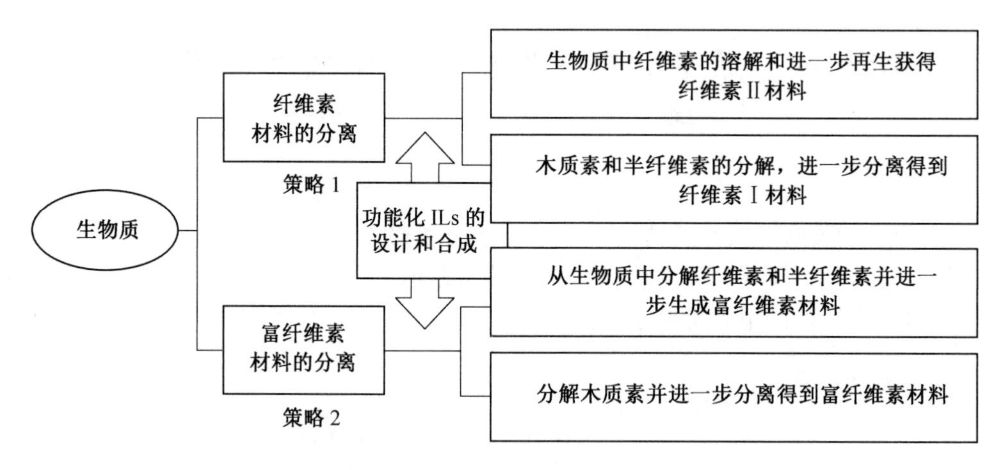

图 35.1　离子液体体系中生物质预处理分离策略

利用离子液体分离生物质组分中纤维素主要有两种方法：①通过运用离子液体打破

生物质组分间氢键网络并选择性溶解其中纤维素组分，然后再生得到结晶度被打破的Ⅱ型纤维素材料，同时得到未溶解的木质素和半纤维素组分。②运用离子液体选择性溶解生物质组分中木质素和半纤维素，得到未溶解的Ⅰ型纤维素材料，同时将溶解的木质素和半纤维素通过萃取或再生得到相关分离所得产物。

三、实验试剂及仪器

(1)实验试剂。

无水乙醇、五氧化二磷、乙二胺四乙酸二钠、十水四硼酸钠、十二烷基硫酸钠、磷酸二氢钠、乙二醇单乙醚、葡萄糖、木糖、阿拉伯糖、浓硫酸、二氯甲烷、乙酸乙酯、乙醚、秸秆。

(2)实验仪器。

电子天平、恒温磁力搅拌器、旋转蒸发仪、真空干燥箱、鼓风干燥箱、液相色谱仪、摇床、台式高速离心机、冷冻干燥机、高压蒸汽灭菌锅、高速粉碎机。

四、实验步骤

(1)秸秆预处理及样品组分分析。

在秸秆预处理之前，首先配备一定量的中性洗涤剂溶液，配备方法如下：取 18.6 g 乙二胺四乙酸二钠和 6.8 g 十水四硼酸钠溶解于 150 mL 去离子水中，溶解完全后依次加入 30 g 十二烷基硫酸钠和 10 mL 乙二醇单乙醚，待溶解完全，将 4.56 g 磷酸二氢钠 50 mL 水溶液加入体系之中，充分混合，最后定容至 1 000 mL 备用。

将从田地收割回来的玉米秸秆去除叶子晾干，除去秸秆表皮，然后将秸秆内芯取出并粉碎至 120 目备用。

取 10 g 玉米秸秆和 500 mL 中性洗涤剂共同加入到 1 000 mL 的单口圆底烧瓶中，加入磁力搅拌子，使秸秆与洗涤剂充分混合均匀，将体系加热至 100 ℃，使溶液沸腾 1 h，然后停止加热，待体系自然冷却至室温，过滤分离所得秸秆粉末，并用去离子水清洗滤饼，待洗涤液不再起泡为止。然后将滤饼放入真空干燥箱中，60 ℃条件下干燥 72 h，最后将其粉碎至 120 目备用。

研究样品中各组分含量，具体操作即采用两步酸解法，首先取 0.3 g(M_s)样品放入圆底玻璃管中，取 75% 的浓硫酸 3 mL 与样品混合均匀，用保鲜膜封口后放入恒温摇床 30 ℃酸解 1 h。然后将酸解完样品加入 87 mL 去离子水，放入 150 mL 锥形瓶中，用带透析膜的封口膜封口放入高压灭菌锅中，120 ℃进一步酸解 45 min，待酸解结束，自然冷却至室温。将溶液用 G4 砂芯漏斗过滤，分离溶液中未酸解固体，并将所得固体放入鼓风干燥箱中 80 ℃干燥 12 h，称重得到 M_L。取锥形瓶中滤液 5 mL 加入 10 mL 容量瓶中，用质量分数 8% 的氢氧化钠溶液调节 pH 至 2～3 之间，最后用去离子水定容至 10 mL，混合均匀，取 2 mL 溶液样品放入高效液相色谱(HPLC)中待测。

组分分析使用高效液相设备配备示差检测器(Waters 2414)，流动相为 pH 在 2～3 之间的稀硫酸水溶液，色谱柱为 HPLC Organic Acid Analysis Column，型号 Aminex HPX－87H Ion Exclusion Column，流动相速率为 0.4 mL/min，检测器温度为 50 ℃，柱温箱温度为 65 ℃。

通过内标法对溶液中葡萄糖、木糖及阿拉伯糖含量进行分析。每次在测试样品前首先配制标准溶液，并利用绘制标准曲线对样品含量中不同组分进行分析。同时，在利用高压灭菌锅二次酸解前，配制一定量的葡萄糖、木糖和阿拉伯糖酸溶液，与样品放入高压灭菌锅中，以得到葡萄糖、木糖以及阿拉伯糖的计算校正系数。生物质样品组分中各个成分的计算公式如下：

$$C_{\text{cellulose}}=\frac{R_{\text{glucose}}\times 87\times 10^{-3}\times 0.9}{m_{\text{sample}}}\times 1.052\,6\times 100\% \tag{35.1}$$

$$C_{\text{hemicelluloses}}=\frac{(R_{\text{xylose}}+R_{\text{arabinose}})\times 87\times 10^{-3}\times 0.88}{m_{\text{sample}}}\times 1.221\,4\times 100\% \tag{35.2}$$

$$C_{\text{lignin}}=\frac{m_{\text{lignin}}}{m_{\text{sample}}}\times 100\% \tag{35.3}$$

式中　$C_{\text{cellulose}}$、$C_{\text{hemicelluloses}}$和$C_{\text{lignin}}$——待测样品中纤维素、半纤维素和木质素质量分数；

R_{glucose}、R_{xylose}和$R_{\text{arabinose}}$——待测样品通过 HPLC 测得葡萄糖、木糖和阿拉伯糖质量分数；

m_{lignin}和m_{sample}——酸解实验所得木质素质量和所测样品质量。

对秸秆进行预处理主要是为了洗去秸秆中的水溶性物质，包括水溶性脂肪、蛋白质及无机盐等。洗涤之后所得材料主要由纤维素、半纤维素和木质素组成。所得处理之后秸秆中各大组分质量分数如图 35.2 所示。

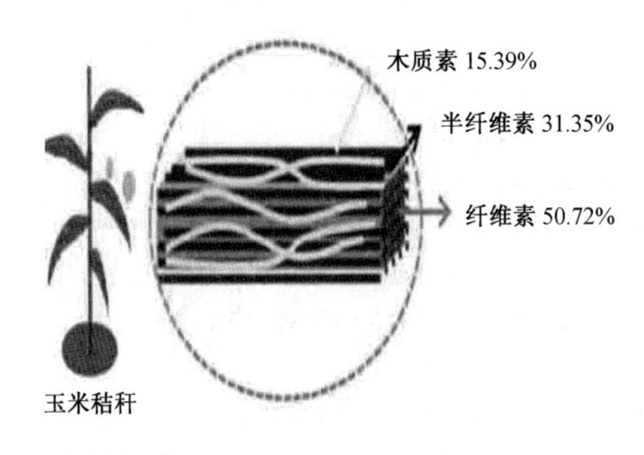

图 35.2　秸秆原始组分及质量分数

(2)秸秆溶解实验。

将 0.5 g 预处理之后的秸秆粉末和 10 g 离子液体依次加入到自制的圆底玻璃管中(图 35.3)，放入合适大小的磁子，用保鲜膜密封上口以防止离子液体吸收空气中水分，并置于加热器槽中，升温至特定温度。待处理一定时间后，停止加热，自然冷却至 50 ℃后加入 10 mL 去离子水搅拌均匀，将溶液倒入离心管中，离心机设置 10 000 r/min 离心分离 5 min，倒出离子液体上清液回收利用，然后在离心管中加入 20 mL 水继续清洗所得固体材料。依次用去离子水和无水乙醇清洗 3 次。最后将离心管中所得纤维素材料放入(−20 ℃)冰箱预冷冻 4 h 后，放入冷冻干燥机冷冻干燥 12 h，得到目标Ⅰ型纤维素材料。秸秆溶解度计算如下：

$$\omega_{\text{Dissoultion}} = \frac{m_{\text{corn straw}} - m_{\text{cellulose material}}}{m_{\text{corn straw}}} \times 100\% \tag{35.4}$$

式中　$w_{\text{Dissolution}}$——秸秆在离子液体中的溶解度；

$m_{\text{corn straw}}$——溶解实验加入秸秆的质量；

$m_{\text{cellulose material}}$——实验所得纤维素质量。

图 35.3　离子液体预处理秸秆圆底玻璃管

(3)离子液体循环实验。

将实验(2)所得离子液体水溶液分别用乙酸乙酯、二氯甲烷和乙醚进行萃取分离，所得溶液通过旋转蒸发仪浓缩得到木质素降解产物。然后旋蒸除去离子液体中大部分水分，放入真空干燥箱，45 ℃条件下干燥 48 h，测试水分含量低于 0.5%时开始下次实验。

五、思考题

(1)简述可以用于秸秆处理的离子液体特征。

(2)分析增大秸秆溶解度的方法。

实验 36　木质纤维生物质及其三组元制取高纯氢

一、实验目的

(1)掌握木质纤维生物质及其三组元制取高纯氢气的反应设计思路。

(2)掌握浸渍法实验操作方法。

(3)掌握共沉淀法实验操作方法。

二、实验原理

全球变暖和能源危机是威胁人类安全和生存的最重要的问题之一。采用清洁无排放的能源对于减少温室气体是一个重大突破和挑战。自 1974 年全球能源危机之后，使用氢作为能量载体的呼声明显增强。尽管氢能不是自然界赐予人类的可以直接使用的能源，但氢气所表现的优异性能使它成为一种非常有前途的能量载体或燃料。从人类在约 250 年前发现氢元素开始，直到氢气在工业上实现应用，前后经历了约一个世纪的时间。人们一直在为了获取这种清洁可再生的能源努力。为了大规模生产氢气，研究者们以各种材料和化合物为原料使用不同的方法来提取氢气。

汽化技术能够将低附加值的生物质原料有效地转化成经济且相对均匀的合成气。特别是，生物质蒸汽重整技术已成为一个越来越受关注的领域，因为它可以产生氢气含量相对较高的合成气。生物质的蒸汽重整涉及一个复杂的非均相反应，可以把生物质汽化设想为主要和次要反应的组合。主要反应涉及将生物质原料汽化分解为气体、高碳氢化合物、焦油和焦炭。次要反应会破裂或重整高碳氢化合物和焦油转化为更轻质的碳氢化合物和气体（CO、CO_2、H_2）。此外，轻烯烃、CO、H_2还可以与蒸汽和 CO_2发生反应。

然而，在生物质汽化生产高品质合成气或氢气时，会形成焦油。焦油形成会引起许多问题，而焦油可以通过重整转化为 H_2和其他的合成气。因此，生物质焦油的催化重整转化为气态产品是焦油去除的有效方法，可避免下游处理焦油而导致的高昂成本。生物质汽化的有效催化剂应该具备稳定且活性高等特点，生产高质量和无焦油的合成气。白云石、橄榄石、沸石、碱金属和贵金属，以及镍基催化剂已被广泛用于生物质汽化重整制氢过程。其中镍催化剂被认为是对于生物质汽化最有前途的催化剂之一。

木质纤维生物质及其三组元制取高纯氢的过程可以通过集成催化的过程来实现，分为四个步骤：第一步，生物质原料进入高温反应器裂解成中间有机物；第二步，中间有机物通过 Ni 基催化剂蒸汽重整，得到富氢气；第三步，富氢气体在 CuZnAl 催化剂作用下通过水煤气变换反应，将富氢气中的 CO 气体转化为 CO_2和 CH_4；第四步，通过二氧化碳吸附剂除去产物气体中的 CO_2气体，得到高纯氢。

木质纤维素生物质及其三组元裂解过程中的主要产物是生物质混合气（H_2、CO、CO_2、CH_4等）、生物油、焦炭等。其中生物油的组成比较复杂，主要包括醇类、酸类、酮类、醛类、糖类、呋喃、酚类等。为了能够得到目标产物高纯氢，应该尽可能地利用原料中的 H 元素，脱除 C 和 O 元素。而采用水蒸气重整的方法，正好可以达到这个目的。对于木质纤维素生物质及其组元来说，最难于重整的是裂解过程中产生的固相产物焦炭，以及液相产物中的呋喃类和酚类化合物。而这些化合物在低温下不易发生重整反应，其转化率随着温度的升高而逐渐增加，当温度达到 800 ℃时，能完全转化。因此将蒸汽重整反应器的温度设定在 800 ℃。而对于放热反应的水煤气变化反应（$CO + H_2O \rightleftharpoons H_2 + CO_2$，$\Delta H = -41.16$ kJ/mol）而言，随着温度的升高反应会向逆方向进行，产生更多的副产物 CO。为了去除副产物 CO，同时使氢气的产率实现最大化，利用一个水煤气变换装置，将副产物中的 CO 气体通过水煤气变化反应完全转化为氢气和二氧化碳。最后，通过二氧化碳吸附剂除去反应气中的二氧化碳气体，从而得到目标气体高纯氢气。

三、实验试剂及仪器

（1）实验试剂。

木质纤维生物质、硝酸镍、硝酸镧、硝酸铜、硝酸锌、硝酸铝、环已烷、钛酸四丁酯、碳酸钠、氢氧化钠、甲醇、$\gamma-Al_2O_3$、HZSM－5、HY、MCM－41、乙醇。

(2)实验仪器。

电子天平、恒温磁力搅拌器、马弗炉、真空干燥箱、鼓风干燥箱、恒温水浴、旋转蒸发仪、台式高速离心机、气相色谱、气质联用仪。

此外，还有用于从木质纤维素生物质或三种主要组分生产高纯氢的集成催化装置。该装置系统由三个单元组成：①生物质蒸汽重整单元（单元 1），水煤气变换反应单元（单元 2）和二氧化碳的去除单元（单元 3），如图 36.1 所示。蒸汽重整单元（单元 1）的反应器为长度 500 mm、内径 40 mm、外径 42 mm 的石英反应器。催化剂与生物质原料按质量比 5∶1 均匀填充在石英反应器床层的中央。水煤气变换反应单元（单元 2）的反应器由同样的石英反应器组成，采用 CuZnAl 作为催化剂，蒸汽和生物质原料的摩尔比（S/B）为 10。反应开始前，先在氮气气氛下将反应器温度升到设定的温度，然后将气体切换至水蒸气作载气，载气由流量计来调节蒸汽和生物质原料的 S/B，当反应器中充满水蒸气气氛后，添加物料开始进样。生物质原料首先通过蒸汽重整反应器（单元 1），在蒸汽重整反应器中通过催化剂蒸汽重整产生富氢气体。其次，产生的富氢气体在水煤气变换反应器中 CuZnAl 催化剂的作用下进行反应，将富氢气体中的 CO 完全转化为 H_2 和 CO_2。产生的气体在通过蒸汽重整反应器和水煤气变换反应器后，气体产物中的二氧化碳被单元 3 中的 CO_2 吸附剂去除，从而得到高纯氢。生物质原料的蒸汽重整反应在下列反应条件下进行：反应温度 500～800 ℃，S/B 为 10，催化剂和生物质之间的质量比为 5∶1。水煤气变换反应在以下反应条件下进行：反应温度为 150～350 ℃，S/B 为 10，催化剂与生物质之

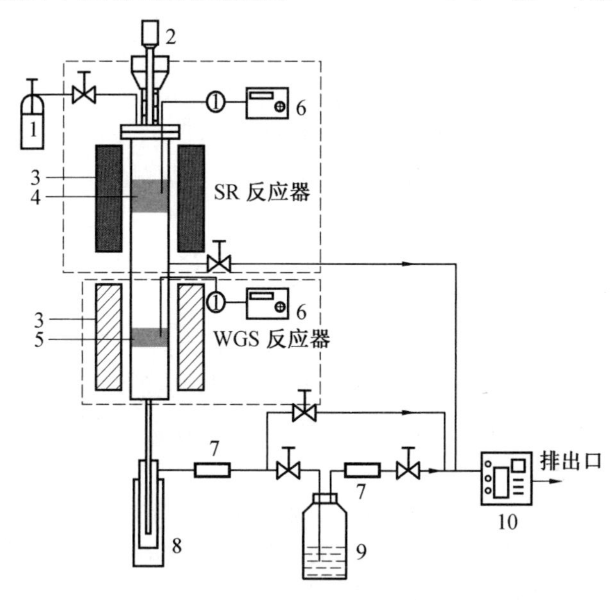

图 36.1　实验装置图

1—蒸汽发生器；2—生物质给料机；3—反应炉；4—NiLaTiAl 催化剂；5—CuZnAl 催化剂；6—控温仪；7—干燥器；8—压缩器；9—CO_2 吸收器；10—气相色谱仪

间的质量比为5∶1。

四、实验步骤

(1)NiLaTiAl催化剂的制备。

用于蒸汽重整反应的NiLaTiAl催化剂是通过浸渍法来制备。在制备NiLaTiAl催化剂之前预先将$\gamma-Al_2O_3$研磨，过筛，取颗粒为40～60目的粉末置于马弗炉中在600 ℃温度下煅烧5 h，去除有机杂质。按浸渍法将La、Ni负载到$TiO_2-Al_2O_3$载体上，从而得到NiLaTiAl催化剂。具体操作步骤如下：

①制备$TiO_2-Al_2O_3$载体。将钛酸四丁酯、环己烷、去离子水和乙醇水溶液按体积比为2∶1∶10∶20的比例配制成溶液。将一定量的干燥的$\gamma-Al_2O_3$粉末按Ti/Al摩尔比为1∶3加入溶液中，然后在40 ℃恒温水浴中搅拌12 h。静置陈化12 h后，在110 ℃的烘箱内干燥24 h，然后在空气气氛下于马弗炉中650 ℃煅烧5 h，研磨，过筛得到$TiO_2-Al_2O_3$载体。

②用La改性$TiO_2-Al_2O_3$载体。配制1 mol/L $La(NO_3)_3\cdot 6H_2O$的水溶液，将$TiO_2-Al_2O_3$载体加入到溶液中。在80 ℃温度下旋转蒸发，并在110 ℃的烘箱内干燥24 h，然后在马弗炉700 ℃空气气氛中煅烧6 h得到$La_2O_3/TiO_2-Al_2O_3$载体。

③用Ni改性$La_2O_3/TiO_2-Al_2O_3$载体。配制1 mol/L $Ni(NO_3)_3\cdot 6H_2O$的水溶液，将得到$La_2O_3/TiO_2-Al_2O_3$载体加入到水溶液中。在恒温条件下搅拌4 h，静置陈化12 h，并在烘箱中110 ℃下干燥24 h，然后在550 ℃煅烧5 h得到NiLaTiAl催化剂。

(2)CuZnAl催化剂的制备。

用于水煤气变换反应的CuZnAl催化剂是通过共沉淀法来制备。具体操作步骤如下：

①以硝酸盐$Cu(NO_3)_2\cdot 6H_2O$、$Zn(NO_3)_2\cdot 6H_2O$、$Al(NO_3)_3\cdot 9H_2O$为原料，按Cu∶Zn∶Al(摩尔比)=3∶4∶5配制0.5 mol/L的金属硝酸盐溶液，将配置好的硝酸盐溶液倒入烧杯搅拌4 h。

②以NaOH(1 mol/L)和Na_2CO_3(1 mol/L)的混合物作为沉淀剂，保持80 ℃恒温条件下，在2 h内边搅拌边加入到硝酸盐溶液中。

③将沉淀物在25 ℃陈化12 h，用去离子水洗涤至pH=7，然后在110 ℃干燥24 h。

④将干燥后的沉淀物在550 ℃下煅烧6 h，得到相应的复合金属氧化物催化剂。

⑤将催化剂粉末研磨，过筛，得到40～60目尺寸的金属氧化物颗粒。

(3)产物分析与评估。

本实验使用气相色谱仪对气体产物进行在线检测分析。气相色谱仪配备两个检测器：用于分离和分析H_2、CO、CH_4和CO_2的热导TCD检测器(色谱柱型号TDX－01)和用于分析碳氢有机气体的氢火焰离子FID检测器(色谱柱型号PorapakQ)。气体产物的含量和物质的量通过用标准气体的归一化方法来确定。

气体产物的体积通过排水法来测量。液体产物的测量通过GC－MS FID检测器(HP－INNOWAX毛细管柱)来进行，然后按照标准有机物峰面积来计算出各组分物质的量及含量。生物质原料制氢的效果和性能用氢气产量，理论氢气产量，气体、液体和固体的产量来评价，计算方法如下：

H_2产量＝H_2 质量/生物质原料质量

理论 H_2产量＝化学计量法最大产氢量/生物质原料质量

气体产量＝气体质量/生物质原料质量

液体产量＝液体质量/生物质原料质量

固体产量＝固体质量/生物质原料质量

气体组成＝单气体摩尔数/气体总摩尔数

五、思考题

(1)简述本实验中提高氢气产量的方法。

(2)分析排水法测量气体产物体积的利与弊。

实验 37　多酸—MoS_2对电极在量子点敏化太阳能电池中的应用

一、实验目的

(1)了解量子点在太阳能电池中的作用机理。

(2)掌握光阳极表面负载量子点的实验操作方法。

(3)掌握太阳能电池测试方法。

二、实验原理

在清洁能源的发展中，太阳能作为一种储量丰富、环境友好的能源而备受关注。量子点敏化太阳能电池(QDSSC)为第三代太阳能电池，具有成本低廉、量子点性能独特以及理论光电转换效率高(约为 66％)等特点，引起了研究人员的广泛研究。尽管现已报道的 Zn－Cu－In－Se 敏化的 QDSSC 效率可达到 13.85％，CdS 敏化的 QDSSC 效率能够到 3.55％，但相较于理论光电转换效率仍然很低。QDSSC 由三部分构成：量子点敏化的光阳极、含氧化还原电对的电解质溶液以及对电极。对于前两种组成的报道已经有很多，但目前关于对电极的研究还比较少，尤其是对于复合对电极的研究。

被称为“人造原子”“零维量子材料”的量子点(Quantum Dot, QD)是 20 世纪 90 年代提出的一个新概念。它是一种尺寸小于或接近体相材料激子玻尔半径，并表现出量子效应的纳米颗粒。由于量子点内部载流子的运动在空间三个维度内均受到局限且是量子化的，因此量子点材料的量子效应显著，主要具有以下特征：表面效应、限域效应、多重激子效应、尺寸效应等，进而展现出诸多与宏观体材料不同的物理化学性质。

QDSSC 由量子点敏化的光阳极、对电极和电解质溶液三部分组成。图 37.1 所示为其结构示意图，完成一个工作循环主要分为以下五个过程：①当量子点受到光激发时，电子会从价带跃迁至导带，从而产生电子—空穴；②由于 TiO_2导带位置低于量子点导带，因此被激发的电子会顺势注入 TiO_2；③然后此光生电子会经过导电玻璃到达外电路，并由外电路传输至对电极;④量子点价带上的空穴会氧化电解质溶液中的还原态物质;⑤对电极表面的电子会还原电解质溶液中的氧化态物质。伴随着工作循环的发生,一些现象的出现会极大地影响电池的效率,如:被激发的电子未传递至外电路即与溶液中的氧化态物质反应或与价带上的空穴复合。目前,已经研究出了许多方法来降低这种情况发生的可能。

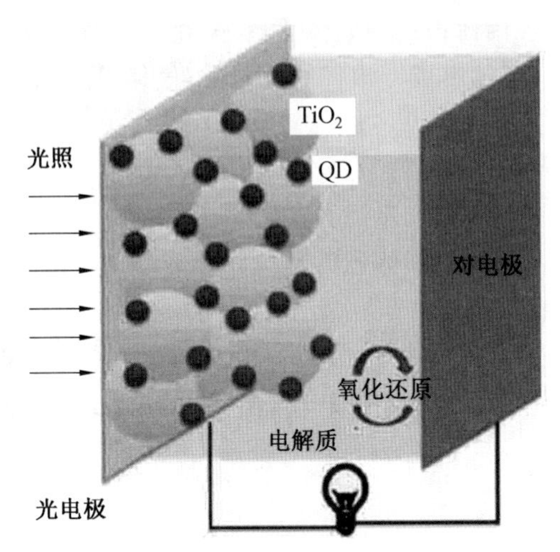

图 37.1 QDSSC 的结构示意图

过渡金属硫化物由于其特殊的二维层状结构一直是人们普遍关注的焦点。MoS_2是过渡金属硫化物层状材料的代表,每一层是由共价键 S—Mo—S 六边形二维结构构成,而层间是依靠较弱范德瓦耳斯力结合而成。MoS_2具有多种用途,包括作为润滑剂,作为氢脱硫和析氢反应的催化剂,以及作为锂离子电池的阳极材料。近年来,MoS_2由于具有高导电性和催化活性的特点,已被证明是染料敏化太阳能电池(DSSC)和 QDSSC 潜在的对电极(CE)材料选择。多金属氧酸盐,具有较强的氧化还原性,可以作为电子中介,因此它能接收和传递半导体中的光生电子,改善半导体的光电、光导性能。因此,考虑将MoS_2与多酸结合形成复合对电极,从而进一步提高 MoS_2对电极的催化性能。

三、实验试剂及仪器

(1)实验试剂。

木质纤维生物质、硝酸镍、硝酸镧、硝酸铜、硝酸锌、硝酸铝、环己烷、钛酸四丁酯、碳酸钠、氢氧化钠、甲醇、$\gamma-Al_2O_3$、HZSM－5、HY、MCM－41、乙醇。

(2)实验仪器。

电子天平、恒温磁力搅拌器、马弗炉、真空干燥箱、鼓风干燥箱、恒温水浴、旋转蒸发仪、台式高速离心机、超声清洗仪、丝网印刷机、冰箱、太阳能电池测试系统。

四、实验步骤

(1)多酸与 MoS_2复合对电极的制备。

$H_4SiW_{12}O_{40}/MoS_2$（SiW_{12}/MoS_2）复合物的制备：利用水热的方法进行制备。称取 0.242 g Na_2MoO_4 和 0.380 6 g 硫脲溶解在 60 mL 去离子水中。之后加入一定体积的多酸溶液，使上述混合溶液的 pH 为 1、4、5、6、6.5（S－M1、S－M4、S－M5、S－M6、S－M6.5），将所得溶液超声 30 min。将得到的澄清溶液转移至 100 mL 水热釜中，在 210 ℃ 的温度下加热 24 h。加热后，待水热釜内溶液完全冷却到室温，开釜抽滤，先用去离子水冲洗 3 次，再用无水乙醇冲洗 1 次；若 pH＜ 5 则需先用 1 mol/L NaOH 溶液冲洗 3 次（洗去多余的 SiW_{12}），然后用去离子水冲洗，最后用无水乙醇冲洗 1 次。将得到的灰黑色粉末状固体在 50 ℃干燥 10 h。

（2）SiW_{12}/MoS_2 对电极的制备。

取 0.2 g SiW_{12}/MoS_2、1.0 g 松油醇、5 mL 乙醇于研钵中充分研磨，将上述混合物研磨 2 h 得到黑色浆料，用丝网印刷的方法将其印在 1.5 cm×2.0 cm 的 FTO 玻璃导电面上，并在 80 ℃的加热盘上干燥处理 20 min，从而制备 SiW_{12}/MoS_2 对电极。

（3）光阳极的制备。

向研钵中加入 0.6～0.8 g 二氧化钛粉末、适量乙醇、50 μL 乙酰丙酮和 3～5 滴曲拉通，充分研磨，取 1～2 mL 混合液进行刮涂。将刮涂好的二氧化钛电极放置于加热盘上 80 ℃下干燥 10 min。然后，将干燥好的二氧化钛电极放置于马弗炉中，450 ℃加热 30 min。

（4）CdS 量子点的沉积。

利用化学浴法在二氧化钛表面沉积 CdS 量子点：配置 20 mmol/L $CdCl_2$、66 mmol/L NH_4Cl 和 140 mmol/L 硫脲的混合溶液，并用浓氨水调节溶液的 pH 约为 9.5。将上述二氧化钛光阳极浸泡在此混合溶液中，并在 10 ℃的冰箱中静置 4.5 h。

（5）QDSSC 的组装。

将 SiW_{12}/MoS_2 对电极和 CdS/TiO_2 光阳极的导电面相对放置，其两侧用夹子固定，其底端用封口胶封住，然后从顶部缓慢注入电解质溶液，电解液为 0.2 mol/L KCl、0.125 mol/L Na_2S、0.5 mol/L Na_2S 的水和甲醇体积比为 7∶3 的混合溶液。最后，将顶部孔隙用胶条密封即可。电池的有效面积为 0.12 cm^2。

（6）QDSSC 的测试。

测试 QDSSC 的光电流密度－电压（$J-U$）曲线。评估光强为 100 mW/cm^2 时，电池的短路电流（J_{SC}）、开路电压（U_{OC}）、填充因子（FF）和电池效率（PCE）。

五、思考题

（1）如何检测光阳极表面量子点？
（2）简述影响 QDSSC 效率的因素？

实验 38　碳浆对电极的制备及其性能评价

一、实验目的

（1）了解染料敏化太阳能电池的工作原理。

(2)掌握碳浆对电极的制备方法。

(3)掌握太阳能电池测试方法。

二、实验原理

近年来,随着科学家们不断对太阳能进行开发利用,经济环保的染料敏化太阳能电池(DSSC)应运而生并逐渐崭露头角。对电极的优劣程度对 DSSC 的光伏性能的好坏有着极为重要的意义。优良的对电极材料需具有高比表面积与电导率、优异的催化活性与稳定性及耐化学腐蚀等性质。现阶段研究的对电极材料通常可分为铂电极、碳材料对电极、导电聚合物对电极、无机化合物材料对电极以及复合材料对电极。金属铂作为对电极在 DSSC 的应用中表现出了优越的综合光电催化性能。然而,Pt 对电极易被电解液腐蚀的特性及其制备的成本一直居高不下,导致研究者们开始探寻廉价易得兼具高导电、高催化性能的对电极材料。碳材料以其低成本、高稳定、高电导率等特点成为替代铂的热门之选。如以石墨与炭黑为原料制得对电极,其 DSSC 效率达到了 6.67%。石墨和 20%炭黑作为所制复合对电极的原料,该复合电极装置成的 DSSC 取得了 6.67%的电池效率。以石墨烯纳米片层与活性炭为原料制备出的对电极获得了 7.5%的光电转化效率。

三、实验试剂及仪器

(1)实验试剂。

碳浆、N719 染料、P25 浆料、双(乙酰丙酮基)二异丙基钛酸酯、FTO 导电玻璃、无水乙醇、丙酮、N,N－二甲基甲酰胺、碘、异丙醇、无水碘化锂、高氯酸锂、硝酸银、乙腈、氯铂酸、碳酸丙烯酯、四氯化钛、封口玻璃毛细管、玻璃毛细管。

(2)实验仪器。

电子天平、恒温磁力搅拌器、数控超声波清洗器、马弗炉、台式匀胶机、SET 高精度数显恒温加热台、真空干燥箱、数显恒温磁力搅拌油浴锅、电化学工作站、太阳能电池测试系统。

四、实验步骤

(1)FTO 导电玻璃的预处理。

在制备光阳极与对电极前均需对 FTO 衬底进行预处理。

首先,切割 FTO 衬底后用洗洁剂清洗。然后,用实验室自制的去离子水超声洗涤两次,每次 15 min。其次,转移至丙酮超声清洗 15 min。最后,用乙醇超声洗涤 15 min,超声工作完毕后置于装有乙醇的玻璃瓶内备用。

(2)光阳极的制备与敏化。

①取清洗后的 FTO 衬底用紫外灯照 15 min 待用。

②称取 TiDIP 配置成 0.15 mol/L TiDIP 溶液,将处理过的 FTO 衬底用紫外灯照射 15 min 后,使用台式匀胶机将 0.15 mol/L TiDIP 溶液旋涂修饰 FTO 衬底表面。

③将其放入马弗炉中,升温至 500 ℃ 并在该温度下保持 30 min 得到致密层。

④用紫外灯照射 15 min 处理上述 FTO 衬底,用胶带制备模板,采用刮涂法用封口

玻璃毛细管将 TiO_2 浆料均匀涂覆于胶带模板预留的面积上，制备得到 TiO_2 胶体层。

⑤马弗炉加热处理 TiO_2 胶体层：升温至 550 ℃（5 ℃/min）并在该温度下保持 30 min。

⑥称取离子水，配置成 $TiCl_4$ 水溶液，将处理后的 TiO_2 胶体层浸入盛有 $TiCl_4$ 水溶液的烧杯中油浴加热 30 min 后取出，随后自然晾干。

⑦将其放入马弗炉中，重复步骤③的煅烧过程，待制备好 TiO_2 多孔薄膜降温冷却至 80 ℃ 时，取出煅烧后的 TiO_2。

⑧将煅烧后的 TiO_2 浸泡在 N719 染料乙醇溶液中，使染料敏化剂没过光阳极材料，避光敏化处理 24 h。每次煅烧后，均需待仪器降温至室温时方可取出光阳极，过速降温会导致薄膜因受热不均破裂，影响产品效率。扫描电镜测试的 FTO 导电玻璃处理过程删去浸泡染料的操作，其余实验步骤与上述一致。

(3)碳浆对电极的制备。

FTO 衬底用紫外灯照 15 min 待用。用相同的胶带模板制造出反应面，取适量碳浆于载玻片上，采用刮涂法将碳浆均匀涂覆于胶带模板预留的面积，并置于室温晾干。采用不同的温度处理碳浆对电极：

①置于恒温加热台 120 ℃加热 30 min。

②置于马弗炉煅烧处理：由室温升温至 200 ℃并在 200 ℃保温 30 min 后待降至室温取出备用。

③置于马弗炉煅烧处理：由室温升温至 300 ℃并在 300 ℃保温 20 min 后待降至室温取出备用。

④置于马弗炉煅烧处理：由室温升温至 400 ℃并在 400 ℃保温 10 min 后待降至室温取出备用。

②③④的马弗炉煅烧处理过程的升温速率均以 5 ℃/min 进行。扫描电镜测试的 FTO 导电玻璃的实验操作与上述步骤一致。

(4)铂对电极的制备。

①配置 0.01 mol/mL 氯铂酸异丙醇溶液。

②将配置好的氯铂酸异丙醇溶液（0.01 mol/L）滴涂在 ITO 衬底上，置于室温自然晾干后放入马弗炉内升温至 400 ℃，保温 20 min 后待马弗炉降至室温取出备用，得到铂对电极。

(5)电解质溶液的制备。

①用注射器吸取 2.5 mL 的碳酸丙烯酯于玻璃瓶中。

②用滴管吸取 0.5 mmol 的 TBP 滴入上述容器内。

③用药匙量取 2.5 mol 的碘化锂于称量纸，倒入上述容器内。

④用滴管吸取 2.5 mL 的乙腈滴入上述容器内。

⑤用药匙量取 0.25 mol 的碘于称量纸，倒入上述容器内。

⑥轻微晃动，至玻璃瓶内的药品充分溶解。

(6)循环伏安电解液的制备。

用滴管吸取 39.3 g 乙腈于玻璃瓶内，向其中依次加入称量好的高氯酸(531.45 mg)、碘化锂(66.922 5 mg)、碘(12.690 5 mg),轻微晃动至药品充分溶解。

(7)DSSC 的组装。

用镊子将浸泡 24 h 敏化的光阳极取出,置于无水乙醇中轻轻涮洗,用以除去表面未被光阳极吸附上的染料,自然晾干备用。利用沙林膜将光阳极与对电极置于恒温台上热压后黏合,冷却至室温后,用滴管滴加一滴电解质溶液,通过真空泵抽吸灌注配置好的电解质溶液,两端涂抹导电胶,即得到用于测试的 DSSC 电池。

EIS 阻抗表征所用对称电池为两块完全相同的对电极按照上述组装步骤制备而成。

(8)碳浆对电极的标准。

①使用电化学工作站测试对电极的循环伏安曲线(CV)。采用三电极法,电解液为 LiI (0.01 mol/L)、I_2(0.001 mol/L)、$LiClO_4$(0.1 mol/L)组成的乙腈溶液,扫描速度为 0.1 V/s。

②电化学综合测试仪(Solartron 1287/1250)测试对电极电化学交流阻抗谱。频率范围为 0.1 Hz~65 kHz,交流信号为 10 mV,并通过 ZView 软件进行数据分析及对测试结果的非线性拟合。

③光电流密度一光电压曲线测试。使用 Keithley 238 通过偏压扫描进行 DSSC 的光电流密度一光电压曲线($J-U$)测试,测试光源为氙灯模拟太阳光源(Oriel 66055),光强通过 AM1.5 滤光片和硅光电二极管校正光强至 100 mW/cm。

五、思考题

(1)分析温度对碳浆对电极的影响规律。

(2)概述不同形态碳浆(炭黑、CNT、石墨烯)对染料敏化太阳能电池效率影响的内在机制。

实验 39　离子液体高效捕集 CO_2

一、实验目的

(1)了解 CO_2 捕集的意义,建立“双碳”观念。

(2)学习离子液体的制备方法。

(3)掌握离子液体用于 CO_2 捕集的操作方法和评价方法。

二、实验原理

近年来二氧化碳(CO_2)的大量排放引发了严重的温室效应,CO_2 捕集势在必行。为了实现碳中和,能源电力行业碳减排压力巨大,急需发展高效的碳捕集与封存(CCS)或碳捕集、利用与封存(CCUS)技术。为了减少人为二氧化碳排放进而降低大气中的 CO_2 浓度,使用合适的反应性吸收剂通过化学吸收来捕获 CO_2 被认为是最可行的燃烧后碳捕获技术。目前,胺基溶液已经在商业上得到应用,它们与 CO_2 之间可以发生可逆反应,具有高反应性。但这种胺洗涤方法存在明显缺点,其高温再生涉及的高能耗以及高操作成本等都限制了胺基溶液的应用。为了实现绿色和可持续发展，有必要探索一种具有成本效益、低能耗和可用的 CO_2 捕集技术。其中，离子液体被认为是最有前途的传统吸收剂的替代品之一。

离子液体通常是由有机阳离子和无机阴离子组成的盐类，在 100 ℃以下呈液态。因此离子液体也称为室温离子液体或室温熔融盐。由于它独特的性质，如超低的挥发性、高物理和化学稳定性、高极性以及 CO_2 的良好溶解性，离子液体在 CO_2 捕集领域有较大的发展潜力。需要特别指出的是，离子液体的阴离子或阳离子具有可调节性，这可导致其功能和性质的改变，使得离子液体可以通过物理或化学的方式来吸收 CO_2。

传统离子液体是由离子液体与 CO_2 之间产生的物理作用来实现 CO_2 吸收的。此外，与胺基溶液相比，离子液体具有较强的吸收能力。最常见的离子液体主要包括咪唑类、氨基酸类、吡啶类、吡咯类等。其中，由于咪唑类离子液体是具有良好的 CO_2 吸收能力的，因此，咪唑类化合物是目前研究最多的 CO_2 吸收剂。早在 1999 年，Blanchard 等人就曾表明在 8.3 MPa 时，CO_2 在[BMIM][PF_6]离子液体中的溶解度达到 0.75 mol CO_2/mol ILs。

常温常压下，四种咪唑类离子液体([BMIM]BF_4、[BEIM]BF_4、[BPIM]BF_4、[BBIM]BF_4)的 CO_2 吸收性能如图 39.1(a)所示，四种咪唑类离子液体最大 CO_2 负载量分别为 0.016 8 g CO_2/g 吸收剂、0.017 4 g CO_2/g 吸收剂、0.018 8 g CO_2/g 吸收剂和 0.020 9 g CO_2/g 吸收剂。对于热稳定性、黏度和最大 CO_2 负载量，离子液体可以按以下顺序排列：[BMIM]BF_4＜[BEIM]BF_4＜[BPIM]BF_4＜[BBIM]BF_4，说明阳离子中碳链长度的增加可以同时提高离子液体的热稳定性和最大 CO_2 负载量。而 CO_2 在三种不同的[BETI]阴离子型离子液体中的溶解度(图 39.1(b))按以下顺序排列：[HMIM][BETI]＞[BMIM][BETI]＞[EMIM][BETI]，即含氟烷基的阴离子的量越大，CO_2 溶解度越高。目前，传统离子液体仍具有吸收容量偏低的缺点。

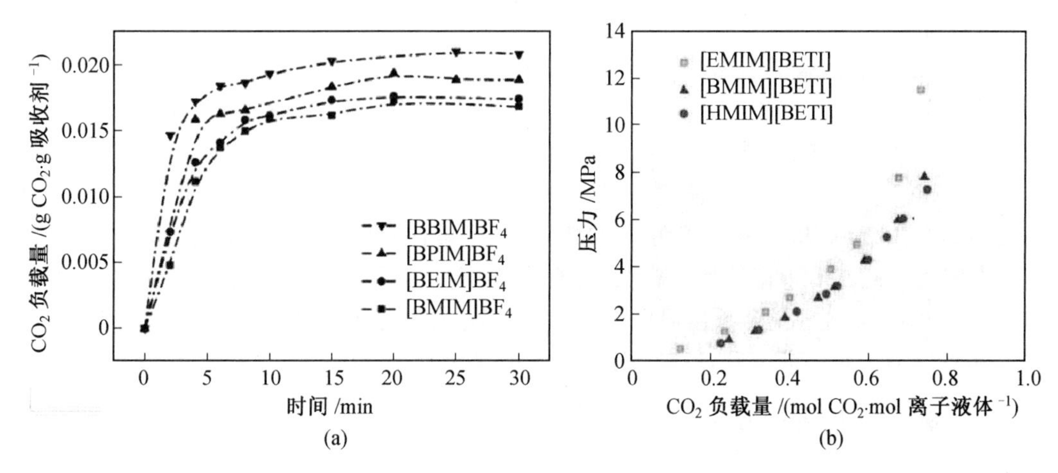

图 39.1　四种四氟硼酸盐阴离子型离子液体的二氧化碳吸收性能(a)与三种双(五氟乙基磺酰基)酰亚胺阴离子型离子液体在 313.2 K 时的 CO_2 溶解度(b)

针对传统离子液体吸收容量低的缺点，可以通过在常规离子液体中引入合适的官能团，例如添加氨基官能团，合理地提高二氧化碳的吸收性能。一般来说，传统离子液体主要通过物理作用吸收 CO_2，而功能化离子液体主要通过化学反应机制吸收 CO_2。与烷基/卤素功能化离子液体相比，氨基功能化离子液体具有 CO_2 吸收容量大、吸收反应活化能低的优势，有利于吸收 CO_2。研究发现，大多数现有的含单一官能团的功能化离子液体溶液的吸收容量约为 0.5 mol CO_2/mol ILs，这与大多数胺基溶液的吸收容量相似。为提高 CO_2 吸收容量，学者们进一步提出了双功能化离子液体，如 2016 年制备的氨基和氨基酸双功能化离子液体吸收剂([APmim][Gly])，用于吸收 CO_2，其吸收 CO_2 容量高达 1.23 mol CO_2/mol ILs。而饱和[APmim][Lys]溶液的 CO_2 吸收负荷为 1.80 mol CO_2/mol ILs，而且循环 5 次后再生效率仍高达 99.1%。新研发出双功能化离子液体[TETAH][Lys]和[DETAH][Lys]，[TETAH][Lys]和[DETAH][Lys]的吸收容量分别为 2.59 mol CO_2/mol ILs 和 2.13 mol CO_2/mol ILs，再生效率分别为 98.96% 和 98.00%。

尽管功能化离子液体具有良好的 CO_2 捕集性能，但其高黏度导致的高成本和低气液传质限制了其工业应用。为了实现低再生能耗和低黏度，研究者设计了一种由新型氨基官能化离子液体[TEPAH][2－MI]和有机溶剂组成的混合吸收剂。结果表明，[TEPAH][2－MI]/正丙醇/乙二醇的吸收负荷为 1.72 mol CO_2/mol ILs，远远高于 MEA/水，第 5 次再生循环后再生效率仍保持在 90.7%，并且溶液在吸收前后的黏度只有 3.66 mPa·s 和 7.65 mPa·s，该吸收剂具有黏度小、再生效率高、吸收容量大等优点，可以实现高效、低能耗的 CO_2 捕集。

相对于醇胺类吸收剂，离子液体的 CO_2 吸收特性体现为：CO_2 吸收速率快，吸收容量相当，再生能耗低，但黏度大，吸收性能受温度影响严重。

①吸收容量。吸收容量往往决定着该吸收剂是否具有更好的吸收性能，但吸收容量变大之后相应的溶液黏度也会增大。离子液体的阴离子类型对 CO_2 吸收性能有显著影响。研究表明，精氨酸和赖氨酸阴离子在结构中含有大量的胺，比其他阴离子具有更高的 CO_2 吸收容量。

②黏度。通常，较低的黏度会降低气体分子从气相向液相传质的阻力。研究者设计了一系列含三种不同氨基阳离子的水性乙氧基乙酸阴离子型质子离子液体，并在303.2～333.3 K 之间测定黏度等物理性质。随着温度的升高，离子液体的黏度呈非线性下降。90%[DEEDAH][EOAc]的黏度值最低，并且 CO_2 在 90%[DMAPHA][EOAC]中的溶解度高达 2.44 mol/kg。实验表明，黏度越低，离子液体对 CO_2 的吸收越完全。

③温度。通常对于化学反应来说，温度越高，反应越剧烈，也更完全。但对于离子液体来说，却不是如此。随着反应温度的升高，离子液体对于 CO_2 的吸收平衡时间会缩短，对 CO_2 的吸收速率不断上升，但吸收能力会略微下降。

三、实验试剂及仪器

(1)实验试剂。

$Na_2MoO_4 \cdot 2H_2O$、HNO_3、$Na_2SiO_3 \cdot 9H_2O$、维多利亚蓝 B、乙腈、$KHCO_3$。

(2)实验设备。

磁力搅拌器、真空干燥箱、水浴锅、加热台、天平。

四、实验步骤

1. $SiMo_{12}O_{40}$多酸合成

将5.5 g的$Na_2MoO_4 \cdot 2H_2O$溶解于30 mL去离子水中，再逐滴加入7.5 mL 15.8 mol/L的HNO_3并使其充分搅拌10 min，随后逐滴加入用10 mL去离子水溶解的0.57 g的$Na_2SiO_3 \cdot 9H_2O$，并将混合液置于80 ℃下水浴加热搅拌30 min，反应完毕后，将溶液置于60 ℃干燥箱中干燥，得到黄色多酸晶体$[SiMo_{12}O_{40}]^{4-}$。

2. $[C_{33}H_{32}N_3]_4[SiMo_{12}O_{40}]$合成

将5.5 g的$Na_2SO_4 \cdot 2H_2O$溶解于30 mL去离子水中，再逐滴加入7.5 mL 15.8 mol/L的HNO_3并使其充分搅拌10 min，随后逐滴加入用10 mL去离子水溶解的0.57 g $Na_2SiO_3 \cdot 9H_2O$，并将混合液置于80 ℃下水浴加热搅拌30 min。随后冷却至室温，加入用乙腈∶乙醇(体积比)＝1∶1的混合液溶解的4.3 g维多利亚蓝B，再50 ℃水浴加热2 h以除去部分有机溶剂，冷却至室温过滤，即可得到表层糊状的离子液体。

3. $[C_{33}H_{32}N_3]_4[SiMo_{12}O_{40}]$捕集$CO_2$测试

(1)室温条件下CO_2捕集测试。

配置20 mL 2 mmol/L $[C_{33}H_{32}N_3]_4[SiMo_{12}O_{40}]$的乙腈溶液、$KHCO_3$溶液(0.5 mol/L)以及单独的乙腈溶液以备$CO_2$捕集测试。在室温环境下，向配置好的溶液中持续通入30 min CO_2，控制气体流速为10 mL/min，称取溶液在通气前后的质量变化，计算CO_2在不同体系中的溶解度。

(2)变温条件下CO_2捕集测试。

分别配置5组20 mL 2 mmol/L$[C_{33}H_{32}N_3]_4[SiMo_{12}O_{40}]$的乙腈溶液、$KHCO_3$溶液(0.5 mol/L)以及单独的乙腈溶液以备$CO_2$捕集测试。将溶液置于加热台上，分别设置加热温度为30 ℃、35 ℃、40 ℃、50 ℃、60 ℃，待溶液升温至设定温度，向配置好的溶液中持续通入30 min CO_2，控制气体流速为10 mL/min，称取溶液在通气前后的质量变化，计算不同温度下CO_2在不同体系中的溶解度。

五、实验数据记录与处理

(1)将室温条件下不同溶液对CO_2捕集率的影响记录在表39.1中。

表39.1 室温条件下不同溶液对CO_2捕集率的影响

溶液种类	$[C_{33}H_{32}N_3]_4[SiMo_{12}O_{40}]$乙腈溶液	0.5 mol/L $KHCO_3$	乙腈溶液
通气前质量			
通气后质量			
CO_2捕集率			

(2)将温度对CO_2捕集率的影响记录在表39.2～39.6中。

表 39.2　30 ℃温度下不同溶液对 CO_2 捕集率的影响

溶液种类	$[C_{33}H_{32}N_3]_4[SiMo_{12}O_{40}]$乙腈溶液	0.5 mol/L $KHCO_3$	乙腈溶液
通气前质量			
通气后质量			
CO_2 捕集率			

表 39.3　35 ℃温度下不同溶液对 CO_2 捕集率的影响

溶液种类	$[C_{33}H_{32}N_3]_4[SiMo_{12}O_{40}]$乙腈溶液	0.5 mol/L $KHCO_3$	乙腈溶液
通气前质量			
通气后质量			
CO_2 捕集率			

表 39.4　40 ℃温度下不同溶液对 CO_2 捕集率的影响

溶液种类	$[C_{33}H_{32}N_3]_4[SiMo_{12}O_{40}]$乙腈溶液	0.5 mol/L $KHCO_3$	乙腈溶液
通气前质量			
通气后质量			
CO_2 捕集率			

表 39.5　50 ℃温度下不同溶液对 CO_2 捕集率的影响

溶液种类	$[C_{33}H_{32}N_3]_4[SiMo_{12}O_{40}]$乙腈溶液	0.5 mol/L $KHCO_3$	乙腈溶液
通气前质量			
通气后质量			
CO_2 捕集率			

表 39.6　60 ℃温度下不同溶液对 CO_2 捕集率的影响

溶液种类	$[C_{33}H_{32}N_3]_4[SiMo_{12}O_{40}]$乙腈溶液	0.5 mol/L $KHCO_3$	乙腈溶液
通气前质量			
通气后质量			
CO_2 捕集率			

六、注意事项

(1)乙腈易挥发，在测试温度对 CO_2 捕集效率影响的过程中，应注意密封。

七、思考题

(1) 室温离子液体的成因是什么？

(2) 设计室温离子液体应考虑哪些因素？

(3) 影响离子液体 CO_2 捕集效率的最主要因素是什么?

实验 40 人工光合作用

一、实验目的

(1)建立"双碳"观念,形成将 CO_2 转化为化学原料的能源循环思路。

(2)掌握 CO_2 电催化还原装置搭建方法。

(3)掌握人工光合作用基本反应原理。

二、实验原理

全球工业化进程的加剧使得能源短缺问题不容忽视。目前被频繁使用的化石能源如石油、煤、天然气具有不可再生性,且其储量不断骤减。化石能源在使用过程中,会产生大量 CO_2 等废气,严重污染和破坏生态环境。CO_2 是自然环境中碳存在的最稳定和常见的形式,也是化石燃料转化的最终形式。因此,如何把 CO_2 变废为宝从而缓解环境、能源问题是科学研究和工业发展亟待解决的问题。

植物可通过光合作用将 CO_2 和水转化为富能有机物和氧气,而在人工应用研究过程中,虽然光还原和电还原 CO_2 皆可实现将 CO_2 到燃料化学品的转化,但各自的还原深度较低。通过光电还原结合的方式可有效地将 CO_2 转化为具有更高附加值的醇烷化学品,实现 CO_2 的深度还原。自然光合作用和人工光合作用机理如图 40.1 所示。受启发于此,期望通过模拟自然进行人工光合作用,以半导体等吸光电极材料捕获太阳能,以水和二氧化碳为原料,设计组装光电化学电解池,直接把 CO_2 转变为燃料和化学品,实现 CO_2 的转化再利用。

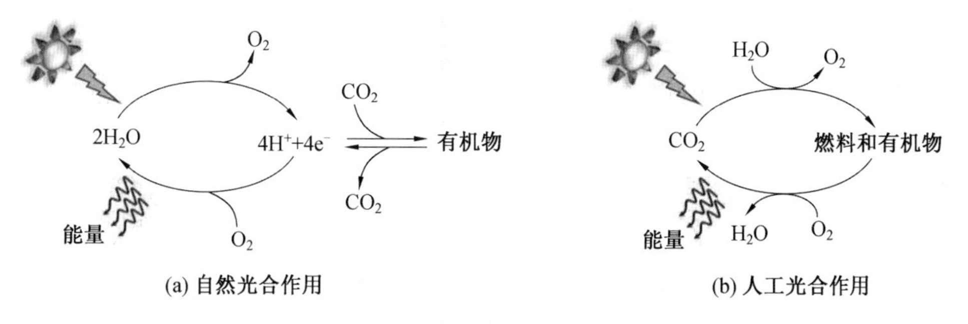

图 40.1 自然光合作用和人工光合作用机理示意图

CO_2 还原的主要过程包括:①CO_2 通过化学吸附与阴极表面形成键的相互作用;②通过质子耦合电子转移(PCET)活化 O=C=O 键形成中间体产物,并在后续的反应中形成 C—O、C—H 键以及 C—C 偶联;③产物在电极表面发生重排和解吸并扩散到电解质溶液中。目前,基于密度泛函理论(DFT),研究者们推测了 CO_2 还原为甲醇、甲烷、乙烯等产品的可能途径(图 40.2)。研究表明 C_1 产物前驱体 $^*COOH$ 和 $^*CO$,与相邻的 $^*CO$ 发生 C—C 偶联从而生成 C_2 产物。与 C_1 产物相较,C_{2+} 产物具有更高的能量附加值。由

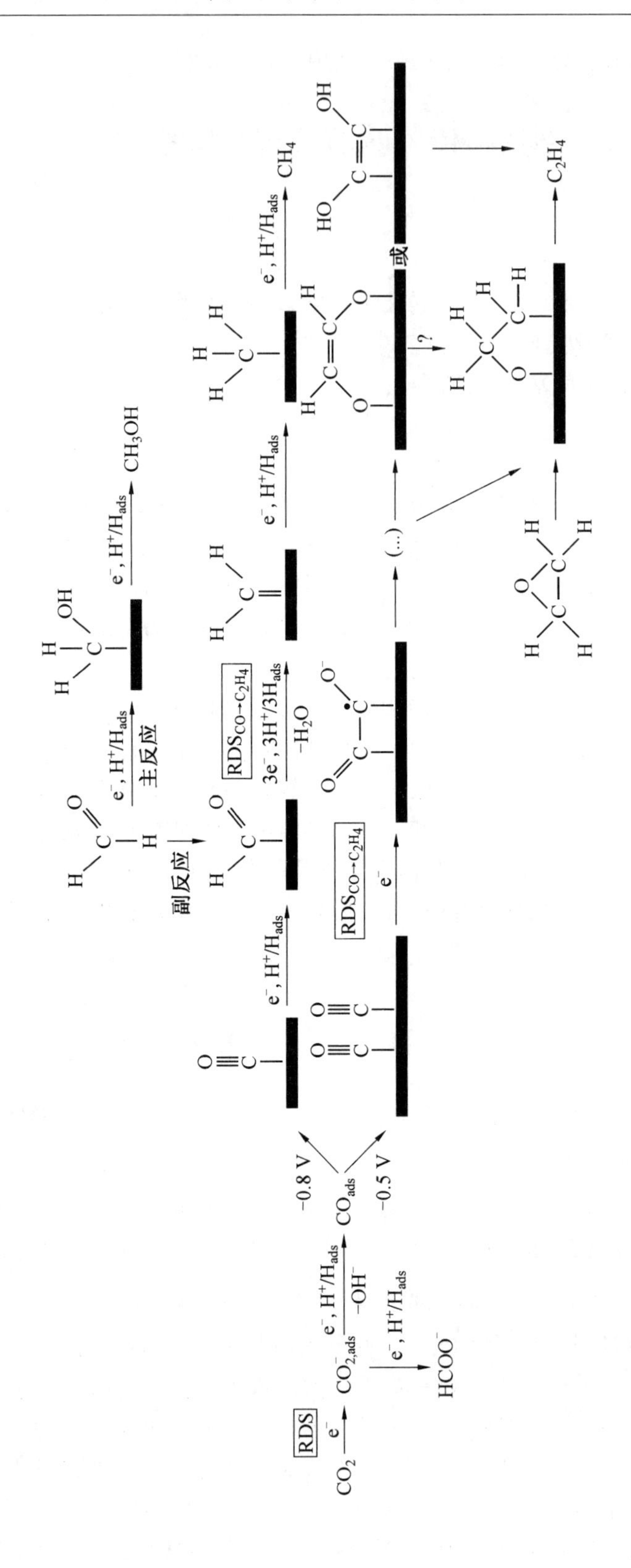

图 40.2　CO_2 还原产物 C_1、C_2 形成机理模型

现有的反应机理可知，CO_2选择性生成C_{2+}产物的主要挑战在于C—C键耦合，同时抑制CO释放以及C_1产物的生成。

光电化学反应是指光辐照半导体表面所产生的光生电子一空穴对被半导体/电解液界面的电场分离，随后与溶液中离子进行氧化还原反应。光电化学催化还原CO_2是光催化与电催化结合的一种反应途径，可分为两个电极分别发生合成碳基化合物反应和产氧反应，易于实现有效分离氧化、还原产物，可视为人工光合作用。

光电催化还原CO_2通常发生在双室电解池中，其结构如图40.3所示。与双室电催化还原CO_2系统类似，光电系统中至少有一个电极为半导体电极，以便将光能转化为电能输入系统。在光电还原CO_2系统中，光照激发下，半导体电极可以产生电子一空穴对。光阳极(通常为n型半导体)产生的空穴能够参与电解水反应，生成H^+和O_2。而光阴极(通常为p型半导体)产生的电子能够直接参与到CO_2还原反应中。

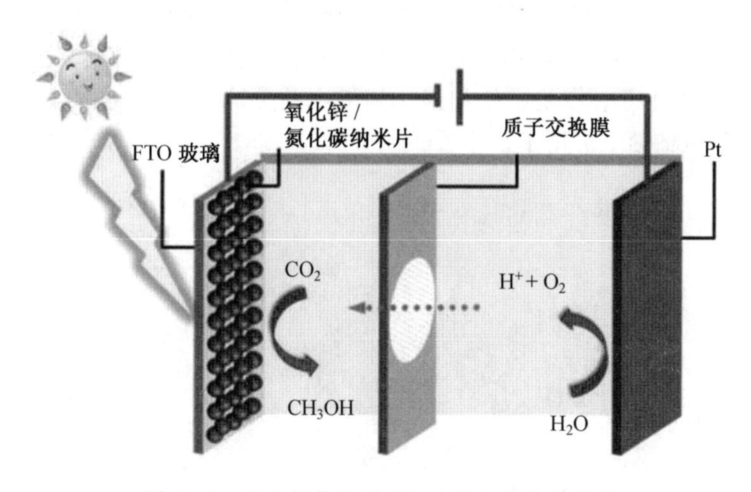

图40.3 光电催化还原CO_2电解池结构示意图

根据应用的电极类型不同，一般可以将光电还原CO_2系统分为以下两种。

(1)双光照还原CO_2系统：由n型半导体光阳极和p型半导体光阴极组成的CO_2还原系统。

(2)单光照还原CO_2系统：两极由光极和电极组成。根据电极分类不同，单光照还原CO_2系统分为两种，即电阳极结合p型半导体光阴极以及电阴极结合n型半导体光阳极。

在典型的双光照催化还原CO_2系统中，为提高电子一空穴对分离效率，必须选取导带较高的光阳极和价带较低的光阴极(图40.4)以便使阴阳极之间形成电势差。此系统直接将光能转化为电能作为CO_2还原的能量来源，不需要额外的能量补充，具有绿色可持续的特点。但是由于此类还原CO_2系统对于催化剂的要求高，系统构建成功概率较低，催化效果不佳，故不具有推广应用价值。

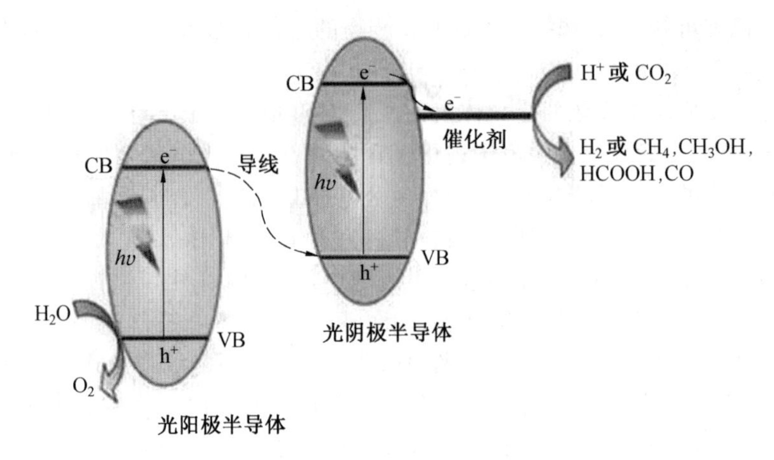

图 40.4 n 型半导体光阳极结合 p 型半导体光阴极双光照催化还原 CO_2 系统

因此在后续研究中，通常采用单光照系统光电结合催化还原 CO_2。光电还原 CO_2 系统可以通过两个电极间电势差或外加偏压辅助电荷分离，使很多热力学上不满足还原 CO_2 的材料在偏压辅助下可用于该体系(图 40.5)。

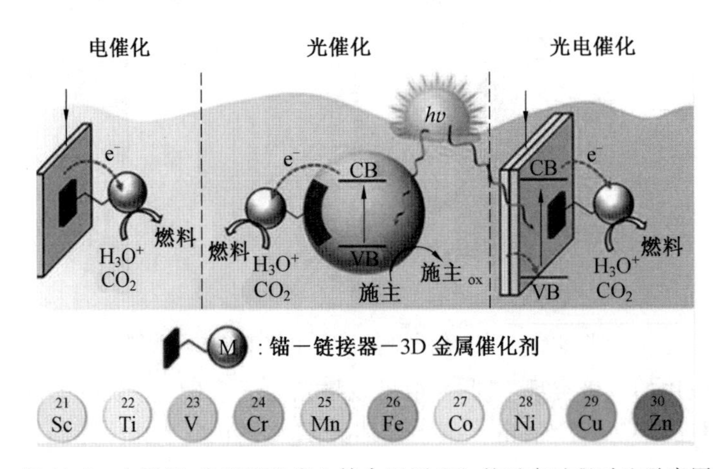

图 40.5 电还原、光还原和光电结合还原 CO_2 的反应过程对比示意图

在光电还原 CO_2 体系中，通过设计不同的光电催化剂，可调节产物体系组成，实现目的产物选择性的提高，抑制低能副产物的产生。多金属氧酸盐(POM)是一类由过渡前/过渡金属与氧原子配位形成的簇状化合物，由阳离子和多金属氧酸盐聚阴离子组成。迄今为止，POM 结构已经吸引了催化、磁性、医学等不同领域研究人员的兴趣，因为 POM 的成分和结构可以通过改变来实现化学性质的调节，包括氧化还原电位、酸度、溶解度和热稳定性。作为光电催化剂，POM 具有以下优点：①可调节的氧化还原能力和稳定性；②POM 的晶体结构使其在反应中的活性位点明确；③POM 的光吸收可以通过在 POM 中引入过渡金属(TM)来调节，这使它们成为各种催化反应中很有前途的催化剂。

三、实验试剂及仪器

(1)实验试剂及实验材料。

偏钒酸钠、钼酸钠、钨酸钠、硫酸、盐酸、四丁基溴化铵、二甲基亚砜、氘代重水、乙腈、磷酸二氢钠、氢氧化钠、乙醇、丙酮、铟。

(2)实验设备。

数字超声波清洗仪、电热鼓风干燥箱、数显恒温测速磁力搅拌器、数显调温搅拌电热套、pH 计、电化学工作站、电冰箱、玻碳电极、Pt 片电极夹、Ag/AgCl 电极、移液枪、铂电极、高效液相色谱仪、核磁共振波谱仪。

四、实验步骤

(1)$(n-Bu_4N)_3SVW_{11}O_{40}$的制备。

①$(n-Bu_4N)_4SV_2W_{10}O_{40}$的合成。

称取 12.2 g 偏钒酸钠溶解于盛有 100 mL 去离子水的烧杯中制成储备溶液，此储备溶液不用现用现配，可储备存用。然后向 100 mL 规格的水热釜内衬中加入 34 mL 去离子水，38 mL MeCN 以及 2 mL 浓 H_2SO_4，接着向体系中滴加 1.5 mL 储备溶液，并称取 1.236 9 g 钨酸钠($Na_2WO_4 \cdot H_2O$)，搅拌 2 h。之后将水热釜放入鼓风干燥箱中 70 ℃下反应 24 h，反应结束后冷却至室温，向水热釜中加入 0.75 g $(n-Bu_4N)Br$，搅拌 2 h，抽滤，用去离子水和乙醇清洗沉淀，并在室温下风干得到橙色粉末$(n-Bu_4N)_4SV_2W_{10}O_{40}$。

②$(n-Bu_4N)_3SVW_{11}O_{40}$的合成。

向 100 mL 规格水热釜内衬中加入 53 mL MeCN，15 mL 去离子水，7 mL 浓 HCl 以及 0.3 g$(n-Bu_4N)_4SV_2W_{10}O_{40}$，室温下搅拌 2 h，之后将水热釜放入鼓风干燥箱中 70 ℃下反应 24 h，反应结束后冷却至室温，向水热釜中加入 0.75 g $(n-Bu_4N)Br$，搅拌 2 h，抽滤，用去离子水和乙醇清洗沉淀，并在室温下风干得到黄色粉末$(n-Bu_4N)_3SVW_{11}O_{40}$。然后选择 MeCN 作为重结晶溶剂，进行三次重结晶进一步纯化得到多金属氧酸盐黄色晶体$(n-Bu_4N)_3SVW_{11}O_{40}$。

(2)光电还原 CO_2 反应。

本实验使用的反应装置为 H 型双室电解池，阴极和阳极之间用处理过的 Nafion 117 质子交换膜隔开。阴极为 2 mmol POM－乙腈(MeCN)溶液，阳极则为 0.1 mol 稀硫酸溶液，体积均为 30 mL。组装好电解池之后，将进气管插入电解池阴极，以10 mL/min的流速向电解池阴极持续通入 CO_2 气体 30 min 使其达到预饱和。电解体系采用传统的三电极体系，阴极为工作电极，即处理过的铟；辅助电极为光阳极，电解时用氙灯光源照射；参比电极为 Ag/Ag^+ 电极。准备工作完成后即可选定电解电位对 CO_2 进行恒电位电解，电解时间为 1 h。

铟电极在使用前需要进行预处理以除去电极表面的杂质恢复其催化活性，具体清洗方法为：将购买得到的铟电极材料裁剪制成规格为 1.5 cm×1 cm 的矩形，将其置于含有 15 mL 丙酮的小样品瓶中浸泡 30 min，然后依次再放入乙醇和去离子水中分别浸泡 30 min，最后取出用氮气吹扫干净备用。

质子交换膜的处理方法为:将质子交换膜依次用2% H_2O_2于80 ℃处理1 h,再于80 ℃去离子水中处理0.5 h,以及80 ℃ 5% H_2SO_4中处理1 h,最终去离子水煮沸30 min后,保存于去离子水中备用。

(3)产物分析。

①液相产物。

CO_2还原的液相产物采用液体核磁共振谱仪(^1H-NMR)检测。本实验采用瑞士Bruker公司生产的AVANCE 400型核磁共振谱仪,氘代溶剂选用D_2O,检测方式为内标法,内标物选择二甲基亚砜。使用Mestrenova软件对谱图进行积分定量分析。测试样品的准备方法为:量取电解后的阴极液2.5 mL于5 mL的离心管中,向其中加入180 μL的DMSO,随后将其置于超声清洗仪中20 min使其完全分散。随后取上述混合溶液250 μL于1.5 mL规格的小离心管中,加入一支D_2O试剂(550 mL),超时20 min使其完全分散后将其全部注入核磁管。

②气相产物。

电解过程中用集气袋收集阴极气相产物,反应结束后取样注入气相色谱仪进行定性定量分析。

五、实验数据记录与处理

(1)性能参数计算。

①法拉第效率。

法拉第效率计算公式见式(29.1)。

②电流密度。

电流密度计算公式见式(29.2)。

(2) $(n-Bu_4N)_3SVW_{11}O_{40}$的合成表征。

以制备得到的$(n-Bu_4N)_3SVW_{11}O_{40}$为研究对象,取2 mmol/L溶解于20 mL乙腈中,支持电解质为0.1 mol/L$(n-Bu_4N)PF_6$,进行CV测试,扫速为0.1 V/s,得到的CV曲线如图40.6所示。从图40.6可以清楚地观察到3组氧化还原峰,其中位于0.36 V(vs Ag/Ag^+)的氧化还原峰对应于$V^{V/IV}$的氧化还原步骤。在负电位区,位于−1.06 V(vs Ag/Ag^+)和−1.66 V(vs Ag/Ag^+)的氧化还原峰对则对应于该POM中W元素的一系列还原过程。

红外光谱(图40.7)表示制备的POM属于不饱和Keggin杂多阴离子,在821 cm^{-1}、895 cm^{-1}、987 cm^{-1}、1 184 cm^{-1}表现出四个特征吸收峰,此外,在1 481 cm^{-1}处出现吸收峰对应于C—N键的不对称伸缩振动,在2 961 cm^{-1}、2 873 cm^{-1}附近出现的峰分别属于$(n-Bu_4N)Br$分子中—CH_2—的反对称伸缩振动和对称伸缩振动,这证实了该POM的成功合成。另外,合成的POM结构稳定,反应前后其结构未发生明显改变。

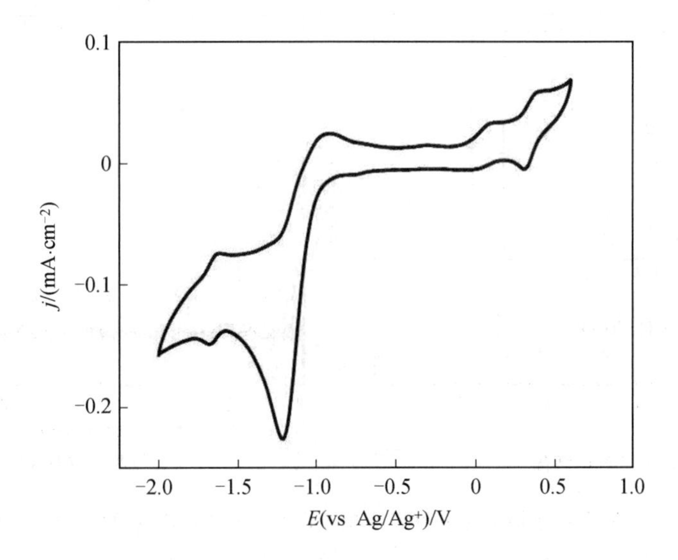

图 40.6 2 mmol/L (n—$Bu_4N)_3SVW_{11}O_{40}$ 在 MeCN(0.1 mol/L (n—$Bu_4N)PF_6$)中的 CV 曲线

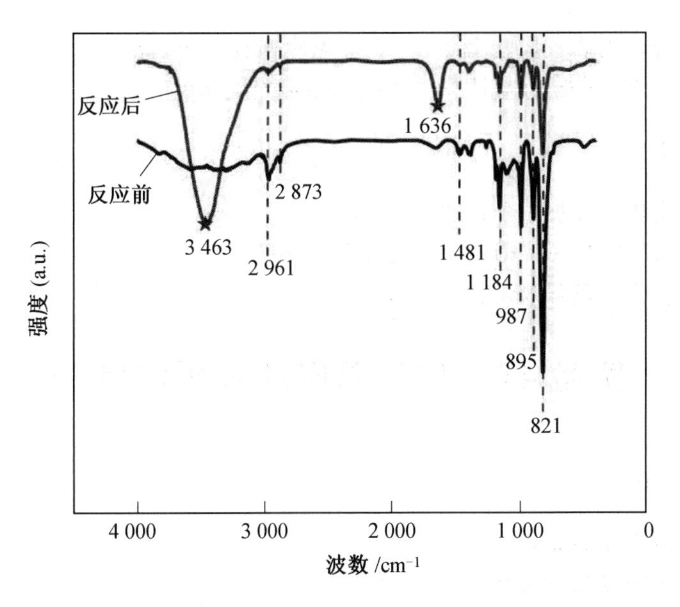

图 40.7 光电还原 CO_2 反应前后的阴极液红外光谱图

(3)光电还原 CO_2 产物分析。

光电还原 CO_2 产物通过液相核磁氢谱和气相色谱测试结果分析。如图 40.8(a)所示,乙醇的—CH_2—在 3.76 附近呈现四重峰,乙酸在 1.93 附近出现单峰。气相色谱表示该体系有 CO 产物生成,如图 40.8(b)所示,停留时间为 1.85 min 时出现 CO 的响应信号。

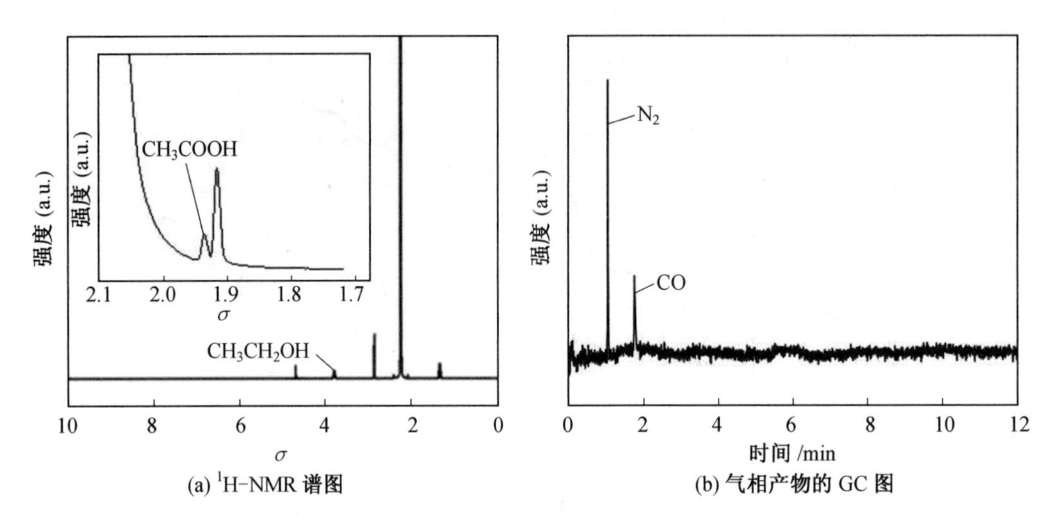

图 40.8　−0.5 V 电压下恒电位电解后液相产物的^{1}H−NMR 谱图与气相产物的 GC 图

六、注意事项

(1)人工光合作用装置搭建完毕后,应首先检查装置的气密性。

(2)CO_2还原产物的分析与计算应多次测量取平均值。

七、思考题

(1)如何确定体系外加电压的电压范围?

(2)CO_2还原产物的法拉第效率应遵循什么原则?

(3)人工光合作用较常规电催化还原 CO_2反应相比有何优点?

实验 41　耐高温电池隔膜的制备

一、实验目的

(1)了解电池工作的原理。

(2)掌握电池隔膜制备方法。

(3)掌握电池隔膜评价方法。

二、实验原理

电池作为一种储能系统已有两百多年的发展历史,从最开始不可充电的一次电池(如锌锰电池、锌碳电池)到可充电的二次电池(如铅酸电池、镍铬电池、镍氢电池),再到 20 世纪发展的锂离子电池。其中,锂电池作为一种新型的储能系统具有以下优点:①工作电压高。工作电压指电池在有负载时正负之间输出的电压。锂离子电池的工作电压可达 3.6 V,是镍铬电池、镍氢电池工作电压(1.3 V)的 2.7 倍。②循环寿命长。循环寿命是指电池在一定的电流或电压下,容量下降至规定值 80%循环的圈数。磷酸铁锂动力汽车在100%深度放电的条件下，可循环2 000～5 000周期，远高于铅酸电池、镍铬电池、镍氢电池等的循环寿命(300～600周期)。③能量密度高。能量密度是指电池单位质量或体积所输出的能量，分别称为质量能量密度(W·h/kg)和体积能量密度(W·h/L)，锂离子电池具有较高的质量能量密度和体积能量密度，分别可达250 W·h/kg和270 W·h/L。基于锂离子电池具有的这些优点，自20世纪70年代以来锂离子电池得到了快速的发展。在1991年，SONY公司成功实现了锂离子电池的商业化。自此，锂离子电池得到了迅速的发展，广泛应用于便携式电子设备(手机、计算机、相机)、动力汽车、储能电网中。2019年，诺贝尔化学奖被颁发给三位推动锂电池发展的科学家(John B. Goodenough、Stanley Whittingham和Akira Yoshino)，他们推动了锂电池的快速发展和应用。如今已发展应用的锂离子电池根据使用的正极材料不同可分为不同的种类，如常用的磷酸铁锂电池、钴酸锂电池和三元电池等，它们根据自身的特点分别应用于不同的领域，但电池的基本结构和工作原理几乎一样。

锂离子电池的结构主要由正极、负极、隔膜、电解液四部分组成，如图41.1所示。除了这些主要组成部分，还包括集流体、极耳、外壳等附属结构。锂离子电池中每一个结构都必不可少，它们共同决定着锂离子电池的能量密度、循环性、稳定性、安全性等性能。

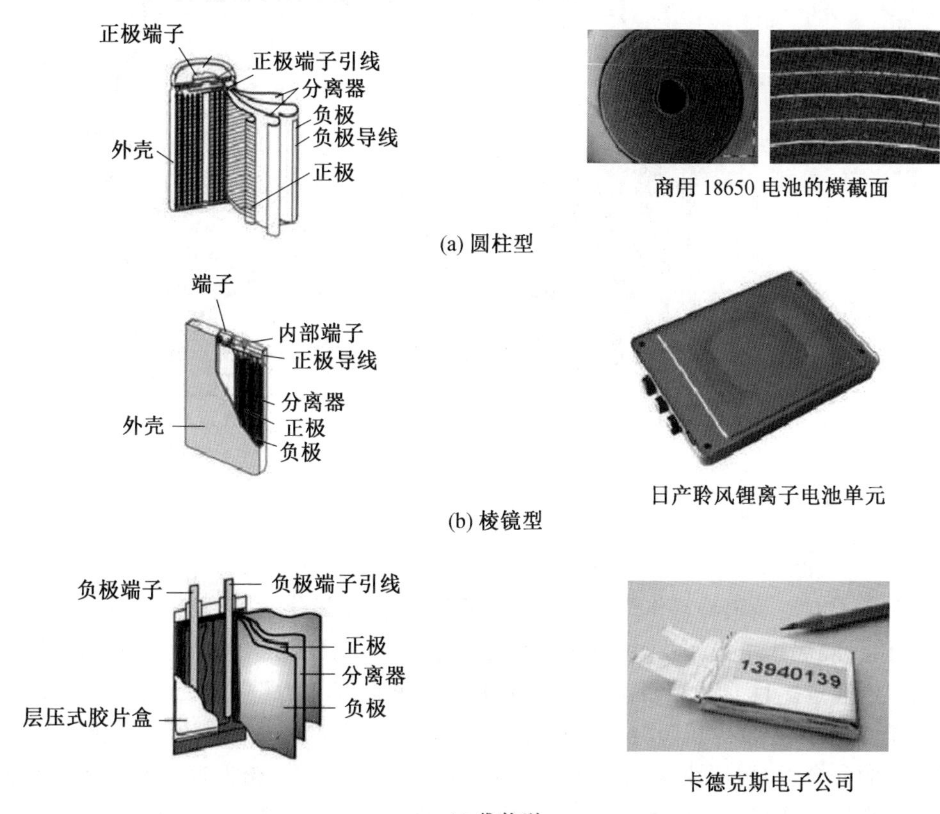

图41.1　锂离子电池基本结构

锂离子电池又被称为“摇椅电池”，它的工作原理即电池的充放电反应。图41.2所示为锂离子电池工作原理,可以发现在锂离子电池充电过程中,锂离子通过氧化反应从正极材料中嵌出,经过液态电解质的传输,通过还原反应嵌入到负极材料中,锂离子嵌入到负极材料中越多,电池的充电容量越高。同理,在锂离子电池放电过程中,锂离子通过氧化反应从负极材料中脱嵌,经过液态电解质传输,通过还原反应又嵌入到正极材料,锂离子嵌入到正极材料中越多,放电容量越高。在电池同一充放电过程中,电池的放电容量与电池的充电容量之比称为电池的库仑效率。锂离子电池的库仑效率越高,说明锂电池发生的副反应越少,电池性能越好。电池的充放电化学反应方程式如下所示,其中负极材料为石墨化的碳材料,正极材料为层状的富锂化合物 $LiMO_x$(M=Co、Ni、Mn 等):

正极反应：
$$LiMO_x \underset{放电}{\overset{充电}{\rightleftharpoons}} Li_{1-y}MO_x + yLi^+ + ye^- \tag{41.1}$$

负极反应：
$$nC + yLi^+ + ye^- \underset{放电}{\overset{充电}{\rightleftharpoons}} Li_yC_n \tag{41.2}$$

电池总反应：
$$LiMO_x + nC \underset{放电}{\overset{充电}{\rightleftharpoons}} Li_{1-y}MO_x + Li_yC_n \tag{41.3}$$

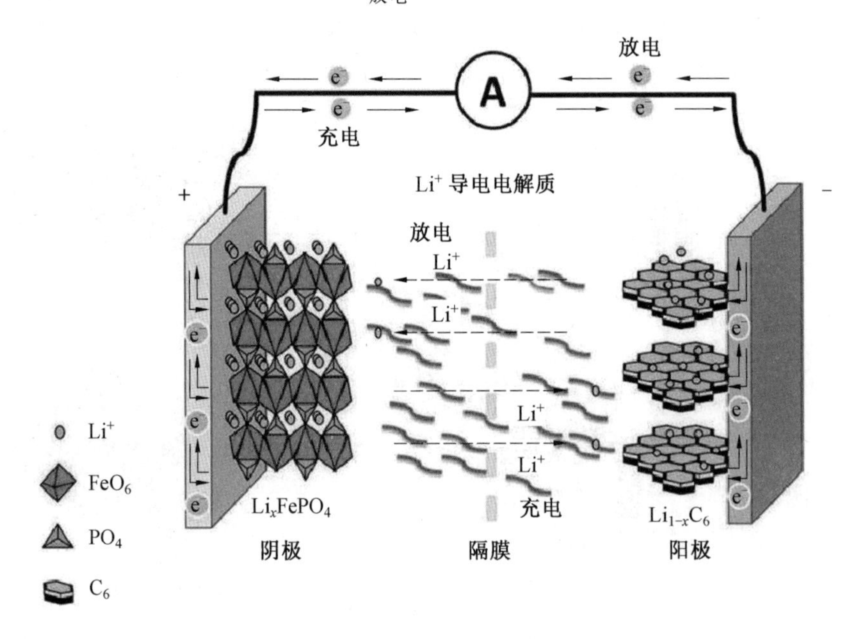

图 41.2　锂离子电池工作原理

锂离子电池隔膜材料作为电池体系中重要的组成部分之一,在锂离子电池中的主要作用有:①隔离正负极,防止正负极接触导致电池短路;②储存电解液,能够让锂离子在正负极自由通过。目前,根据隔膜的制备和用途可将隔膜分为微孔膜、织造膜、无纺布膜、复合隔膜、隔膜纸以及碾压膜等。隔膜材料虽然不直接参与电池中发生的氧化还原反应,但对电池的安全性、循环性、稳定性具有重要意义。一般来说,较为理想的锂离子电池隔膜应当满足以下几点性能要求:①厚度适中。隔膜的厚度对电池的安全性、内阻和容量有着较大的影响,目前所使用的隔膜厚度为 20～50 μm。在同一电池体系中,隔膜厚度越大,锂离子迁移的距离越大,电池内阻越大,导致电池容量下降。较厚的隔膜抗刺穿能力较高,可在一定程度上提高电池的安全性,适用于对安全性要求高的动力电池。另外,隔膜厚度也不能太薄，较薄隔膜抗刺穿能力较差，锂枝晶容易刺破隔膜导致电池发生短路。较薄的隔膜有利于电池容量的提升，适用于高能量密度的电池。②电化学稳定窗口宽。材料能够在某一施加电压区间稳定存在，此电压区间称为电化学稳定窗口。这要求隔膜材料在电化学上具有良好的化学稳定性、热稳定性，在高温下不会发生收缩变形。③机械强度高。隔膜应具有较高的机械强度，以保证电池装配过程中不会发生短路。④孔隙率高。孔隙率是指隔膜中孔隙的体积与隔膜的体积之比。孔隙率越高，说明隔膜中孔隙越多或孔径越大，有利于电解液的存储，进而提高离子电导率。但高孔隙率会引起隔膜材料机械强度的下降，目前商用聚烯烃类隔膜的孔隙率在 30%～50%之间。⑤吸液率高。吸液率是指隔膜吸收电解液的质量与隔膜的质量之比。这就要求隔膜具有较高的孔隙率以及对电解液具有良好的浸润性，以提高隔膜的吸液率。

微孔聚烯烃类隔膜由于具有优异的机械性能、耐腐蚀、价格便宜、原料易得等优点，是目前使用最多、最广泛的一类隔膜材料。聚烯烃隔膜材料包括聚丙烯(PP)隔膜、聚乙烯隔膜(PE)以及 PP 和 PE 组成的两层或多层隔膜。目前，微孔聚烯烃类隔膜的制备方法主要为干法制膜和湿法制膜。干法制膜的主要步骤和原理为：第一步，将高度结晶的聚烯烃类树脂加热融化，随后通过熔融挤压的方法将材料压制成前驱体膜，此步骤下制备出的薄膜具有晶体结构，且晶体片层有序排列。该结晶堆叠的薄片对于微孔的形成十分重要，在下次拉伸过程中“打开”成孔。第二步，将第一步制备的前驱体薄膜进行高温退火处理，其目的是进一步改善薄膜的晶体结构，以便在后续的拉伸步骤中促进薄膜微孔的形成。第三步，将高温退火处理的薄膜在低温高应变速率下进行冷拉，以便快速形成薄膜孔隙结构。随后，在较高温度低应变速率下进行热拉伸，以便增大薄膜的孔隙结构。干法制膜的过程中不需要溶剂，制备方法简单且成本较低，但隔膜的孔隙率较低，比较适用于高能量密度电池的使用。

湿法制膜的原理和步骤主要为：首先，将聚合物树脂、抗氧化剂、石蜡油和其他添加剂混合并加热，形成均一的溶液。随后，将上述混合溶液通过模具挤压成型的方法，形成凝胶状的薄膜。最后，用挥发性溶剂(二氯甲烷、四氢呋喃)萃取薄膜中的石蜡油等添加剂，而后在石蜡油和添加剂的位置上形成孔洞结构。通过湿法制备出的隔膜孔隙率较高，孔径分布均匀，适合长循环电池的使用。但是，湿法制膜在制备过程中需要大量的有毒化学溶剂，制备方法复杂。

商业聚烯烃类隔膜由于综合性能优异得到了广泛的应用，但非极性的聚烯烃材料与极性电解液相容性较差，不利于电池性能的提高。当隔膜对电解液的浸润性较差时，隔膜内部的孔隙不能充分吸收电解液，无法为锂离子迁移提供有效路径，会造成电池内阻增大，进而造成电池电化学性能下降。另外，聚烯烃类隔膜的安全性问题也不可忽视。聚烯烃类隔膜的熔点较低，其中 PP 隔膜的熔点约为 165 ℃，而 PE 隔膜的熔点仅为 135 ℃。低熔点的聚烯烃类隔膜在较高温度下，隔膜的形状和尺寸会发生严重的变形和收缩。热稳定性差的聚烯烃类隔膜会严重影响电池的耐高温性和安全性。电池在长时间的充放电或极端的条件下运行会产生大量的热量，让电池内部温度快速升高，使聚烯烃隔膜发生收缩变形，导致电池正负极接触发生短路，严重时可引起火灾甚至爆炸等事故。特别是在动力汽车进行大倍率运行时，电池的发热情况更加严重，在短时间内电池温度可达 100 ℃

以上，更加容易使隔膜收缩，引发安全性事故。因此，发展高安全性、耐高温隔膜对于制备高性能锂离子电池具有重要意义。

聚离子液体(PIL)是由离子液体单体聚合的一类聚合物电解质。PIL 不仅具有离子液体不易燃、热稳定性好、能够传输离子等优点，还具有良好的加工性和成型性。另外，PIL 与电解液具有良好的相容性，有望制备高性能、高安全性锂离子电池隔膜。然而，PIL 的离子电导率受其玻璃化转变温度(T_g)影响较大。一般来说，PIL 的 T_g越低，其离子电导率越高，但机械强度较差不能成膜。P(VDF－HFP)具有良好的机械性能、高介电常数、电化学稳定性和良好的热稳定性，有望制备高性能锂电池隔膜。然而，由于 P(VDF－HFP)高的结晶性不利于锂离子的传输，故离子电导率较低。因此，将 PIL 和 P(VDF－HFP)结合起来，有望制备出同时具有高离子电导率、高安全性耐高温复合隔膜。在本实验中，合成了一种新型聚离子液体：聚(1,2－二乙氧基咪唑)双三氟甲烷磺酰亚胺(PDEIm)，随后将 PDEIm 和 P(VDF－HFP)通过相分离方法制备出 PDEIm/P(VDF－HFP)复合隔膜，随后将该复合隔膜浸泡电解液可得到凝胶聚合物电解质(GPE)。PDEIm 和 P(VDF－HFP)之间的离子偶极作用力，使复合隔膜具有优异的机械性能以及良好的热稳定性。另外，PDEIm/P(VDF－HFP)复合隔膜具有较高的电解液吸液率(187.2%)，使制备出的 GPE 具有优异的室温离子电导率(1.78×10^{-3} S/cm)。重要的是，PIL 不易燃的特性赋予 GPE 良好的阻燃性。用该 GPE 组装成的 Li/$LiFePO_4$ 电池在 12 C 倍率下的放电比容量为 99.2 mAh/g，在 1 C 和 4 C 的倍率下循环 200 周期后的放电比容量分别为 138.4 mAh/g 和 125.4 mAh/g。这些性能都优于用商业化 Celgard 2325 隔膜充满电解液组装而成的 Li/$LiFePO_4$电池。综上所述，通过简单的方法制备的高性能、耐高温复合隔膜在高安全性锂电池中具有较好的应用前景。

三、实验试剂及仪器

(1) 实验试剂及材料。

1,2－二(2－氨基乙氧基)乙烷(99%)、双(三氟甲烷)亚胺锂盐(LiTFSI, 99.95%)、聚偏氟乙烯(PVDF)、乙二醛溶液(40%)，N－甲基吡咯烷酮(NMP)和甲醛溶液(35%)、聚偏氟乙烯－六氟丙烯(Kynar Flex 2801)、乙酸(99.5%)、丙酮(98%)、液态电解液(1 mol/L $LiPF_6$ 溶解于 V(EC)∶V(DMC)＝1∶1 的溶液中)、磷酸铁锂($LiFePO_4$)、导电炭黑(Super P)、锂箔；

(2)实验设备。

万能材料实验机(Instron 5944, 2 kN)、蓝电测试系统、真空干燥箱、手套箱、电化学工作站。

四、实验步骤

(1)聚(1,2－二乙氧基咪唑)双三氟甲烷磺酰亚胺(PDEIm)的合成。

在冰浴条件下，向 100 mL 的圆底烧瓶中依次加入 1,2－二(2－氨基乙氧基)乙烷(4.85 g,3.3 mmol)、醋酸(4 mL)、乙二醛溶液(4.85 mL)、甲醛溶液(2.5 mL)和去离子水(10 mL)，然后在 100 ℃反应 2.5 h 得到粗产物。将粗产物用丙酮(200 mL)进行沉淀，过滤收集得到产物。将制备出的褐色产物在真空烘箱中 60 ℃干燥 24 h，得到产物 PDEImAcO。PDEIm 是由 PDEImAcO 通过阴离子交换反应制备而得。将 PDEImAcO 的水溶液(10 mg/mL)滴加到 LiTFSI 的水溶液中(0.1 mol/L)，室温下搅拌 36 h。产物用去离子水彻底洗净，然后在真空中 80 ℃干燥 24 h。

(2)PDEIm/P(VDF－HFP)复合隔膜的制备。

将 PDEIm 和 P(VDF－HFP)溶于丙酮与水的混合溶液中，其中聚合物、丙酮和水的质量比为 1∶8∶1；将上述制备的聚合物溶液均匀地浇铸在玻璃培养皿上，随后室温下蒸发溶剂 1 h，接下来在真空条件下 60 ℃干燥 24 h，最终得到多孔聚合物复合隔膜。

(3)PDEIm/P(VDF－HFP) GPE 的制备。

将上述制备的 PDEIm/P(VDF－HFP)复合隔膜转移到充满氩气的手套箱中，然后将隔膜浸泡在液体电解液中 10 min。同样的条件下，多孔 P (VDF－HFP)隔膜和 Celgard 2325 隔膜也浸泡在液体电解液中 10 min。在电池组装之前，隔膜上多余的电解液通过滤纸轻压除去。

(4)锂离子电池的组装。

将 $LiFePO_4$ 粉末、Super P 和 PVDF 以 8∶1∶1 的质量比分散在 NMP 溶液中，然后将上述分散液均匀地涂覆在铝箔上制备出锂离子电池正极。然后，将获得的电极在真空烘箱中 100 ℃下干燥 12 h，干燥完成后将其裁剪为直径 12 mm 的圆片。在每一个圆片中 $LiFePO_4$ 的含量约为 1.3 mg/cm^2。在 Li/$LiFePO_4$ 扣式电池中，金属锂用作负极，制备的 GPE 被夹在 $LiFePO_4$ 正极和金属锂负极之间，然后组装为 CR2032 扣式电池进行测试。在 Li/Li 对称扣式电池中，GPE 被夹在金属锂负极之间，然后组装为 CR2032 扣式电池进行测试。上述锂离子电池组装过程在手套箱中进行。

五、实验数据记录与处理

(1)结晶度。

P(VDF－HFP)隔膜和 PDEIm/P(VDF－HFP)复合隔膜的结晶度计算如下：

$$X_c = \Delta H_m / \Delta H_m^0 \tag{41.4}$$

式中 ΔH_m—— P(VDF－HFP)隔膜和 PDEIm/P(VDF－HFP)复合隔膜的熔融焓；

ΔH_m^0—— P(VDF－HFP)完全结晶下的熔融焓，其数值固定为 104.5 J/g。

(2)孔隙率。

隔膜的孔隙率测试方法如下。首先将隔膜浸泡在正丁醇中 1 h，然后用滤纸擦拭样品表面多余的正丁醇。接下来对浸泡正丁醇的隔膜立即称重。隔膜的孔隙率计算公式如下：

$$\text{Porosity} = (\Delta m/\rho)/V_0 \times 100\% \tag{41.5}$$

式中 Δm——隔膜浸泡正丁醇前后的质量差值；

ρ——正丁醇的密度；

V_0——隔膜浸泡正丁醇前的几何体积。

另外，该公式的使用前提为正丁醇占据的体积等于隔膜的多孔体积。

(3)吸液率。

PDEIm/P(VDF－HFP)复合隔膜和 Celgard 2325 隔膜对电解液的吸液率计算公式如下：

$$\text{Electrolyte uptake}=(M-M_0)/M_0\times 100\% \tag{41.6}$$

式中　M——隔膜吸收电解液后的质量；

M_0——隔膜的原始质量。

(4)热收缩率。

隔膜的热收缩率计算公式如下：

$$\text{Thermal shrinkage}=(S_0-S)/S_0\times 100\% \tag{41.7}$$

式中　S_0——隔膜的原始面积；

S——隔膜在热台上不同温度处理 30 min 后的面积。

(5)电导率。

先通过 PARSTAT MC 1000 多通道电化学工作站测量出电阻，其测试范围为 1 MHz～100 mHz。然后通过下述公式计算得到不同温度下的离子电导率：

$$\sigma=L/(R_b\times A_s) \tag{41.8}$$

式中　R_b——实体电阻；

L——隔膜的厚度；

A_s——隔膜的面积。

(6)迁移数。

锂离子迁移数通过计时电流法和电化学阻抗谱图获得，其施加的电压为 10 mV，然后通过下述公式计算而得：

$$t_{Li^+}=\frac{I_{ss}(\Delta V-I_0R_0)}{I_0(\Delta V-I_{ss}R_{ss})} \tag{41.9}$$

式中　I_0 和 I_{ss}——初始电流和稳态电流；

ΔV——施加电压(10 mV)；

R_0 和 R_{ss}——电池的初始电阻和稳态电阻。

(7)拉伸强度与断裂伸长率。

拉伸强度与断裂伸长率通过拉伸实验机直接测出。

六、思考题

1. 锂离子电池隔膜结晶度与电池性能之间的关系如何？

2. 与 P(VDF－HFP)隔膜相比，PDEIm－40%/P(VDF－HFP)复合隔膜的拉伸强度和韧性显著提高，请分析具体原因。

实验 42　热电池正极薄膜的制备及电池组装测试

一、实验目的

(1)了解热电池工作的原理。

(2)掌握热电池结构。

(3)掌握热电池分类与评价方法。

二、实验原理

热电池是使用无机盐作为电解质,借助内部引火源使电池组达到工作温度的一次电池。热电池具有持续时间长、可快速激活、结构紧固、比能量比功率高、维护成本低等优点。

热电池应用领域非常广泛,在军事领域主要用于导弹的动力源和军械装置中的接近引信,是火箭、核武器、大炮等现代武器能源的理想材料;在航天领域热电池可以为飞行数年的关键电子设备提供动力,大型热电池也被用作关键设备的应急备用电源。热电池通常是密封的,可以在很广的储存温度范围内(通常为－55～＋75 ℃)保持 25 年或更长时间。随着科学技术的不断发展,不同技术领域对热电池的需求也不断增加,热电池逐渐应用在民用工业中,进一步推动了热电池事业的发展。随着应用领域的扩大,热电池作为电源也逐渐向小型化、微型化转变,这就要求热电池在保持良好性能的同时更小更薄,因此对热电池薄膜电极材料的研究越来越重要。

热电池主要有两种结构,即杯型和芯片型。在杯型或热电池的芯片型结构中,多个单电池相结合,与集电体和被加热的铁粉形成堆叠物,其被放置在一个特定的顺序下。电池盒与绝缘材料连接所述激活系统并与电池盖连接,最后通过闭合过程处理,得到一个完整的热电池。图 42.1 显示了热电池单体电池的基本结构。

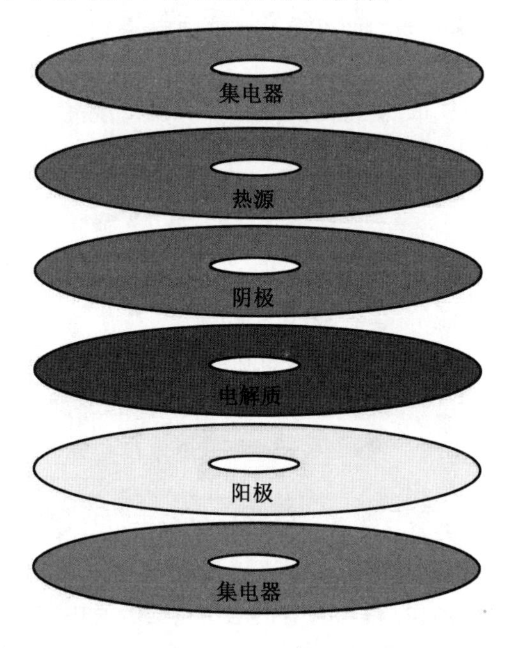

图 42.1 热电池单体电池的基本结构

相比于杯型结构热电池,在比能量和比功率上,片型结构热电池也有很大优势,具有很高的比能量、比功率。但片型结构热电池也存在很多缺点,片型结构热电池压片制作过程复杂，制备过程中对环境条件要求高。片型结构热电池的单体电池由加热片、正极集电极、DEB片、负极片、负极集电极组成。主要组分是加热片、DEB、负极三部分，其中DEB片是片型热电池的核心(D代表去极剂，即正极材料；E代表电解质；B代表黏结剂)，DEB片主要包括正极片和电解质片，它是由去极剂(正极活性物质)、电解质和黏结剂按一定比例混合压制而成的。新型片式结构热电池的出现到完全取代杯式结构热电池，是热电池技术领域的一个伟大突破。

热电池的核心部分是堆栈。它的主要结构有基板、负极片、电解质片(或电解质膜)、正极片、集电片和加热片材。在电池的组装过程，必须安装紧固架装置用来固定电池内壳中的单体电池，电池壳内安装多个单体电池，单体电池之间使用一定压力来增加单体电池的紧密度，这样增大了单体电池间的接触面积，增大了电池的放电性能。在工作环境苛刻的条件下，热电池仍然可以正常放电并表现出良好的电化学性能。

热电池的激活系统(点火系统)最初采用机械方式完成，通过外加作用力撞击火帽的方式引燃加热纸来激活热电池，或者是通过加热纸间接引燃加热铁粉的方式来激活。目前，点火方式大多数是通过外加电源产生瞬间电流，以电流激起电点火头的方式来点火，电点火头具有体积小、热值高，敏感程度高、点火速度快等优点，但需要外加电源来提供电流使桥丝熔断。而火帽激活不需要外加电源，只是通过简单的机械撞击方式激活，撞击过程中将热电池产生的重力或者旋转力产生的重力势能转化为动能，撞击火帽，让火帽发出的热量点燃加热系统。但是机械点火对比电点火头存在装置体积大、内部结构复杂、精密程度高等缺点，在当下这个小型化电池的趋势中没有任何优势。

加热纸和加热铁粉作为主要的两部分构成了加热系统。加热纸是在Zr粉、$BaCrO_4$中加入一定比例的无机纤维，混合后按照造纸工艺制备而成。加热纸的制备工艺现在已经非常成熟，生产过程操作简单，制备的加热纸点火灵敏度高、燃速快。加热铁粉是由活性铁粉和$KClO_4$按照一定比例混合再通过固相研磨混合而得，此加热粉具有工艺操作简单、点燃速度极快、机械强度好等优点，相对于加热纸，加热粉最突出的优点是燃烧后物体形状不会发生改变，燃烧后剩余残留物依然有导电作用，燃烧产生的废气体少，无论在燃烧前还是燃烧后加热粉的化学性质都非常稳定。加热粉生产工艺简单，可以进行大规模批量生产。

电解质和黏结剂作为主要物质构成电解质片(电解质隔膜)，热电池处于未激活状态时，电解质呈固态，不会发生任何反应，这样可以储存很长时间；当热电池被激活后，热电池中的固态电解质在高温作用下瞬间变成熔融状态进行离子导电。熔融态的电解质很容易流动，电解质流动会使电池内部短路，为了防止这种现象，采用在电解质中加入黏结剂的方法来抑制电解质流动，并且还会影响热电池的稳定性。集流体通常采用片状金属结构，工业上通常使用镍片，这样不仅可以收集电极的电流，还可以隔离电池加热片的负电极，对电极起到了隔热保护的作用，从而防止由铁粉产生的热量导致负电极被加热的现象发生。目前，镍片集流体被广泛使用到热电池中，提高了热电池的稳定性。

绝热保温系统主要分电池壳周围的保温和电堆的上下两端的保温两部分。电池壳周围的保温通常使用特殊材料，电堆的上下两端的绝热保温通常使用无尘石棉片和云母片作为保温材料。在激活热电池之后，电池内部温度迅速升高，在加热电源以及电池内部化学反应的作用下温度可高达 500 ℃以上，高温产生的热量会通过保温层和不锈钢壳体散出，热电池被激活后表面温度迅速升高，在很短的时间内电池表面温度高达 300 ℃，高温产生的热量会对周围的附属设备及结构造成危害，非耐温部件容易被烧毁。因此，优化热电池的绝热保温系统不仅可以保证设备的安全，还可以延长热电池的使用寿命。目前，国内广泛使用的保温材料有云母、石棉和陶瓷纤维，它们均具有良好的绝缘性能和较高的热导率。国外在热电池用隔热保温材料方面的研究主要体现在多孔隔热材料和真空一多层复合隔热材料上。

电池壳体主要是由不锈钢材料制成，在不锈钢壳体的内壁上安装有隔热绝缘材料。电池壳外一般带接线柱，这种电池的电池盖是不锈钢材料做成的圆片，在接线柱与电池头之间使用绝缘材料连接。这种材料通过玻璃柱烧结工艺制成，接线柱用于导出电流，然后将电池通过收口工艺封口，电池头和电池壳体使用氩弧焊焊接在一起。这样使电池处于密封状态，防止电池壳内进入空气中的水分。

热电池的分类见表 42.1。

表 42.1　热电池的分类

分类	化学式	主要成分	负极材料	正极材料
镁系热电池	Mg	镁	锂硅合金	三氧化钨、五氧化二钒、重铬酸钾
钙系热电池	Ca	钙	锂铝合金	硫酸铅、铬酸钙、铬酸钾、五氧化二钒
锂系热电池	Li	锂	锂硼合金	二硫化亚铁

三、实验试剂及仪器

(1)实验试剂及材料。

FeS_2、锂硅合金粉(Li－Si)、三元电解质(LiCl－KCl－LiBr)、硅酸 ($SiO_2 \cdot nH_2O$)、硅酸钠、氨水、镍片、氧化镁、手套箱保护气体、氢氩混合气。

(2)实验设备。

真空手套箱、真空干燥箱、LAND 电池测试系统、真空管式高温烧结炉、电子分析天平、压片机、手动纽扣电池切片机、刮膜机、全自动微机差热仪。

四、实验步骤

(1)正极薄膜的制备。

使用 $NH_3 \cdot H_2O$ 溶液将 FeS_2 水溶液的 pH 调节至 11 左右，由于 FeS_2 酸性表面的中和反应缓慢，因此在约 16 h 的时间内依次调节 pH。调好 pH 后，将硅酸盐黏结剂加入到 FeS_2 水溶液中加热至 60 ℃搅拌，将 FeS_2 水溶液搅拌至黏稠状浆料。

使用刮刀机以恒定的厚度(50 μm)将配制的浆料均匀涂覆在 50 μm 厚的镍片上。将涂覆好的正极先在室温下风干约 4 h，然后在氩气保护气中依次在 125 ℃、190 ℃、250 ℃下加热 30 min，这样可以促进黏结剂更好地脱水。将干燥后的正极薄膜切割成直径为 20 mm的圆形片。

(2)单体电池的组装及测试。

电解质材料和电极材料在空气中容易潮解或氧化，为了防止这种现象的发生，实验前将所用的电池材料全部存放在手套箱中。

本实验所有电极材料的配置以及单体电池的组装均在手套箱中进行，正极材料为使用刮刀涂覆工艺制备的 FeS_2 正极薄膜，电解质材料为 LiCl－LiBr－KBr 电解质粉末，负极材料为锂硅合金粉末，电极材料和电解质材料在放入手套箱之前在真空干燥箱中 180 ℃真空烘 3 h 以上，以除去其中的水分。电解质材料采用粉末压片工艺制备，由于单纯的电解质粉末在压片过程中很难成行，为了解决这一问题，在电解质材料中加一定比例的氧化镁黏合剂，混合均匀配成电解质材料。电解质中黏合剂含量不能过高也不能过低，黏合剂含量过高会导致电池内阻增加，而黏合剂含量过低则会导致电解质在压片的过程中压片不能成型，电解质材料中氧化镁的比例为 40%。负极材料同样采用粉末压片工艺制备，将 LiSi 合金粉与经过真空干燥后的 KCl 按一定比例混合均匀得到负极材料。将正极薄膜、电解质粉末依次平铺在直径为 21 mm 的电池壳内，使用液压机施加 14 MPa 的压强在电池壳内压好。使用液压机施加 10 MPa 的压强将负极粉末在直径为 10 mm 的电池壳内压好。将单体电池放入模具中封装好，然后放入已经加热到测试温度的管式炉中，炉中提前通入氩气作为保护气，安装完成后引出导线并接入 CT2001A 型电池测试系统上对单体电池的电化学性能进行测试。

(3)热电池样机的组装及测试。

在相对湿度小于 2%的干燥房中进行热电池样机的组装。正极薄膜、电解质粉末和负极粉末分别压片叠加后压在白环中，单体电池两侧使用直径为 22 mm 的镍片作为集流体。单体电池叠放顺序：集流镍片－负极片－电解质片－正极薄膜－集流镍片。叠加后使用液压机组装成单体电池(直径为 22 mm、有效工作面积为 3.80 cm^2)，10 个单体为一组，串联在一起组装成电堆。将电堆、加热片、保温材料、引燃片、电激活装置组装在不锈钢电池壳内，最后通过特殊技术进行封口。

五、实验数据记录与处理

单体电池采用 LAND－CT2001A 电池测试系统进行放电测试。测试温度为420 ℃、500 ℃、550 ℃。放电电流条件如下。

(1)100 mA/cm^2 恒流放电。

将单体热电池在 100 mA/cm^2 和对应的温度下进行恒流放电，截止电压为 0 V。

(2)脉冲放电。

将单体热电池在规定的温度和 100 mA/cm^2 条件下进行恒流放电，放电过程中每隔 10 s 施加一次脉冲电流，脉冲强度为 300 mA/cm^2，脉冲宽度为 1 s，截止电压为 0 V。根据施加脉冲电流前后单体热电池电压和电流的变化，可以计算出该单体在每次脉冲放电时的内阻以及平均内阻，即

$$R=-(U_1-U_2)/(I_1-I_2) \tag{42.1}$$

$$r=\frac{R_1+R_2+R_3+\cdots+R_n}{n} \tag{42.2}$$

式中　R——单次脉冲放电时的单体内阻，Ω；

r——单体电池平均内阻，Ω；

U_1——脉冲前瞬间单体电压，V；

U_2——脉冲后瞬间单体电压，V；

I_1——脉冲前瞬间工作电流，A；

I_2——脉冲后瞬间工作电流，A。

六、思考题

1. 影响热电池效率的因素有哪些？
2. 热电池批量生产过程中，无法提供真空环境，这对热电池会造成哪些影响？

第三部分　化工应用

化学产品、器件的化工应用，是知识从实验室走向工厂、最终造福人类社会的最后步骤，也是对化学产品、器件的终极检验。本部分内容针对高等院校、科研院所侧重实验室理论研究，在化工应用方面相对薄弱的状况，结合化工厂常见工艺流程、设备组装方案，展现通用型化学产品、器件的化工应用，以小实验展现大工厂。本部分具体内容既包括精馏操作、流体流动阻力测定、干燥速率曲线、传热综合等化工厂局部理论测试，又包括计算机控制多釜串联返混性能测定实验、甲苯歧化制苯和二甲苯、聚乙烯醇缩甲醛胶水的制备等工业流程设计实验，以具体展现课堂理论知识在化工中的应用，同时将化工厂微型缩小化，以提高整体意识，为高校学科知识集成、理论走向实践提供参考。

实验 43　精馏操作

精馏操作系统是化工生产里的传统设备，它广泛应用于有机合成、石油化工、制药等生产中，是一种典型的单元操作。本实验设备能够培养学生的实验能力、基本操作技能，实现工业生产故障发现、分析、处理能力等综合素质的培养。为了实现化工职业技能人才的培养，必须建立现代化的化工实训基地，而具有真正工学结合效果的化工实训装置是现代化化工实训基地的基本保障。

本实训装置为一种集实验、实训、科研、技能鉴定功能于一体的四位一体多功能化工培训装置，能满足职业院校教学、培训、科研、技能鉴定的需要。装置采用了化工技术、自动化控制技术和网络技术的最新成果，实现了工厂情境化、故障模拟化、操作实际化和控制网络化设计目标，符合职业教育的特点和人才培养目标，体现了健康、安全和环保的理念。

1. 精馏实训装置的主要功能

(1)实验：能够完成基本精馏实验，根据物系分离要求，选择适宜的实验条件，获得合格的实验产品。

(2)实训：本培训装置流程、设备配置和操作方式与工厂基本一致，具有正常开车、正常停车、设备维护的操作技能训练功能。同时具有工业生产过程故障发现、分析、处理的综合实践能力的培训功能。

(3)技能鉴定：应用本装置能够考核学生板式精馏塔的基本操作能力，精馏塔常见操作故障的处理能力，满足分级技能鉴定。

2. 生产工艺过程

混合物的分离是化工生产中的重要过程。混合物可分为非均相物系和均相物系。非均相物系的分离主要依靠质点运动与流体流动原理实现分离。而化工中遇到的大多是均相混合物,例如,石油是由许多碳氢化合物组成的液相混合物,空气是由氧气、氮气等组成的气相混合物。

均相物系的分离条件是必须形成一个两相物系,然后依据物系中不同组分间某种物性的差异,使其中某个组分或某些组分从一相向另一相转移,以达到分离的目的。精馏是分离液体混合物的典型单元操作,它是通过加热造成气、液两相物系,利用物系中各组分挥发度不同的特性以实现分离的目的。

根据精馏原理可知,单有精馏塔不能完成精馏操作,必须同时有塔底再沸器和塔顶冷凝器,有时还要配原料液预热器、回流液泵等附属设备,才能实现整个操作。再沸器的作用是提供一定量的上升蒸汽流,冷凝器的作用是提供塔顶液相产品及保证有适宜的液相回流,因而使精馏能连续稳定的进行。

精馏分离具有以下特点:通过精馏分离可以直接获得所需要的产品;精馏分离的适用范围广,它不仅可以分离液体混合物,而且可用于气态或固态混合物的分离;精馏过程适用于各种组成混合物的分离;精馏操作是通过对混合液加热建立气液两相体系进行的,所得到的气相还需要再冷凝化。因此,精馏操作耗能较大。

塔设备是最常采用的精馏装置,填料塔与板式塔在化工生产过程中应用广泛,下面以板式塔为例介绍精馏设备。

一、实验目的

(1)了解精馏塔结构、精馏生产装置的管路及仪表;

(2)了解精馏塔操作规程,能够排除精馏生产过程中出现的异常情况;

(3)掌握精馏装置的运行操作技能,掌握用精馏方法分离均相混合物料的方法;

(4)学会全回流操作条件下检测精馏塔塔板效率的方法。

二、实验原理

精馏分离是根据溶液中各组分挥发度(或沸点)的差异,使各组分得以分离。其中较易挥发的称为易挥发组分(或轻组分),较难挥发的称为难挥发组分(或重组分)。它通过汽、液两相的直接接触,使易挥发组分由液相向气相传递,难挥发组分由气相向液相传递,是汽、液两相之间的传递过程。

如图 43.1 第 n 板的质量和热量衡算所示,现取第 n 板为例来分析精馏过程和原理。

塔板的形式有多种,最简单的一种是板上有许多小孔(称筛板塔),每层板上都装有降液管,来自下一层($n+1$ 层)的蒸气通过板上的小孔上升,而上一层($n-1$ 层)来的液体通过降液管流到第 n 板上,在第 n 板上气液两相密切接触,进行热量和质量的交换。进、出第 n 板的物流有四种:

(1)由第 $n-1$ 板溢流下来的液体量为 L_{n-1},其组成为 x_{n-1},温度为 t_{n-1};

(2)由第 n 板上升的蒸气量为 V_n,组成为 y_n,温度为 t_n;

(3)从第 n 板溢流下去的液体量为 L_n,组成为 x_n,温度为 t_n;

(4)由第 $n+1$ 板上升的蒸气量为 V_{n+1},组成为 y_{n+1},温度为 t_{n+1}。

因此，当组成为 x_{n-1} 的液体及组成为 y_{n+1} 的蒸气同时进入第 n 板，由于存在温度差和浓度差，气液两相在第 n 板上密切接触进行传质和传热的结果会使离开第 n 板的气液两相平衡(如果为理论板，则离开第 n 板的气液两相呈平衡)，若气液两相在板上的接触时间长，接触比较充分，那么离开该板的气液两相相互平衡，通常称这种板为理论板(y_n、x_n 呈平衡)。精馏塔中每层板上都进行着与上述相似的过程，其结果是上升蒸气中易挥发组分浓度逐渐增高，而下降的液体中难挥发组分越来越浓，只要塔内有足够多的塔板数，就可使混合物达到所要求的分离纯度(共沸情况除外)。

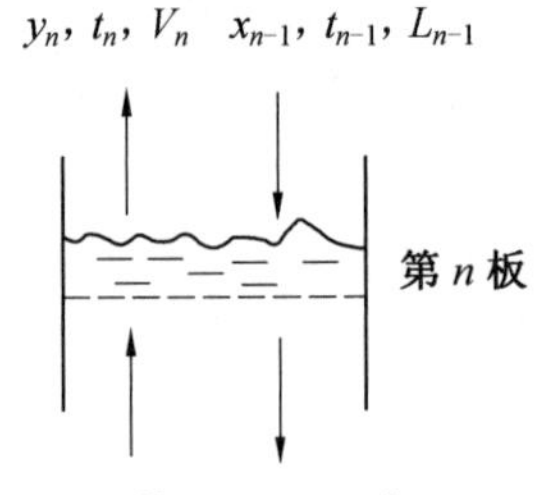

图 43.1　第 n 板的质量和热量衡算

加料板把精馏塔分为两段，加料板以上的塔，即塔上半部完成了上升蒸气的精制，除去其中的难挥发组分，因而称为精馏段。加料板以下(包括加料板)的塔，即塔的下半部完成了下降液体中难挥发组分的提浓，除去了易挥发组分，因而称为提馏段。一个完整的精馏塔应包括精馏段和提馏段。

精馏段操作方程为

$$y_{n+1}=\frac{R}{R+1}x_n+\frac{x_D}{R+1} \tag{43.1}$$

提馏段操作方程为

$$y_{n+1}=\frac{RD+qF}{(R+1)D-(1-q)F}x_n-\frac{F-D}{(R+1)D-(1-q)F}x_W \tag{43.2}$$

式中　R——操作回流比；

F——进料摩尔流率；

D——釜液摩尔流率；

q——进料的热状态参数。

部分回流时，进料热状况参数的计算式为

$$q=\frac{C_{pm}(t_{BP}-t_F)+r_m}{r_m} \tag{43.3}$$

式中　t_F——进料温度，℃；

t_{BP}——进料的泡点温度，℃；

C_{pm}——进料液体在平均温度$(t_F+t_{BP})/2$下的比热，J/(mol·℃)；

r_m——进料液体在其组成和泡点温度下的汽化热，J/mol。

$$C_{pm}=C_{p1}x_1+C_{p2}x_2 \tag{43.4}$$

$$r_m=r_1x_1+r_2x_2 \tag{43.5}$$

式中　C_{p1}、C_{p2}——纯组分1、组分2在平均温度下的比热容，kJ/(kg·℃)；

r_1、r_2——纯组分1、组分2在泡点温度下的汽化热，kJ/kg；

x_1、x_2——纯组分1、组分2在进料中的摩尔分数。

精馏操作涉及气、液两相间的传热和传质过程。塔板上两相间的传热速率和传质速率不仅取决于物系的性质和操作条件，还与塔板结构有关，因此它们很难用简单方程加以描述。引入理论板的概念，可使问题简化。

理论板是指在其上气、液两相都充分混合，且传热和传质过程阻力为零的理想化塔板。因此不论进入理论板的气、液两相组成如何，离开该板时气、液两相都可达到平衡状态，即两温度相等，组成互相平衡。

实际上，由于板上气、液两相接触面积和接触时间是有限的，因此在任何形式的塔板上，气、液两相都难以达到平衡状态，即理论板是不存在的。理论板仅用作衡量实际板分离效率的依据和标准。通常，在精馏计算中，先求得理论板数，然后利用塔板效率予以修正，即求得实际板数。引入理论板的概念，对精馏过程的分析和计算是十分有用的。

对于二元物系，如已知其气液平衡数据，则根据精馏塔的原料液组成、进料热状况、操作回流比及塔顶馏出液组成、塔底釜液组成，可由图解法或逐板计算法求出该塔的理论板数 N_T。按照下式可以得到总板效率 E_T。

$$E_T=\frac{N_T-1}{N_P}\times 100\% \tag{43.6}$$

式中　N_P——实际塔板数。

典型的连续精馏过程如图 43.2 所示，原料液经预热器加热到指定温度后，送入精馏塔的进料板，在进料板上与自塔上部下降的回液体汇合后，逐板溢流，最后流入塔底再沸器中。在每层板上，回流液体与上升蒸气互相接触，进行热和质的传递过程。操作时，连续地从再沸器取出部分液体作为塔底产品（釜残液），部分液体汽化，产生上升蒸气，依次通过各层塔板。塔顶蒸气进入冷凝器中被全部冷凝，并将部分冷凝液用泵送回塔顶作为回流液体，其余部分经冷却器后被送出作为塔顶产品（馏出液）。

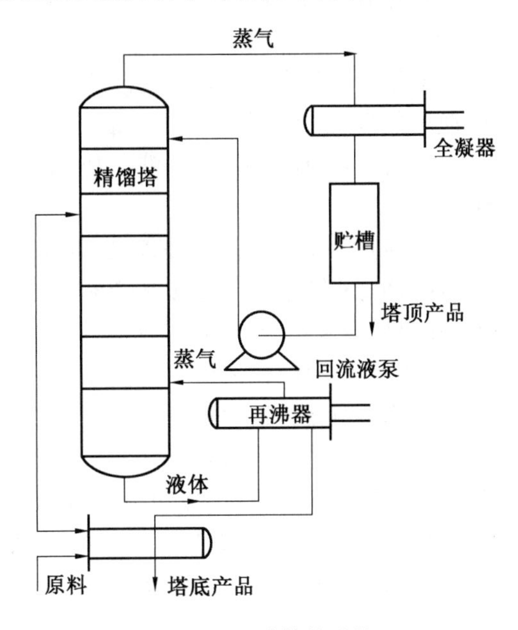

图 43.2　连续精馏过程

三、实验过程

1. 开车前准备

（1）检查公用工程（电路系统、供水系统、排水系统）是否处于正常状态。

（2）检查塔顶产品罐、塔釜产品罐是否有足够空间贮存实验生产的产品。

（3）检查原料罐是否有足够实验用的原料。检测原料含量是否符合操作要求（原料体积分数为 10%～20%）。原料配制：分别从原料罐的加料口加乙醇、去离子水，打开原料混合搅拌相应的阀门，关闭其他阀门，开动循环泵。

（4）熟悉实验中使用的辅助检测仪器的操作：①阿贝折射仪；②酒精计。

（5）熟悉各取样点及温度和压力测量与控制点的位置。必须认真了解实验装置、阀门、仪器、管路的走向，按要求确定实验方案，经实验教师确定后方可进行实验。

2. 开车、全回流操作

(1)从原料取样点取样分析原料组成,如果浓度不够则添加乙醇并打开内循环泵搅拌。

(2)精馏塔有 3 个进料位置,根据实际要求选择进料板位置,打开相应进料管线上的阀门。

(3)操作台上的总电源上电,仪表开关上电,仪器预热 10 min。

(4)检查管路,原料循环时打开相应的阀门、防空阀,关闭不用的阀门,启动辅助循环泵。

(5)塔釜液位实际磁性翻转液位计达到 250 mm 时,关闭循环泵,同时关闭塔釜防空阀、进料阀等,塔釜液位为 270～280 mm。注意:塔釜液位计严禁低于 160 mm。

(6)打开塔釜加热开关,塔釜加热电压控制,加热电压调至 200 V,加热塔釜内原料液。

(7)通过第 12 节塔段上的视镜和第 2 节玻璃观测段,观察液体加热情况,当液体开始沸腾时,注意观察塔内气液接触状况。或者观察第 5、6 板温度,温度开始上升,同时将加热电压设定为调小 10～20 V 的某一数值;开冷却水阀,冷却水流量 200～300 L/h,使塔顶蒸气冷凝为液体,流入塔顶冷凝罐中。

(8)当冷凝罐中液位达到一定值时(塔顶收集罐液位为 100～150 mm)打开回流阀、回流流量计阀,启动回流液泵,进行全回流操作,适时调节回流流量泵,使塔顶冷凝罐的液位稳定在 150～200 mm 之间的某一值(调节回流变频器为 50 Hz－5 L,25 Hz－2.5 L;调节塔釜加热电压为 145 V 左右,泡沫大则调低,泡沫小则调高)。

(9)随时观察塔内各点温度、压力、流量(泵的频率)、液位值的变化情况,每 5 min 记录一次数据。

(10)当塔顶温度稳定 15 min 以上,在塔釜和塔顶的取样点分别取样分析。

3. 部分回流操作

(1)待全回流稳定后,切换至部分回流,将原料罐、进料泵和进料口管线上的相关阀门全部打开,使进料管路通畅。

(2)开启进料泵开关,打开进料泵变频器,调流量至 35(4 L/h),打开塔顶出料泵开关。

(3)加热电压上调 10～20 V,打开采出阀、采出流量计阀,打开出料泵变频器,观察液泛现象及冷却水流量。

(4)按开进料预热开关,调出料泵变频器控制塔顶收集液位、塔顶温度,稳定 15 min,取样,合格后可以停车。

4. 停车

(1)停出料泵变频器,关闭出料泵开关、采出阀;停进料泵变频器,关闭进料预热开关、进料开关。

(2)关闭塔釜加热,回流变频调变化微小或不动 20 min 后关闭,或者把塔顶收集液打没后关闭回流变频器,关回流泵开关,关冷却水阀门。

(3)检查计算机,待计算机退出后关闭总电源。

(4)清理实验现场。

5. 相关资料数据

(1)常压下乙醇一正丙醇气液平衡数据(表 43.1)。

表 43.1 常压下乙醇一正丙醇气液平衡数据(摩尔分数)

乙醇	0	0.126	0.188	0.210	0.358	0.461	0.546	0.600	0.663	0.884	1.000
正丙醇	0	0.240	0.318	0.349	0.550	0.650	0.711	0.760	0.799	0.914	1.000

(2)阿贝折光仪的使用方法。

①了解浓度一折光指数标定曲线的适用温度。

②看超级恒温水浴的触点温度计的设定温度是否在标定曲线的适用温度附近。若不是,则需调整至适用温度。

③启动超级恒温水浴,待恒温后,看阿贝折光仪测量室的温度是否等于标定曲线的适用温度。若否,则应适当调节超级恒温水浴的触点温度计,使阿贝折光仪测量室的温度等于标定曲线的适用温度。

④用折光仪测定无水乙醇的折光指数,看折光仪的“零点”是否正确。

⑤测定某物质的折光指数的步骤如下。

a. 测量折光指数时,放置待测液体的薄片状空间可称为“样品室”。测量之前应用镜头纸将样品室的上下磨砂玻璃表面擦拭干净,以免留有其他物质影响测定的精确度。

b. 在样品室关闭且锁紧手柄的挂钩刚好挂上的状态下,用医用注射器将待测的液体从样品室侧面的小孔注入样品室内,然后立即旋转样品室的锁紧手柄,将样品室锁紧(锁紧即可,但不要用力过大)。

c. 调节样品室下方和竖置大圆盘侧面的反光镜,使两镜筒内的视场明亮。

d. 从目镜中可看到刻度的镜筒称为“读数镜筒”,另一个称为“望远镜筒”。先估计样品的折光指数数值的大概范围,然后转动竖置大圆盘下方侧面的手轮,将刻度调至样品折光指数数值的附近。

e. 转动目镜底部侧面的手轮,使望远镜筒视场中除黑白两色外无其他颜色。再旋转竖置大圆盘下方侧面的手轮,将视场中黑白分界线调至斜十字线的中心(图 43.3(a))。

f. 读数镜筒中看到的右列刻度读数则为待测物质的折光指数数值 ND(图 43.3(b))。

根据读得的折光指数数值 ND 和样品室的温度,从浓度一折光指数标定曲线查该样品的质量分数。

⑥要注意保持折光仪的清洁,严禁污染光学零件,必要时可用干净的镜头纸或脱脂棉轻轻擦拭。如光学零件表面有油垢,可用脱脂棉蘸少许洁净的汽油轻轻擦拭。

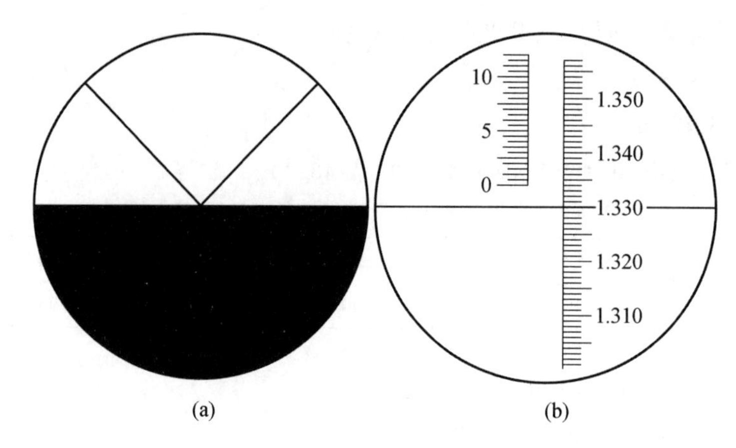

图 43.3　阿贝折光率仪用法图示

四、注意事项

(1)本实验过程中,要特别注意安全,严禁干烧加热器,以免发生触电事故。

(2)本实验用计算机不能作为他用,不能删除和添加任何程序,计算机不能带电插拔外设接口。

(3)开车时必须先接通冷却水,方能进行塔釜加热,停车时则相反。

(4)使用阿贝折光仪测浓度时,一定要按给出的浓度一折光指数关系曲线的要求控制折光仪的测量温度,在读取折光指数时,一定要同时记录其测量温度。

五、思考题

(1)在精馏操作过程中,回流温度发生波动,对操作会产生什么影响?

(2)在板式塔中,气体、液体在塔内流动时,可能会出现几种操作现象?

(3)如何判断精馏塔内的操作是否正常合理? 如何判断塔内的操作是否处于稳定状态?

(4)什么是全回流? 全回流操作有哪些特点? 在生产中有什么实际意义? 如何测定全回流条件下塔的气液负荷?

(5)塔釜加热对精馏操作的参数有什么影响? 你认为塔釜加热量主要消耗在何处? 与回流量有无关系?

(6)当塔顶馏出物为产品,而产品纯度要求较高时,往往选灵敏板温度作为产品质量控制的依据,为什么? 灵敏板的位置一般如何确定?

实验 44　流体流动阻力的测定

一、实验目的

(1)测定水流过一段粗糙直管、光滑直管的沿程摩擦阻力损失 Δp_f,确定层流时摩擦

阻力系数 λ 和雷诺准数 Re 之间的关系。

(2)测定水流过管件、阀门等的局部阻力损失,确定其局部阻力系数 ζ。

(3)熟悉测定流体流经直管和管件时的阻力损失的实验组织方法及测定摩擦系数的工程意义。

(4)识别组成管路中的各个管件、阀门并了解其作用。

二、实验原理

由于流体黏性的存在,流体在流动的过程中会发生流体间的摩擦,从而导致阻力损失。层流时阻力损失的计算式是由理论推导得到的;湍流时由于情况复杂得多,未能得出理论式,但可以通过因次分析法再结合实验研究,获得具体的关联式。实验研究发现,影响湍流时直管阻力损失 Δp_f 的因素有:流体性质,即密度 ρ 和黏度 μ;管路特性,即管径 d、管长 l 和管壁粗糙度 ε;操作条件,即流速 u。

根据因次分析法,Δp_f 可以表示成上述诸多影响因素的关系式:

$$\Delta p_f = f(d,u,\rho,\mu,l,\varepsilon) \tag{44.1}$$

组合成四个无因次数群:

$$\frac{\Delta p_f}{\rho u^2} = \varphi\left(\frac{du\rho}{\mu},\frac{l}{d},\frac{\varepsilon}{d}\right) \tag{44.2}$$

若实验设备已定,式(44.2)可写为

$$h_f = \frac{\Delta p_f}{\rho} = \varphi\left(Re,\frac{\varepsilon}{d}\right)\cdot\frac{l}{d}\cdot\frac{u^2}{2} \tag{44.3}$$

若实验设备是水平直管,$\Delta p_f = \Delta p$,即阻力损失表现为压力降,式(44.3)可写为

$$h_f = \frac{\Delta p}{\rho} = \varphi\left(Re,\frac{\varepsilon}{d}\right)\cdot\frac{l}{d}\cdot\frac{u^2}{2} \tag{44.4}$$

所以

$$h_f = \frac{\Delta P}{\rho} = \lambda\cdot\frac{l}{d}\cdot\frac{u^2}{2} \tag{44.5}$$

即

$$\lambda = \varphi\left(Re,\frac{\varepsilon}{d}\right) \tag{44.6}$$

式中 λ——直管的摩擦阻力系数。

由式(44.6)可知,λ 与流体流动的雷诺数 Re 及管壁的相对粗糙度 ε/d 有关。若流体为层流流动时,直管的摩擦阻力系数为

$$\lambda = \frac{64}{Re} \tag{44.7}$$

若装置已经确立,物系也已确定,那么 λ 只随 Re 而变,实验操作变量仅有流量,改变阀门的开度可以达到改变流速 u 的目的,因此在管路中需要安装一个流量计;在直径为 d、长度为 l 的水平直管上,引出两个测压点,并接上一个压差计,可以用压差变送器或液柱压差计测量压差 Δp(注:压差变送器是将压差转换成电信号再用仪表显示,液柱压差计是将压差以液柱高度表示的。若为U形管压差计,计算公式为 $\Delta p = (\rho_{指示} - \rho_{液体})gR$;若为倒U形管压差计,计算公式可自行推导);实验体系确定后,ρ、μ 是物性参数,它们只取决于实验温度,所以,在实验装置中需要安装测流体的温度计;再配上水槽、泵、管件等组

建成循环管路，实验装置流程如图 40.1 所示。

局部阻力损失通常有两种表示方法：当量长度法和阻力系数法。由阻力系数法，

$$\Delta p_{\mathrm{f}}=\zeta\frac{u^2\rho}{2} \tag{44.8}$$

测定通过某局部（管件、阀门等）的前后压差 $\Delta p(=\Delta p_{\mathrm{f}})$ 和通过此局部的平均流速 u，由式(44.8)计算其局部阻力系数 ζ。

三、实验流程图和实验步骤

(1)实验流程图(图 44.1)。

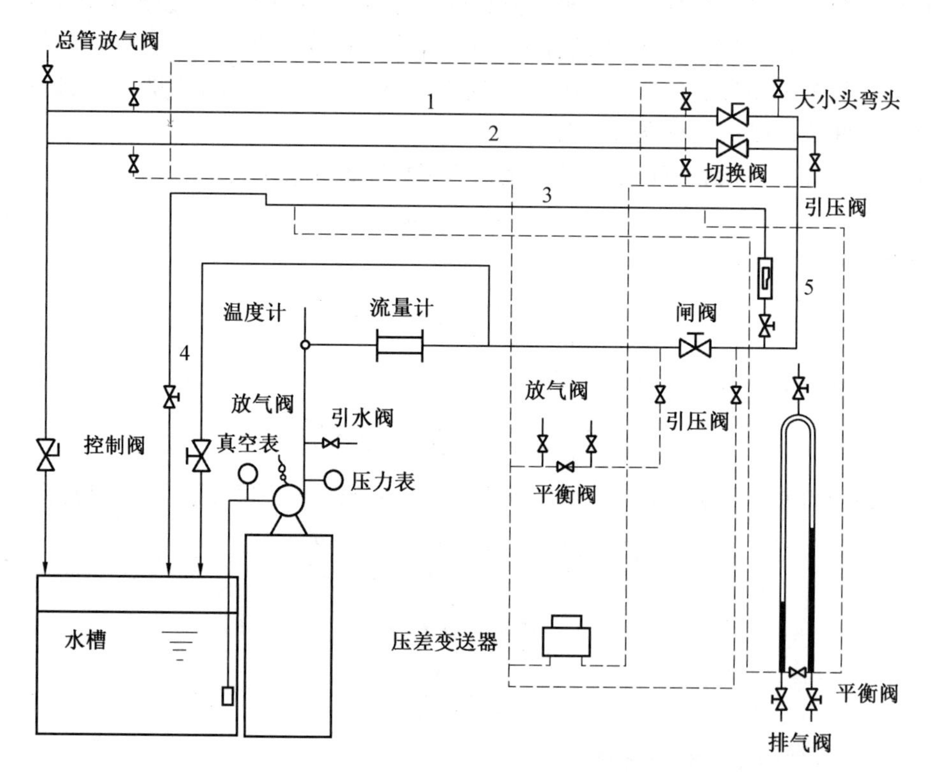

图 44.1 流体流动阻力实验流程图

1—光滑管；2—粗糙管；3—球阀；4—离心泵管；5—变径管

表 44.1 实验装置参数

名称		管内径/mm		测量段长度/cm
		管路号	管内径	
湍流	光滑管	1	8	160
	粗糙管	2	8	160
局部阻力	四分球阀	3	18	160
	大小头	4	30/18	160

(2)实验步骤。

①打开总开关(绿)、打开仪表开关(黄)。

②开泵。

a. 先开出口阀。

b. 稍等片刻再关闭出口阀(相当于灌泵程序)。

c. 打开泵开关(黄)(此时仅为打开变频器电源)。

d. 确认变频器旋钮为零(防止泵开启时功率过大)。

e. 变频器控制板上按钮 RUN(泵真正开动)。

f. 调节变频器旋钮的功率为某一固定值,如 F25.00。

③确定所有开关管路(光亮管、粗糙管、阀阻力管、大小头阻力管、泵性能测试管、小流量计截止阀、大流量计截止阀)处于关状态。

④测量光亮管流体阻力压差。

a. 打开光亮管(1)出口阀(小)。

b. 通过调节大流量计截止阀获得一个流量值 300 L/h。

c. 记录压差(左压差表)。

d. 关闭光亮管(1)出口阀(小)。

⑤测量粗糙管流体阻力压差。

a. 打开粗糙管(2)出口阀(小)。

b. 通过调节大流量计截止阀获得一个流量值 300 L/h。

c. 记录压差(左压差表)。

d. 关闭粗糙管(2)出口阀(小)。

重复步骤⑤、步骤⑥,调节流量值为 200 L/h,记录光亮管、粗糙管阻力压差(注意关闭出口阀)。

⑥关闭大流量计截止阀,通过旋转小流量计调节流量值为 150 L/h、120 L/h、90 L/h、60 L/h、30 L/h,记录光亮管、粗糙管阻力压差(注意关闭出口阀,如果小流量计不稳定,发生共振,可以改变变频器频率重新调整)。

⑦测量四分球阀流体阻力压差。

a. 打开四分球阀管(3)出口阀(小)。

b. 通过调节大流量计截止阀获得一个流量值 1 200 L/h(确定小流量计为零)。

c. 打开远端流量测量阀门(两个),记录远点压差(右压差表)。

d. 关闭远端流量测量阀门。

e. 打开近端流量测量阀门(两个),记录近点压差(右压差表)。

f. 关闭四分球阀管(3)出口阀(小)。

⑧测量大小头流体阻力压差。

a. 打开大小头管(4)出口阀(小)。

b. 通过调节大流量计截止阀获得一个流量值 1 200 L/h。

c. 打开远端流量测量阀门(两个),记录远点压差(右压差表)。

d. 关闭远端流量测量阀门。

e. 打开近端流量测量阀门(两个),记录近点压差(右压差表)。

f. 关闭大小头管(4)出口阀(小)。

重复步骤⑤、步骤⑥,按表 44.2～44.5 调节流量值,记录阻力压差(注意关闭出口阀)。

⑨结束实验。

a. 调节变频器旋钮的功率为零。

b. 按下变频器控制板上按钮 STOP(泵真正关闭)。

c. 关闭出口阀。

d. 关闭仪表开关(黄)。

e. 关闭总开关(红)。

⑩数据处理($\lambda - Re$ 曲线、$\eta - Q$ 曲线)。

注意:变频器不能按 FWD REV ,会使电机反转。

(3)实验数据记录。

表 44.2 光滑管实验记录(举例说明)

转子流量计/($m^3 \cdot h^{-1}$)	流速/($m \cdot s^{-1}$)	压差/kPa(记录)	直管摩擦系数 λ(计算)	雷诺准数 Re(计算)
1				
0.88				
0.76				
0.64				
0.52				
0.4				
0.28				
0.16				
0.14				
0.12				
0.1				
0.08				
0.06				

表 44.3 粗糙管实验记录

转子流量计/($m^3 \cdot h^{-1}$)	流速/($m \cdot s^{-1}$)	压差/kPa(记录)	直管摩擦系数 λ(计算)	雷诺准数 Re(计算)
0.4				
0.36				
0.32				
0.28				
0.24				
0.2				
0.16				
0.12				
0.1				
0.08				
0.06				

表 44.4 局部阻力实验记录

转子流量计/($m^3 \cdot h^{-1}$)	流速/($m \cdot s^{-1}$)	近点压差/Pa	远点压差/Pa	局部阻力引起的压强降 $\Delta p'_f$	局部阻力系数
1.2					
1					
0.8					
0.64					
0.6					
0.44					
0.4					
0.2					
0.12					

表 44.5　变直径阻力实验记录

转子流量计/($m^3 \cdot h^{-1}$)	流速/($m \cdot s^{-1}$)	近点压差/Pa	远点压差/Pa	局部阻力引起的压强降 $\Delta p'_f$	局部阻力系数
1.6					
1.4					
1.24					
1.32					
1.2					
1					
0.92					
0.8					
0.6					

(4)结果处理及分析。

①绘制光滑管和粗糙管的 $\lambda - Re$ 曲线,并对曲线分析;

②计算局部阻力系数,绘制局部阻力与流速关系曲线。

四、思考题

(1)在对装置做排气工作时,是否一定要关闭流程尾部的出口阀?为什么?

(2)压差计上的平衡阀起什么作用?它在什么情况下是开着的,又在什么情况下是关闭的?

(3)如何检测管路中的空气已经被排除干净?

(4)以水做介质所测得的 $\lambda - Re$ 关系能否适用于其他流体?如何应用?

(5)不同设备上(包括不同管径)、不同水温下测定的 $\lambda - Re$ 数据能否关联在同一条曲线上?

实验 45　CO_2 吸收和解吸实验

一、实验目的

(1)了解填料吸收—解吸设备的基本流程及设备结构并练习操作。

(2)了解填料塔的流体力学性能。

(3)学习填料吸收塔传质能力和传质效率的测定方法。

(4)掌握以 ΔY 为推动力的总体积吸收系数 K_{Ya} 的测定方法。

二、生产工艺过程

气体吸收是典型的化工单元操作过程,其原理是根据气体混合物中各组分在选定液体吸收剂中物理溶解度或化学反应活性的不同而实现气体组分分离的传质单元操作。前者称物理吸收，后者称化学吸收。吸收操作所用的液体溶剂称为吸收剂，以 S 表示；混合气体中，能够显著溶解于吸收剂的组分称为吸收物质或溶质，以 A 表示；而几乎不被溶解的组分统称为惰性组分或载体，以 B 表示。吸收操作所得的溶液称为吸收液或溶液，它是溶质 A 在溶剂 S 中的溶液；被吸收后排除出的气体称为吸收尾气，其主要成分为惰性气体 B，但仍含有少量未被吸收的溶质 A。吸收操作在石油化工、天然汽化工以及环境工程中有极其广泛的应用，按工程目的可归纳为：

①净化原料气或精制气体产品。

②分离气体混合物以获得需要的目的组分。

③制取气体溶液作为产品或中间产品。

④治理有害气体的污染、保护环境。

与吸收相反的过程，即溶质从液相中分离出来而转移到气相的过程（用惰性气体吹扫溶液或将溶液加热或将其送入减压容器中使溶质放出），称为解吸或提馏。吸收与解吸的区别仅仅是过程中物质传递的方向相反，它们所依据的原理一样。

(1)吸收的基本原理。

吸收分为物理吸收和化学吸收。

气体中各组分因在溶剂中物理溶解度的不同而被分离的吸收操作称为物理吸收，溶质与溶剂的结合力较弱，解吸比较方便。

但是，一般气体在溶剂中的溶解度不高。利用适当的化学反应，可大幅度地提高溶剂对气体的吸收能力。同时，化学反应本身的高度选择性必定赋予吸收操作以高度选择性。此种利用化学反应而实现吸收的操作称为化学吸收。

①气体在液体中的溶解度，即气一液平衡关系。

在一定条件（系统的温度和总压力）下，气液两相长期或充分接触后，两相趋于平衡。此时溶质组分在两相中的浓度分布服从相平衡关系。对气相中的溶质来说，液相中的浓度是它的溶解度；对液相中的溶质来说，气相分压是它的平衡蒸气压。气液平衡是气液两相密切接触后所达到的终极状态。在判断过程进行的方向（吸收还是解吸）、吸收剂用量或解吸吹扫气体用量，以及设备的尺寸时，气液平衡数据都是不可缺少的。

吸收用的气液平衡关系可用亨利定律表示：气体在液体中的溶解度与它在气相中的分压成正比。即

$$p^{*}=EX \tag{45.1}$$

$$Y^{*}=mX \tag{45.2}$$

式中　p^{*}——溶质在气相中的平衡分压，kPa；

Y^{*}——溶质在气相中的摩尔分数；

X——溶质在液相中的摩尔分数。

E 和 m 为以不同单位表示的亨利系数，m 又称相平衡常数。这些常数的数值越小，表明可溶组分的溶解度越大，或者说溶剂的溶解能力越大。E 与 m 的关系为

$$m=\frac{E}{p} \tag{45.3}$$

式中　p——总压，kPa。

亨利系数随温度而变，压力不大(约 5 MPa 以下)时，随压力而变得很小，可以不计。不同温度下 CO_2 溶于水的亨利系数见表 41.4。

表 41.1 不同温度下 CO_2 溶于水的亨利系数

温度/℃	0	5	10	15	20	25	30	35	40	45	50
E/MPa	73.7	88.7	105	124	144	166	188	212	236	260	287

吸收过程涉及两相间的物质传递，它包括三个步骤：

a. 溶质由气相主体传递到两相界面，即气相内的物质传递；

b. 溶质在相界面上的溶解，由气相转为液相，即界面上发生的溶解过程；

c. 溶质自界面被传递至液相主体，即液相内的物质传递。

一般来说，上述第二步即界面上发生的溶解过程很易进行，其阻力极小。因此，通常都认为界面上气、液两相的溶质浓度满足相平衡关系，即认为界面上总保持着两相的平衡。这样，总过程速率将由两个单相即气相与液相内的传质速率所决定。

无论气相或液相，物质传递的机理都包括以下两种：

a. 分子扩散。分子扩散类似于传热中热传导，是分子微观运动的宏观统计结果。混合物中存在温度梯度、压强梯度及浓度梯度都会产生分子扩散。吸收过程中常见的是因浓度差而造成的分子扩散速率。

b. 对流传质。在流动的流体中不仅有分子扩散，而且流体的宏观流动也将导致物质的传递，这种现象称为对流传质。对流传质与对流传热相类似，且通常是指流体与某一界面(如气液界面)之间的传质。

常见的解吸方法有升温、减压、吹气，其中升温与吹气最为常见。溶剂在吸收与解吸设备之间循环，其间的加热与冷却、泄压与加压必消耗较多的能量。如果溶剂的溶解能力差，离开吸收设备的溶剂中溶质浓度较低，则所需的溶剂循环量必大，再生时的能量消耗也大。同样，若溶剂的溶解能力对温度变化不敏感，所需解吸温度较高，溶剂再生的能耗也将增大。

②流体力学性能。

填料塔是一种应用很广泛的气液传质设备，它具有结构简单、压降低、填料容易、耐腐蚀等优点。

在填料塔内液膜所流经的填料表面是许多填料堆积而成的，形状极不规则。这种不规则的填料表面有助于液膜的湍动。特别是当液体自一个填料通过接触点流至下一个填料时，原来在液膜内层的液体可能转而处于表面，而原来处于表面的液体可能转入内层，由此产生表面更新现象。这有力地加快了液相内部的物质传递，是填料塔内气液传质中的有利因素。

但是，也应该看到，在乱堆填料层中可能存在某些液流所不及的死角。这些死角虽然是湿润的，但液体基本上处于静止状态，对两相传质贡献不大。

液体在乱堆填料层内流动所经历的路径是随机的。当液体集中在某点进入填料层并沿填料流下，液体将成锥形逐渐散开。这表明乱堆填料具有一定的分散液体的能力。因此，乱堆填料对液体预分布没有苛刻的要求。

另外，在填料表面流动的液体部分地汇集成小沟，形成沟流，使部分填料表面未能润湿。

综上所述，液体在流经足够高的一段填料层之后，将形成一个发展了的液体分布，称为填料的特征分布。特征分布是填料的特性，规整填料的特征分布优于散装填料。在同一填料塔中，喷淋液量越大，特征分布越均匀。

在填料塔中流动的液体占有一定的体积，操作时单位填充体积所具有的液体量称为持液量(m^3/m^3)。持液量与填料表面的液膜厚度有关。液体喷淋量大，液膜增厚，持液量也加大。在一般填料塔操作的气速范围内，由于气体上升对液膜流下造成的阻力可以忽略，气体流量对液膜厚度及持液量的影响不大。

在填料层内，由于气体的流动通道较大，因而气体一般处于湍流状态。填料塔压降与空塔速度的关系如图 45.1 所示，其斜率为 1.8～2.0。

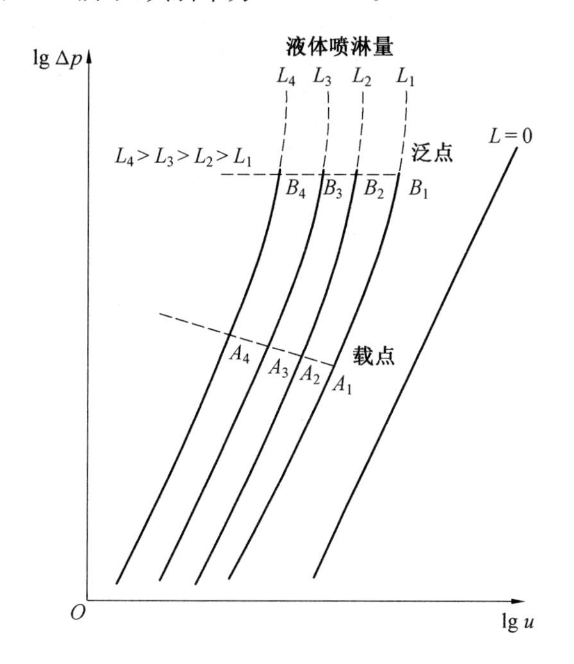

图 45.1　填料塔压降与空塔速度的关系

当气液两相逆流流动时，液膜占去了一部分气体流动的空间。在相同的气体流量下，填料空隙间的实际气速有所增加，压降也相应增大。同理，在气体流量相同的情况下，液体流量越大，液膜越厚，压降也越大。

已知在干填料层内，气体流量的增大，将使压降按 1.8～2.0 次方增长。当填料层内存在两相逆流流动(液体流量不变)时，压强随气体流量增加的趋势要比干填料层大。这是因为气体流量的增大，使液膜增厚，塔内自由界面减少，气体的实际流速更大，从而造成附加的压降增高。

低气速操作时，膜厚随气速变化不大，液膜增厚所造成的附加压降增高并不明显。如图 45.1 所示，此时压降曲线基本上与干填料层的压降曲线平行。高气速操作时，气速增大引起的液膜增厚对压降有显著影响，此时压降曲线变陡，其斜率可远大于 2。

如图 45.1 填料塔压降与空塔速度的关系所示，A_1、A_2、A_3、A_4 等点表示在不同液体流量下，气液两相流动的交互影响开始变得比较显著。这些点称为载点。不难看出，载点的位置不是十分明确，但它提示人们，自载点开始，气液两相流动的交互影响已不容忽视。

自载点以后，气液两相的交互作用越来越强烈。当气液流量达到某一定值时，两相的交互作用恶性发展。将出现液泛现象，在压降曲线上，出现液泛现象的标志是压降曲线近于垂直。压降曲线明显变为垂直的转折点(图 45.1 所示的 B_1、B_2、B_3、B_4 等)称为泛点。

前已述及，在一定液体流量下，气体流量越大，液膜所受的阻力越大，液膜平均流速减小而液膜增厚。在泛点之前，平均流速减小可由膜厚增加而抵消，进入和流出填料层的液量可重新达到平衡。因此，在泛点之前，每一个气量对应一个膜厚，此时，液膜可能很厚，但气体仍保持为连续相。

但是，当气速增大至泛点时，出现了恶性的循环。此时，气量稍有增加，液膜将增厚，实际气速将进一步增加；实际气速的增大反过来促使液膜进一步增厚。泛点时，尽管气量维持不变，但如此相互作用终不能达到新的平衡，塔内持液量将迅速增加。最后，液相转为连续相，而气相转为分散相，以气泡形式穿过液层。

泛点对应于上述转相点，此时，塔内充满液体，压降剧增，塔内液体返混合气体的液沫夹带现象严重，传质效果极差。

③传质性能。

吸收系数是决定吸收过程速率高低的重要参数，而实验测定是获取吸收系数的根本途径。对于相同的物系及一定的设备(填料类型与尺寸)，吸收系数将随着操作条件及气液接触状况的不同而变化。

虽然本实验所用气体混合物中二氧化碳的组成较高，所得吸收液的浓度却不高。可认为气液平衡关系服从亨利定律，可用方程式 $Y^* = mX$ 表示。又因是常压操作，相平衡常数 m 值仅是温度的函数。

a. N_{OG}、H_{OG}、K_{Ya}、φ_A 可依下列公式进行计算：

$$N_{OG} = \frac{Y_1 - Y_2}{\Delta Y_m} \tag{45.4}$$

$$\Delta Y_m = \frac{\Delta Y_1 - \Delta Y_2}{\ln \dfrac{\Delta Y_1}{\Delta Y_2}} \tag{45.5}$$

$$H_{OG} = \frac{Z}{N_{OG}} \tag{45.6}$$

$$K_{Ya} = \frac{q_{n,V}}{H_{OG} \cdot \Omega} \tag{45.7}$$

$$\varphi_A = \frac{Y_1 - Y_2}{Y_1} \tag{45.8}$$

式中　Z——填料层的高度，m；

H_{OG}——气相总传质单元高度，m；

N_{OG}——气相总传质单元数，量纲为一；

K_{Ya}——气相总体积吸收系数，kmol /(m^3 · h)；

$q_{n,V}$——空气(B)的摩尔流量，kmol/ h；

Ω——填料塔截面积，m^2，$\Omega=\frac{\pi}{4}D^2$；

φ_A——混合气中二氧化碳被吸收的百分率（吸收率），量纲为一；

Y_1、Y_2——进、出口气体中溶质组分（A与B）的摩尔分数；

ΔY_m——所测填料层两端面上气相推动力的平均值；

ΔY_2、ΔY_1——分别为填料层上、下两端面上气相推动力，

$$\Delta Y_2=Y_2-mX_2,\quad \Delta Y_1=Y_1-mX_1$$

其中　X_2、X_1——进、出口液体中溶质组分（A与S）的摩尔分数；

m——相平衡常数，量纲为一。

b. 操作条件下液体喷淋密度的计算

$$喷淋密度\ U=\frac{流体流量}{塔截面积} \tag{45.9}$$

（2）主要物料的平衡及流向。

空气（载体）由旋涡气泵提供，二氧化碳（溶质）由钢瓶提供，二者在混合缓冲罐内混合后从吸收塔的底部进入吸收塔向上流动通过吸收塔，与下降的吸收剂逆流接触吸收，吸收尾气一部分进入二氧化碳气体分析仪，大部分排空；吸收剂（新鲜水）从吸收塔的顶端向下流动经过吸收塔，与上升的气体逆流接触吸收其中的溶质（二氧化碳），吸收液从吸收塔底部进入吸收液储槽。

空气（解吸惰性气体）由旋涡气泵机提供，从解吸塔的底部进入解吸塔向上流动通过解吸塔，与下降的吸收液逆流接触进行解吸，解吸尾气一部分进入二氧化碳气体分析仪，大部分排空；吸收液存储于吸收液储槽，经吸收液泵输送至解吸塔的顶端向下流动经过解吸塔，与上升的气体逆流接触解吸其中的溶质（二氧化碳），解吸液从解吸塔底部进入解吸液储槽。

（1）带有控制点的工艺及设备流程图（图45.2）。

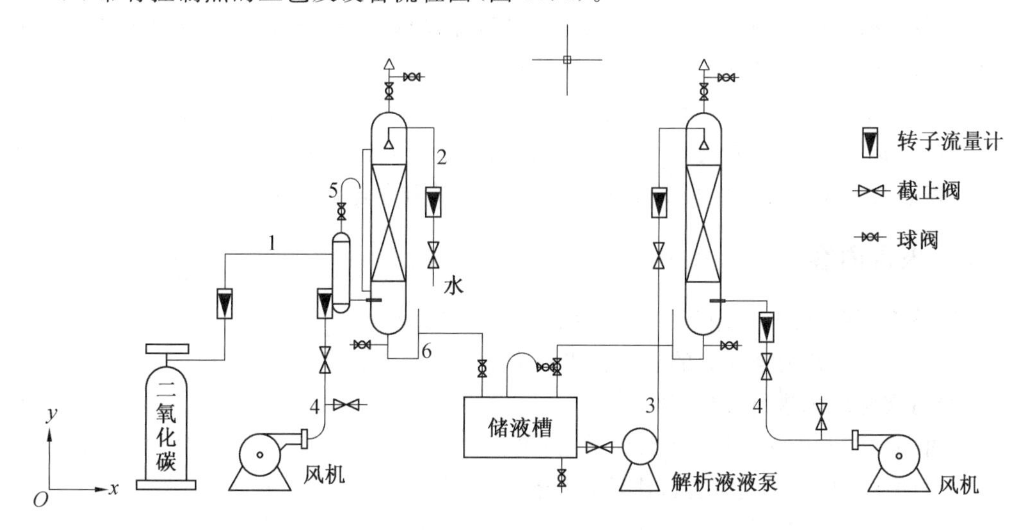

图45.2　带有控制点的工艺及设备流程图

1—CO_2管线；2—混合气管线；3—解析管线；4—空气管线；5—控制线；6—吸收管线

三、实验操作步骤

实验物系为空气－二氧化碳混合气，吸收剂为水，实验步骤如下：

(1)打开总电源开关，给仪表上电。

(2)打开阀门 VA05、吸收剂转子流量计，从吸收塔顶进去吸收塔内，将吸收剂流量调节到一定流量。

(3)待填料充分湿润，确保阀门 VA01 全开后，打开旋涡气泵 A，通过调节阀门 VA01 和 VA02 使载气达到一定流量。

(4)全开阀门 VA14，打开旋涡气泵 B，通过调节阀门 VA13 和 VA14 使解吸空气达到一定流量。

(5)打开离心泵(吸收液泵)开关，通过调节 VA11，使吸收液体达到一定流量。

(6)待以上流量稳定后，打开二氧化碳钢瓶总阀门，通过调节减压阀使压力稳定，打开二氧化碳转子流量计，调节到一定流量。

(7)操作过程中注意观察各个流量计的流量变化情况，及时调整到规定值。

(8)操作稳定 20 min 后，分析塔顶尾气的二氧化碳浓度，分别从取样口 AI01 和 AI02 取气体样。分析塔底溶液中的二氧化碳含量，用移液管吸取 0.1 mol/L 的 $Ba(OH)_2$ 溶液 10 mL，放入锥形瓶中，并从塔底取样口 AI03 和 AI04 处分别用移液管接收塔底溶液 20 mL，用胶塞塞好，并振荡。用滤纸除去瓶中碳酸钡白色沉淀，向清液中加入 2～3 滴甲基橙指示剂，最后用 0.1 mol/L 的盐酸滴定至终点。直到其脱除红色的瞬时为止，按下式计算得出溶液中二氧化碳的浓度：

$$c_{CO_2}=\frac{2c_{Ba(OH)_2}V_{Ba(OH)_2}-c_{HCl}V_{HCl}}{2V_{溶液}} \tag{45.10}$$

在操作过程中，可以改变一个操作条件，也可以同时改变几个操作条件。需要注意的是，每次改变操作条件，必须及时记录实验数据，操作稳定后及时取样分析和记录。操作过程中发现异常情况，必须及时报告指导教师进行处理。

(9)实验结束后，应先关闭二氧化碳钢瓶总阀门，5 min 后关闭 CO_2 流量计阀门，关闭载气流量计阀门，关闭旋涡气泵 A，关闭吸收剂流量计阀门。关闭流量吸收液流量计，然后关闭离心泵。关闭旋涡气泵 B，最后关闭仪表开关和总电源开关。

四、报告内容

(1)整理实验数据，并用其中一组数据写出计算过程。

(2)计算以 ΔY 为推动力的总体积吸收系数 K_{Ya} 的值。

(3)对实验结果进行分析，讨论。

①对两次实验的 Y_2 和 φ_A 进行比较，讨论；

②对两次实验的 K_{Ya} 值进行比较，讨论；

③对物料衡算的结果进行分析，讨论。

实验 46　干燥速率曲线测定

一、实验目的

(1)学习干燥曲线和干燥速率曲线及临界湿含量的实验测定方法,加深对干燥操作过程的理解。

(2)学习干湿球温度湿度计的使用方法,学习被干燥物料与热空气之间对流传热系数的测定方法。

(3)加深对物料临界含水量 X_c 的概念及其影响因素的理解。

二、实验内容

每组在某固定的空气流量和某固定的空气温度下测量一种物料干燥曲线、干燥速率曲线和临界含水量。

三、实验原理

当湿物料与干燥介质相接触时,物料表面的水分开始汽化,并向周围介质传递。根据干燥过程中不同期间的特点,干燥过程可分为两个阶段。

第一个阶段为恒速干燥阶段。在过程开始时,由于整个物料的湿含量较大,其内部的水分能迅速地达到物料表面。因此,干燥速率为物料表面水分的汽化速率所控制,故此阶段亦称为表面汽化控制阶段。在此阶段,干燥介质传给物料的热量全部用于水分的汽化,物料表面的温度维持恒定(等于热空气湿球温度),物料表面处的水蒸气分压也维持恒定,故干燥速率恒定不变。

第二个阶段为降速干燥阶段,当物料被干燥达到临界湿含量后,便进入降速干燥阶段。此时,物料中所含水分较少,水分自物料内部向表面传递的速率低于物料表面水分的汽化速率,干燥速率为水分在物料内部的传递速率所控制。故此阶段亦称为内部迁移控制阶段。随着物料湿含量逐渐减少,物料内部水分的迁移速率也逐渐减少,故干燥速率不断下降。

恒速段的干燥速率和临界含水量的影响因素主要有:固体物料的种类和性质;固体物料层的厚度或颗粒大小;空气的温度、湿度和流速;空气与固体物料间的相对运动方式。

恒速段的干燥速率和临界含水量是干燥过程研究和干燥器设计的重要数据。本实验在恒定干燥条件下对帆布物料进行干燥,测定干燥曲线和干燥速率曲线,目的是掌握恒速段干燥速率和临界含水量的测定方法及其影响因素。

四、实验装置

干燥器类型:洞道。

加热功率:500～1 500 W。空气流量:1～5 m^3/min。干燥温度:40～120 ℃。

质量传感器显示仪:量程(0～200 g),精度 0.2 级。

干球温度湿度计、湿球温度湿度计显示仪：量程(0～150 ℃)，精度 0.5 级。

孔板流量计处温度计显示仪：量程(0～100 ℃)，精度 0.5 级。

孔板流量计压差变送器和显示仪：量程(0～4 kPa)，精度 0.5 级。

电子秒表：绝对误差 0.5 s。

使用方法：

(1)实验前的准备工作。

①将被干燥物料试样进行充分浸泡。

②向湿球温度湿度计的附加蓄水池内补充适量的水，使池内水面上升至适当位置。

③将被干燥物料的空支架安装在洞道内。

④调节新空气入口阀到全开的位置。

(2)装置的实验操作方法。

①按下电源开关的绿色按键，再按风机开关按钮，开动风机。

②调节三个蝶阀到适当的位置，将空气流量调至指定读数。

③在温度显示控制仪表上，将干燥器的干球温度设定在指定值(可通过仪表上的移位键、上移键、下移键改变指定值)。按下加热开关，让电热器通电。

④干燥器的流量和干球温度恒定达 5 min 之后并且数字显示仪显示的数字不再增长，即可开始实验。此时，读取数字显示仪的读数作为试样支撑架的质量(GD)。

⑤将被干燥物料试样从水盆内取出，控去浮挂在其表面的水分(使用呢子物料时，最好用力挤去所含的水分，以免干燥时间过长。将支架从干燥器内取出，再将支架插入试样内直至尽头)。

⑥将支架连同试样放入洞道内，并安插在其支撑杆上。注意：不能用力过大，使传感器受损。

⑦立即按下秒表开始计时，并记录仪表的显示值。然后每隔一段时间记录数据一次(记录总质量和时间)，直至减少同样时间质量的减少是恒速阶段所用时间的 8 倍时，即可结束实验。注意：最后若发现时间已过去很长，但减少的质量还达不到所要求的质量，则可立即记录数据。

(3)装置使用的注意事项。

①在安装试样时，一定要小心保护传感器，以免用力过大造成传感器的机械性损伤。

②在设定温度给定值时，不要改动其他仪表参数，以免影响控温效果。

③为了设备的安全，开车时，一定要先开风机后开空气预热器的电热器。停车时则相反。

④突然断电后，再次开启实验时，检查风机开关、加热器开关是否已被按下，如果被按下，则再按一下使其弹起，不再处于导通状态。

五、报告内容

(1)根据实验装置绘制流程图。

(2)根据实验结果绘制干燥曲线、干燥速率曲线，并得出恒定干燥速率、临界含水量等。

附　　录

1. 干燥速率的测定

调试实验的数据见表 46.1。

干燥曲线 $X-T$ 曲线，用 X、T 数据进行标绘，如图 46.1 所示。

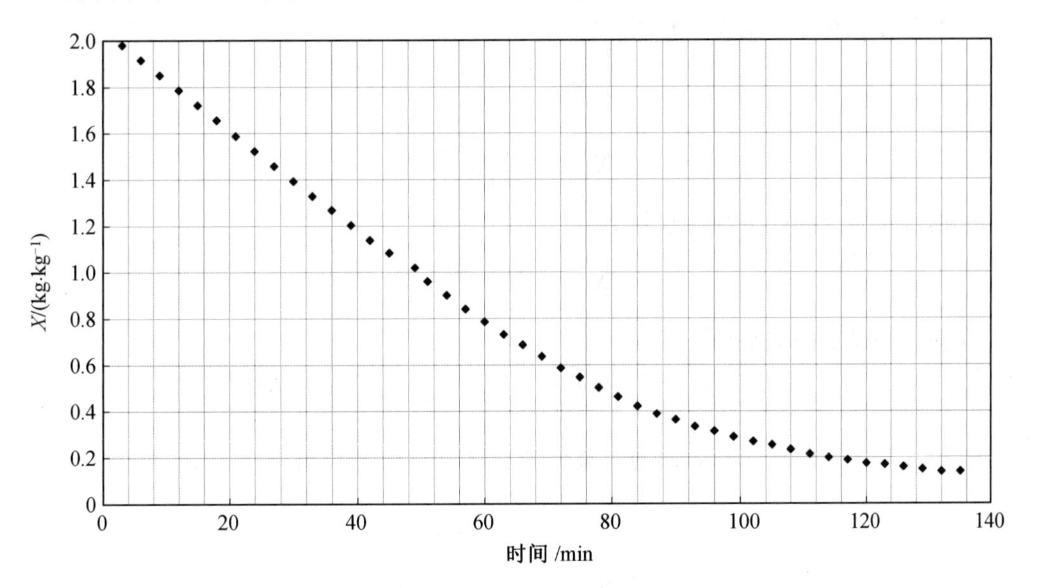

图 46.1　干燥曲线 $X-T$ 曲线

干燥速率曲线 $U-X$ 曲线，用 U、X_{AV} 数据进行标绘，如图 46.2 所示。

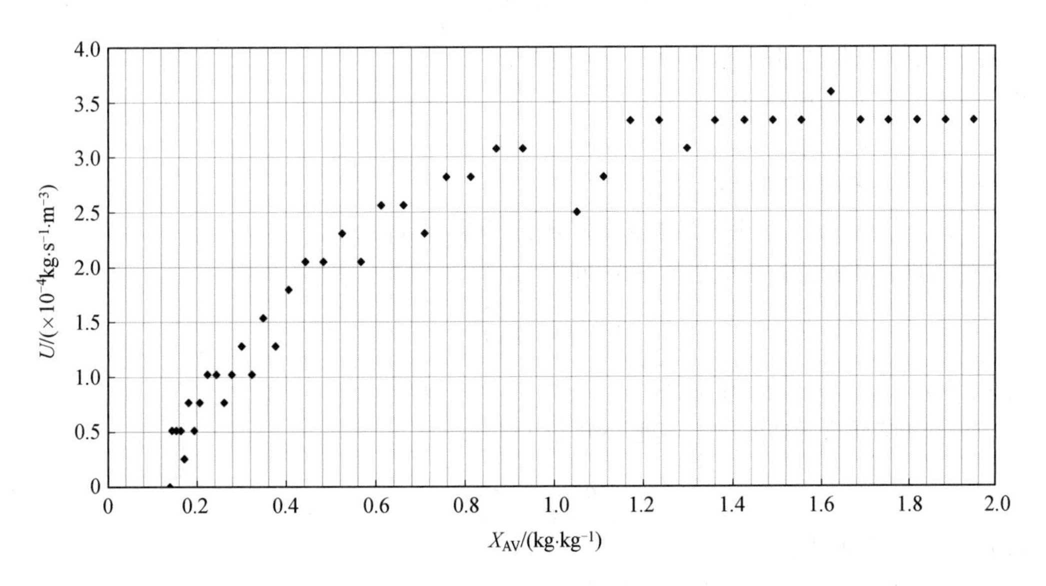

图 46.2　干燥速率曲线 $U-X$ 曲线

2. 数据的计算举例

以表 46.1 所示的实验的第 i 和 $i+1$ 组数据为例。

(1)公式。

①被干燥物料的质量 G：

$$G_i = G_{T,i} - G_D \tag{46.1}$$

$$G_{i+1} = G_{T,i+1} - G_D \tag{46.2}$$

②被干燥物料的干基含水量 X：

$$X_i = \frac{G_i - G_C}{G_C} \tag{46.3}$$

$$X_{i+1} = \frac{G_{i+1} - G_C}{G_C} \tag{46.4}$$

③两次记录之间的平均含水量 X_{AV}：

$$X_{AV} = \frac{X_i + X_{i+1}}{2} \tag{46.5}$$

④两次记录之间的平均干燥速率：

$$U = -\frac{G_C \times 10^3}{S} \times \frac{dX}{dT} = -\frac{G_C \times 10^3}{S} \times \frac{X_{i+1} - X_i}{T_{i+1} - T_i} \tag{46.6}$$

⑤恒速阶段空气至物料表面的对流传热系数 α(单位 $W/(m^2 \cdot ℃)$)：

$$\alpha = \frac{Q}{S \times \Delta t} = \frac{U_C \gamma_{tw} \times 10^3}{t - t_w} \tag{46.7}$$

式中 γ_{tw}——湿球温度下水的汽化潜热。

⑥流量计处体积流量 V_t(单位 m^3/h)用其回归式算出：

$$V_t = c_0 \times A_0 \times \sqrt{\frac{2 \times \Delta p}{\rho_t}} \tag{46.8}$$

式中 c_0——孔板流量计孔流系数，$c_0 = 0.65$；

A_0——孔的面积，m^2；

d_0——孔板孔径，$d_0 = 0.040$ m；

Δp——孔板两端压差，kPa；

ρ_t——空气入口温度(即流量计处温度)下密度，kg/m^3。

⑦干燥试样放置处的空气流量 V(单位 m^3/h)：

$$V = V_{试} \times \frac{273 + t}{273 + t_0} \tag{46.9}$$

式中 $V_{试}$——空气流量计的读数。

⑧干燥试样放置处的空气流速 u(单位 m/s)：

$$u = \frac{V}{3\,600 \times A} \tag{46.10}$$

式中 A——干燥管面积。

(2)数据：以第一次实验数据为例进行计算(表 46.1)。

$i=1$，则

$$G_{T,i}=150.6\ g$$
$$G_{T,i+1}=149.8\ g$$
$$G_D=91.9\ g$$

由式(46.1)、式(46.2)得

$$G_i=58.7\ g, G_{i+1}=57.9\ g$$
$$G_C=22.5\ g$$

由式(46.3)、式(46.4)得

$X_i=1.6089$ kg 水/kg 绝干物料，$X_{i+1}=1.5733$ kg 水/kg 绝干物料

由式(46.5)得

$$X_{AV}=1.5911\ \text{kg 水/kg 绝干物料}$$
$$S=2\times0.144\times0.082=0.023124\ m^2$$
$$T_i=0\ s, T_{i+1}=180\ s$$

由式(46.6)得

$$U=1.922\times10^{-4}\ \text{kg 水}/(s\cdot m^2)$$

表 46.1　干燥实验装置实验原始及整理数据表（举例说明）

空气孔板流量计读数 R:1.1 kPa　流量计处的空气温度 t_o:37.6 ℃　干球温度 t:60 ℃

湿球温度 t_w:35.6 ℃　框架质量 G_D:126.5 g　绝干物料量 G_C:20.1 g

干燥面积 S:0.139×0.078×2=0.021 684 m^2　洞道截面积:0.15×0.2=0.03 m^2

序号	累计时间 T/min	总质量 G_T/g	干基含水量 $X/(kg\cdot kg^{-1})$	平均含水量 $X_{AV}/(kg\cdot kg^{-1})$	干燥速率 $U/(\times10^4 kg\cdot s^{-1}\cdot m^{-2})$
1	0	187.4	2.029 9	2.005 0	2.562
2	3	186.4	1.980 1	1.947 8	3.331
3	6	185.1	1.915 4	1.883 1	3.331
4	9	183.8	1.850 7	1.818 4	3.331
5	12	182.5	1.786 1	1.753 7	3.331
6	15	181.2	1.721 4	1.689 1	3.331
7	18	179.9	1.656 7	1.621 9	3.587
8	21	178.5	1.587 1	1.554 7	3.331
9	24	177.2	1.522 4	1.490 0	3.331
10	27	175.9	1.457 7	1.425 4	3.331
11	30	174.6	1.393 0	1.360 7	3.331
12	33	173.3	1.328 4	1.298 5	3.074
13	36	172.1	1.268 7	1.236 3	3.331
14	39	170.8	1.204 0	1.171 6	3.331
15	42	169.5	1.139 3	1.111 9	2.818
16	45	168.4	1.084 6	1.052 2	2.498

续表 46.1

空气孔板流量计读数 R:1.1 kPa　流量计处的空气温度 t_o:37.6 ℃　干球温度 t:60 ℃

湿球温度 t_w:35.6 ℃　框架质量 G_D:126.5 g　绝干物料量 G_C:20.1 g

干燥面积 S:0.139×0.078×2=0.021 684 m^2　洞道截面积:0.15×0.2=0.03 m^2

序号	累计时间 T/min	总质量 G_T/g	干基含水量 X/(kg·kg^{-1})	平均含水量 X_{AV}/(kg·kg^{-1})	干燥速率 U/(×10^{4}kg·s^{-1}·m^{-2})
17	49	167.1	1.019 9	0.990 0	4.612
18	51	165.9	0.960 2	0.930 3	3.074
19	54	164.7	0.900 5	0.870 6	3.074
20	57	163.5	0.840 8	0.813 4	2.818
21	60	162.4	0.786 1	0.758 7	2.818
22	63	161.3	0.731 3	0.709 0	2.306
23	66	160.4	0.686 6	0.661 7	2.562
24	69	159.4	0.636 8	0.611 9	2.562
25	72	158.4	0.587 1	0.567 2	2.050
26	75	157.6	0.547 3	0.524 9	2.306
27	78	156.7	0.502 5	0.482 6	2.050
28	81	155.9	0.462 7	0.442 8	2.050
29	84	155.1	0.422 9	0.405 5	1.793
30	87	154.4	0.388 1	0.375 6	1.281

实验 47　传热综合实验

一、实验要求

(1)使用对流套管换热器实验装置,分别测定两个套管换热器的对流传热系数 α_i。

(2)应用实验测定数据,通过线性回归分析方法,确定实验装置中两个套管换热器的关联式 $Nu=ARe^mPr^{0.4}$中的常数 A、m。

(3)综合分析上述实验结果,判断两个套管换热器的类型(确定强化内管)。

(4)根据实验数据和实验结果分析,选择适宜的套管换热器,调整参数满足实时任务要求,完成实验报告。

二、实验原理

(1)光滑套管换热器传热系数及其准数关联式的测定。

①对流传热系数 α_i 的测定。

在该传热实验中，空气走内管，蒸气走外管。

对流传热系数 α_i 可以根据牛顿冷却定律，用实验来测定：

$$\alpha_i=\frac{Q_i}{\Delta t_m \times S_i} \tag{47.1}$$

式中　α_i——管内流体对流传热系数，W/(m^2·℃)；

Q_i——管内传热量，W；

S_i——管内换热面积，m^2；

Δt_m——内壁面与流体间的温差，℃。

a. 热量衡算式：

$$Q_i=W_m C_{p_m}(t_2-t_1) \tag{47.2}$$

其中质量流量由下式求得：

$$W_m=\frac{V_m \rho_m}{3\ 600} \tag{47.3}$$

式中　V_m——冷流体在套管内的平均体积流量，m^3/h，可查阅相关参数数据表获得；

C_{p_m}——冷流体的比热容定压，kJ/(kg·℃)；

ρ_m——冷流体的密度，kg/m^3。

C_{p_m} 和 ρ_m 可根据定性温度 t_m 查得，$t_m=\frac{t_1+t_2}{2}$ 为冷流体进出口平均温度。

b. 管内换热面积：

$$S_i=\pi d_i L_i \tag{47.4}$$

式中　d_i——内管管内径，m；

L_i——传热管测量段的实际长度，m。

c. Δt_m 由下式确定：

$$\Delta t_m=t_w-\frac{t_1+t_2}{2} \tag{47.5}$$

式中　t_1、t_2——冷流体的入口、出口温度，℃；

t_w——壁面平均温度，℃（因为换热器内管为紫铜管，其导热系数很大，且管壁很薄，故认为内壁温度、外壁温度和壁面平均温度近似相等）。

②对流传热系数准数关联式的实验确定。

流体在管内做强制湍流，处于被加热状态，准数关联式的形式为

$$Nu=A\,Re^m\,Pr^n \tag{47.6}$$

式中　$Nu=\frac{\alpha_i d_i}{\lambda_i}$，$Re=\frac{u_m d_i \rho_m}{\mu_m}$，$Pr=\frac{C_{p_m}\mu_m}{\lambda_m}$。

物性数据 λ_m、C_{p_m}、ρ_m、μ_m 可根据定性温度 t_m 查得。经过计算可知，对于管内被加热的空气，普兰特准数 Pr 变化不大，可以认为是常数，则关联式的形式简化为

$$Nu=A\,Re^m\,Pr^{0.4} \tag{47.7}$$

这样通过实验确定不同流量下的 Re 与 Nu，然后用线性回归方法确定 A 和 m 的值。

(2)强化套管换热器传热系数、准数关联式及强化比的测定。

强化传热有以下优点：能减小初设计的传热面积，以减小换热器的体积和质量；提高

现有换热器的换热能力;使换热器能在较低温差下工作;并且能够减少换热器的阻力以减少换热器的动力消耗,更有效地利用能源和资金。本实验装置是采用在换热器内管插入螺旋线圈的方法来强化传热的。

科学家通过实验研究总结了经验公式:

$$Nu=BRe^{m}$$

式中,B 和 m 的值因螺旋丝尺寸不同而不同。

采用和光滑套管同样的实验方法确定不同流量下的 Re_i 与 Nu,用线性回归方法可确定 B 和 m 的值。

单纯研究强化手段的强化效果(不考虑阻力的影响),可以用强化比的概念作为评判准则,它的形式是 Nu/Nu_0,其中 Nu 是强化管的努塞尔准数,Nu_0 是光滑管的努塞尔准数,显然,强化比 $Nu/Nu_0>1$,而且它的值越大,强化效果越好。

三、实验流程和设备主要技术数据

实验流程和设备主要技术数据如图 47.1 和表 47.1 所示。

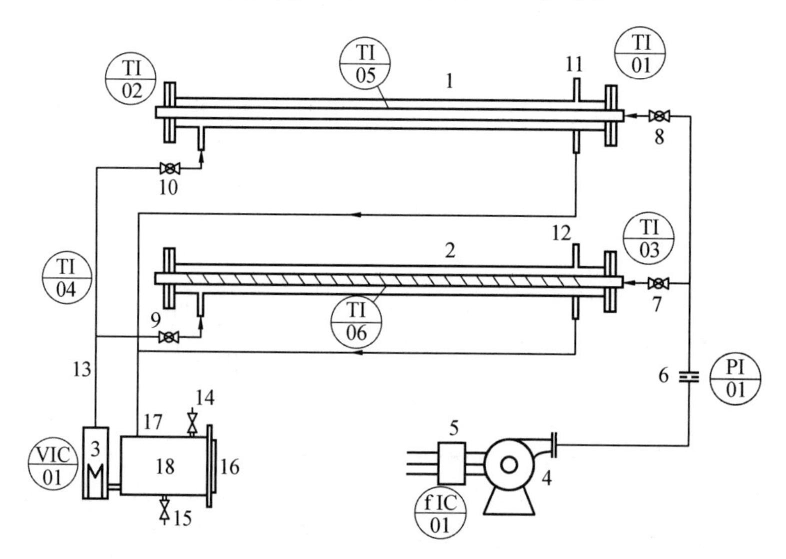

图 47.1 空气－水蒸气传热综合实验装置流程示意图

1—普通套管换热器;2—内插有螺旋线圈的强化套管换热器;3—蒸气发生器;4—旋涡气泵;5—变频器;6—孔板流量计;7、8—空气支路控制阀;9、10—蒸气支路控制阀;11、12—蒸气放空口;13—蒸气上升主管路;14—加水口;15—放水口;16—液位计;17—冷凝液回流口;18—储槽

表 47.1　实验装置结构参数

项目	参数
实验内管内径 d_i/mm	20.00
实验内管外径 d_o/mm	22.0
实验外管内径 D_i/mm	50
实验外管外径 D_o/mm	57.0
测量段(紫铜内管)长度 L/m	1.00
加热釜操作电压	≤200 V

四、实验测量手段

(1)空气流量的测量。

空气流量计由孔板与差压变送器和二次仪表组成。该孔板流量计在 20 ℃时标定的流量和压差的关系式为

$$V_{20}=6.639\times(\Delta p)^{0.5} \tag{47.8}$$

流量计在实际使用时往往不是 20 ℃,此时需要对该读数进行校正:

$$V_{t1}=V_{20}\sqrt{\frac{273+t_1}{273+20}} \tag{47.9}$$

式中　Δp——孔板流量计两端压差,kPa;

V_{20}——20 ℃时体积流量, m^3/h;

V_{t1}——流量计处体积流量,也是空气入口体积流量,m^3/h;

t_1——流量计处温度,也是空气入口温度,℃。

由于换热器内温度的变化,传热管内的体积流量需进行校正:

$$V_m=V_{t1}\times\frac{273+t_m}{273+t_1} \tag{47.10}$$

式中　V_m——传热管内平均体积流量,m^3/h;

t_m——传热管内平均温度,℃。

(2)温度的测量。

空气进出口温度采用 K－型热电偶温度计测得,由多路巡检表以数值形式显示(1—普通管空气进口温度;2—普通管空气出口温度;3—强化管空气进口温度;4—强化管空气出口温度)。壁温采用热电偶温度计测量,光滑管的壁温由显示表的上排数据读出,强化管的壁温由显示表的下排数据读出。

(3)电加热釜。

电加热釜是产生水蒸气的装置,使用体积为 7 L(加水至液位计的上端红线),内装有一支 1.5 kW 的电热器,当水温为 30 ℃时,用 200 V 电压加热,约 25 min 后水便沸腾,为了安全和长久使用,建议最高加热(使用)电压不超过 200 V(由固态调压器调节)。

(4)气源(鼓风机)。

气源(鼓风机)又称旋涡气泵,XGB－12 型,由无锡市信华泵业有限公司生产,电机功

率约 0.55 kW(使用三相电源),在本实验装置上,产生的最大和最小空气流量基本满足要求,使用过程中,输出空气的温度呈上升趋势。

五、实验步骤

(1)实验前的准备,检查工作。

①向电加热釜加水至液位计上端红线处。

②检查空气流量旁路调节阀是否全开。

③检查蒸气管支路各控制阀是否已打开。保证蒸气和空气管线的畅通。

④接通电源总闸,设定加热电压,启动电加热器开关,开始加热。

(2)实验开始。

①关闭通向强化套管的阀门 9,打开通向简单套管的阀门 10,当简单套管换热器的放空口 11 有水蒸气冒出时,可启动风机,此时要关闭阀门 7,打开阀门 8。在整个实验过程中始终保持换热器出口处有水蒸气冒出。

②启动风机后用变频器 5 调节流量,调好某一流量稳定 5~10 min 后,分别测量空气的流量,空气进出口的温度及壁面温度。然后,改变流量测量下组数据。一般从小流量到最大流量之间,要测量 5~6 组数据。

③做完简单套管换热器的数据后,要进行强化管换热器实验。先打开蒸气支路控制阀 9,停止变频器运转,关闭蒸气支路控制阀 10,关闭空气支路控制阀 8,打开空气支路控制阀 7,进行强化管传热实验。打开通向强化管的热流体阀门,关闭通向简单管的热流体阀门。重复步骤②和③。

(3)实验结束后,依次关闭加热电源、风机和总电源。将一切复原。

六、注意事项

(1)检查蒸气加热釜中的水位是否在正常范围内。特别是每个实验结束后,进行下一实验之前,如果发现水位过低,应及时补给水量。

(2)必须保证蒸气上升管线的畅通。即在给蒸气加热釜电压之前,两蒸气支路阀门之一必须全开。在转换支路时,应先开启需要的支路阀,再关闭另一侧,且开启和关闭阀门必须缓慢,防止管线截断或蒸气压力过大突然喷出。

(3)必须保证空气管线的畅通。即在接通风机电源之前,两个空气支路控制阀之一和旁路调节阀必须全开。在转换支路时,应先关闭风机电源,然后开启和关闭支路阀。

(4)调节流量后,应至少稳定 5~10 min 后读取实验数据。

(5)实验中保持上升蒸气量的稳定,不应改变加热电压,且保证蒸气放空口一直有蒸气放出。

七、数据记录与处理

将测定实验数据记录在表 47.2 中。

表 47.2　测定实验数据

装置编号 (　　)	传热管内径 d_i：　有效长度：　冷流体：　流体：						
原始数据(记录)	实验编号	1	2	3	4	5	6
	孔板压差 Δp/kPa						
	空气入口温度 t_1/℃						
	空气出口温度 t_2/℃						
	壁面温度 t_w/℃						
	管内平均温度 t_m/℃						
物性数据(查得)	$\rho_m/(kg \cdot m^{-3})$						
	$\lambda_m/(\times 10^2 W \cdot m^{-1} \cdot ℃^{-1})$						
	$C_{p_m}/(kJ \cdot kg^{-1} \cdot ℃^{-1})$						
	$\mu_m/(\times 10^4 Pa \cdot s)$						
处理过程数据(计算)	空气进出口温差 Δt/℃						
	平均温差 Δt_m/℃						
	20 ℃时空气流量 $V_{20}/(m^3 \cdot h^{-1})$						
	流量计处空气流量 $V_{t1}/(m^3 \cdot h^{-1})$						
	管内平均流量 $V/(m^3 \cdot h^{-1})$						
	平均流速 $u/(m \cdot s^{-1})$						
	传热量 Q/W						
	$\alpha_i/(W \cdot m^{-2} \cdot ℃^{-1})$						
	Re						
	Nu						
	$Nu/Pr^{0.4}$						

数据处理过程(举例)：

孔板流量计压差计读数 $\Delta p=0.79$ kPa，

空气进口温度 $t_1=21.8$ ℃，

空气出口温度 $t_2=60.9$ ℃，

传热管壁面温度 $t_w=99.4$ ℃。

(1)传热管内径 d_i 及流通截面积 F_i。

$$d_i=20.00\ \text{mm}=0.0200\ \text{m} \tag{47.11}$$

$$F_i=\frac{\pi\cdot d_i^2}{4}=3.142\times(0.0200)^2/4=0.0003142(\text{m}^2) \tag{47.12}$$

(2)传热管有效长度 L 及传热面积 S_i。

$$L=1.00\ \text{m}$$

$$S_i=\pi\cdot d_i\cdot L=3.142\times0.02\times1.00=0.06284(\text{m}^2) \tag{47.13}$$

(3)空气平均物性常数。

先计算空气的定性温度 t_m，

$$t_m=\frac{t_1+t_2}{2}=41.35\ ℃ \tag{47.14}$$

在此温度下空气物性数据如下：

平均密度 $\rho_m=1.12$ kg/m^3；

平均比定压热容 $C_{p_m}=1005$ J/(kg · K)；

平均导热系数 $\lambda_m=0.0276$ W/(m · K)；

平均黏度 $\mu_m=0.0000192$ Pa · s；

(4)空气流过换热器内管时的平均体积流量 V_m 和平均流速。

20 ℃时对应的孔板流量计体积流量：

$$V_{20}=22.696\times(\Delta p)^{0.5}=22.696\times0.79^{0.5}=20.17(\text{m}^3/\text{h}) \tag{47.15}$$

因为流量计处温度不是 20 ℃，故需校正：

$$V_{t1}=V_{20}\sqrt{\frac{273+t_1}{273+20}}=20.17\times\sqrt{\frac{273+21.8}{273+20}}=20.23(\text{m}^3/\text{h}) \tag{47.16}$$

传热管内平均体积流量 V_m：

$$V_m=V_{t1}\times\frac{273+t_m}{273+t_1}=20.23\times\frac{273+41.35}{273+21.8}=21.58(\text{m}^3/\text{h}) \tag{47.17}$$

平均流速 u_m：

$$u_m=\frac{V_m}{F\times3600}=\frac{21.58}{0.0003142\times3600}=19.09(\text{m/s}) \tag{47.18}$$

(5)壁面和冷流体间的平均温度差 Δt_m。

$$\Delta t_m=t_w-\frac{t_1+t_2}{2}=99.4-41.35=58.05(℃) \tag{47.19}$$

(6)传热量。

$$Q=\frac{V_m\cdot\rho_m\cdot C_{p_m}(t_2-t_1)}{3600}=\frac{21.58\times1.12\times1005\times(60.9-21.8)}{3600}=265(\text{W}) \tag{47.20}$$

(7)管内传热系数。

$$\alpha_i=\frac{Q}{\Delta t_m \times S_i}=\frac{265}{58.05\times 0.062\ 84}=73(\mathrm{W/(m^2\cdot ℃)}) \tag{47.21}$$

(8)各准数。

$$Nu=\alpha_i\times\frac{d_i}{\lambda}=73\times\frac{0.020\ 0}{0.027\ 6}=53 \tag{47.22}$$

$$Re=d_i\times\frac{u_m\rho_m}{\mu_m}=0.020\ 0\times\frac{19.09\times 1.12}{0.000\ 019\ 2}=22\ 386 \tag{47.23}$$

$$Pr=\frac{C_p\cdot\mu}{\lambda}=\frac{1\ 005\times 1.92\times 10^{-5}}{0.027\ 6}=0.698 \tag{47.24}$$

(9)关联式 $Nu=A\,Re^m\,Pr^{0.4}$ 中的常数项。

以$\frac{Nu}{Pr^{0.4}}$为纵坐标,Re 为横坐标,在对数坐标系上标绘$\frac{Nu}{Pr^{0.4}}-Re$ 关系,为直线。由图线回归出如下结果:

$$y=0.017\ 4x^{0.816\ 1}$$

即

$$Nu=0.017\ 4\,Re^{0.816\ 1}\,Pr^{0.4} \tag{47.25}$$

(10)强化比 Nu/Nu_0。

将强化套管换热器求得的 Re 数代入光滑套管换热器所得的准数关联式中,可以得到 Nu_0。

$$Nu_0=0.017\ 4\,Re^{0.816\ 1}\,Pr^{0.4}=0.017\ 4\times 36\ 262^{0.816\ 1}\times 0.697^{0.4}=79.22 \tag{47.26}$$

$$\frac{Nu}{Nu_0}=\frac{148}{79.22}=1.87 \tag{47.27}$$

八、实验体会与问题思考

结合个人实验状况以及对理论的理解适当撰写。

附　　录

1. 变频器的使用

(1)如图 47.2 变频器面板图所示,首先按下 [DSP RUN] 键,若面板 LED 上显示 F_XXX(X 代表 0~9 中任意一个数字),则进入步骤(2);如果仍然只显示数字,则继续按 [DSP RUN] 键,直到面板 LED 上显示 F_XXX 时才进入步骤(2)。

(2)接下来按下 [▲] 或 [▼] 键选择所要修改的参数号,由于 N2 系列变频器面板 LED 能显示四位数字或字母,可以使用 [< RESET] 键来横向选择所要修改的数字的位数,以

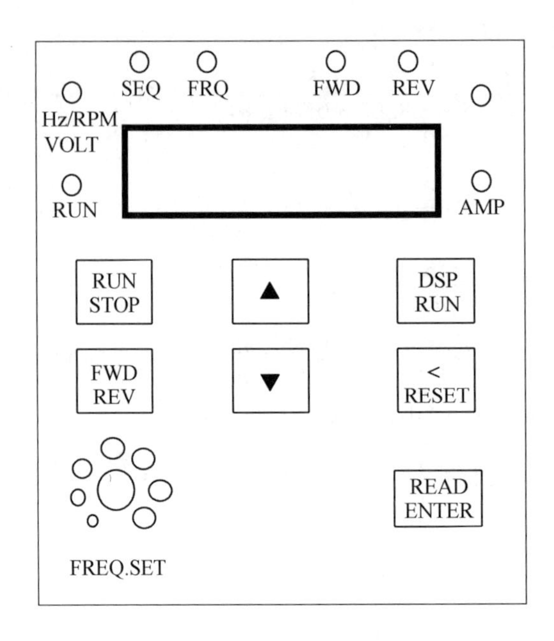

图 47.2　变频器面板图

加快修改速度，将 F_XXX 设置为 F_011 后，按下 READ ENTER 键进入步骤(3)。

(3)按下 ▲ 、▼ 键及 < RESET 键设定或修改具体参数，将参数设置为 0000(或 0002)。

(4)改好参数后，按下 READ ENTER 键确认，然后按下 DSP RUN 键，将面板 LED 显示切换到频率显示的模式。

(5)按下 ▲ 、▼ 键及 < RESET 键设定需要的频率值，按下 READ ENTER 键确认。

(6)按下 RUN STOP 键运行或停止。

2. 宇电仪表的使用

(1)宇电仪表面板如图 47.3 所示。

(2)基本使用操作。

(3)显示切换。如图 47.3 宇电仪表面板图所示，按(◎)键可以切换不同的显示状态。

(4)修改数据。如图 47.4 仪表显示状态所示，需要设置给定值时，可将仪表切换到左侧显示状态，即可通过按(◁)、(▽)或(△)键来修改给定值。AI 仪表同时具备数据快速增减法和小数点移位法。按(▽)键减少数值，按(△)键增加数值，可修改数值位的小数点同时闪动(如同光标)。按键并保持不放，可以快速地增加/减少数值，并且速度会随

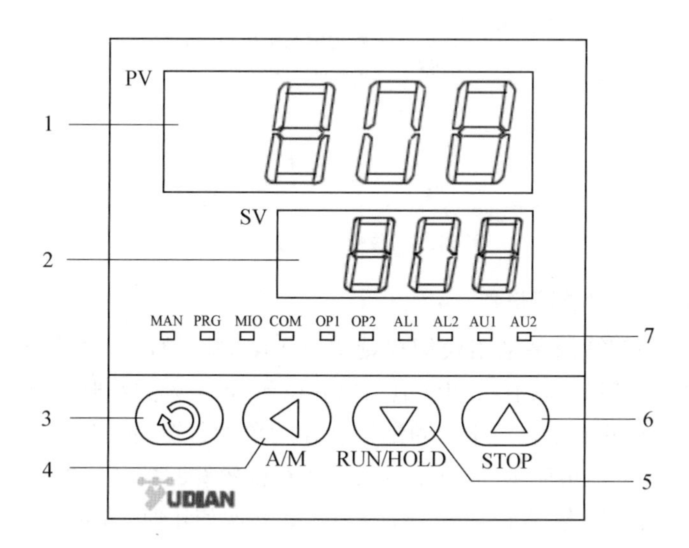

图 47.3　宇电仪表面板图

1—上显示窗；2—下显示窗；3—设置键；4—数据移位（兼手动/自动切换）；5—数据减少键；6—数据增加键；7—10 个 LED 指示灯（MAN 灯灭表示自动控制状态，亮表示手动输出状态；PRG 灯表示仪表处于程序控制状态；MIO、OP1、OP2、AL1、AL2、AU1、AU2 等灯分别对应模块输入输出动作；COM 灯亮表示正与上位机进行通信）

小数点右移自动加快（3 级速度）。而按◁键则可直接移动修改数据的位置（光标），操作快捷。

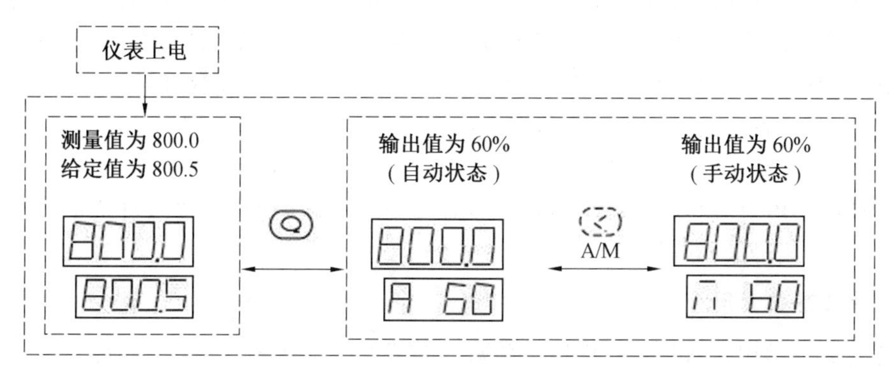

图 47.4　仪表显示状态

（5）设置参数。如图 47.5 仪表参数设定所示，在基本状态下按⟲键并保持约 2 s，即进入参数设置状态。在参数设置状态下按⟲键，仪表将依次显示各参数，例如上限报警值 HIAL、LoAL 等。用◁、▽、△等键可修改参数值。按◁键并保持不放，可返回显示上一参数。先按◁键不放接着再按⟲键可退出设置参数状态。如果没有按键操作，约 30 s 后会自动退出设置参数状态。

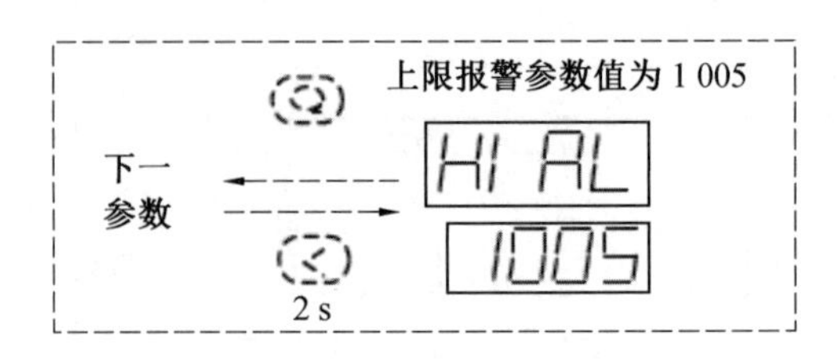

图 47.5 仪表参数设定

3. 人工智能调节及自整定操作

人工智能(AI)调节算法是采用模糊规则进行 PID 调节的一种新型算法,在误差大时,运用模糊算法进行调节,以消除 PID 饱和积分现象,当误差趋小时,采用改进后的 PID 算法进行调节,并能在调节中自动学习和记忆被控对象的部分特征以使效果最优化。具有无超调、高精度、参数确定简单、对复杂对象也能获得较好的控制效果等特点。AI 系列调节仪表还具备参数自整定(AT)功能,AI 调节方式初次使用时,可启动自整定功能来协助确定 M5、P、t 等控制参数。将参数 CtrL 设置为 2 的启动仪表自整定功能,此时仪表下显示器将闪动显示“At”字样,表明仪表已进入自整定状态。自整定时,仪表执行位式调节,经 2～3 次振荡后,仪表内部微处理器根据位式控制产生的振荡,分析其周期、幅度及波型来自动计算出 M5、P、t 等控制参数。如果在自整定过程中要提前放弃自整定,可再按(◁)键并保持约 2 s,使仪表下显示器停止闪动“At”字样即可。视不同系统,自整定需要的时间可从数秒至数小时不等。仪表在自整定成功结束后,会将参数 CtrL 设置为 3(出厂时为 1)或 4,这样今后无法从面板再按(◁)键启动自整定,可以避免人为的误操作再次启动自整定。

系统在不同给定值下整定得出的参数值不完全相同,执行自整定功能前,应先将给定值设置在最常用值或中间值上。参数 Ctl(控制周期)及 dF(回差)的设置,对自整定过程也有影响,一般来说,这 2 个参数的设定值越小,理论上自整定参数准确度越高。但 dF 值如果过小,则仪表可能因输入波动而在给定值附近引起位式调节的误动作,这样反而可能整定出彻底错误的参数。推荐 Ctl=0～2,dF=2.0。此外,基于需要学习的原因,自整定结束后初次使用,控制效果可能不是最佳,需要使用一段时间(一般与自整定需要的时间相同)后方可获得最佳效果。

4. 强化传热技术简介

本实验装置采用在换热器内管插入螺旋线圈的方法来强化传热。

螺旋线圈内部结构如图 47.6 所示,螺旋线圈由直径 3 mm 以下的铜丝和钢丝按一定节距绕成。将金属螺旋线圈插入并固定在管内,即可构成一种强化传热管。在近壁区域,流体一面由于螺旋线圈的作用而发生旋转,一面还周期性地受到线圈的螺旋金属丝的扰动,因而可以使传热强化。由于绕制线圈的金属丝直径很细,流体旋流强度也较弱,所以阻力较小,有利于节省能源。螺旋线圈节距 H 与管内径 d 的比值是螺旋线圈的重要技术参数,而长径比也是影响传热效果和阻力系数的重要因素。科学家通过实验研究总结了形式为 $Nu=B\,Re^{m}$ 的经验公式,其中 B 和 m 的值因螺旋丝尺寸不同而不同。

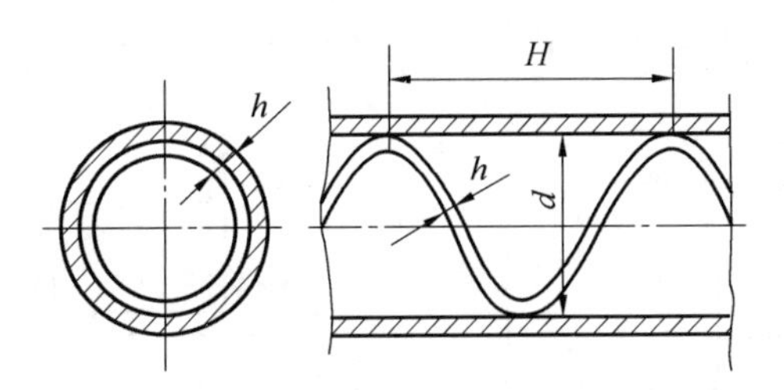

图 47.6　螺旋线圈内部结构

实验 48　恒压过滤常数测定

一、实验设备的特点

(1)该实验设备为由过滤板、过滤框组成的小型工业用板框过滤机,实验设备整体美观、简单,操作方便。

(2)可测定过滤常数: K、q_e、θ_e及 s、k。

(3)实验数据稳定、可靠,重现性好。

(4)过滤压力范围(0.05～0.2 MPa)。

二、设备的主要技术数据

(1)离心泵:型号为 CHL2－120L SWSC。

(2)搅拌器:型号为 YN90－120; 功率为 120 W;转速为 1 300 r/min。

(3)过滤板:规格为 160 mm×180 mm×11 mm。

(4)滤布:工业用;过滤面积为 0.047 5 m^2。

(5)计量桶:长为 320 mm、宽为 320 mm。

三、设备的流程及操作注意事项

(1)流程。

流程如图 48.1 所示。

如图 48.1 所示,滤浆槽内配有一定浓度的轻质碳酸钙悬浮液(质量分数为 2%～4%),用电动搅拌器进行均匀搅拌(浆液不出现旋涡为好)。启动离心泵,打开调节阀门 3 开始循环。缓慢调节阀门 3、6 及计量桶上方阀门,使压力表 5 达到预定值。滤液在计量桶内计量。

(2)操作注意事项。

①过滤板与框之间的密封垫应注意放正,过滤板与框的滤液进出口对齐。用摇柄把过滤设备压紧,以免漏液。

②计量桶的流液管口应贴桶壁,否则液动影响读数。

③电动搅拌器为无级调速。使用时首先接上系统电源,打开调速器开关,调速钮一定要由小到大缓慢调节,切勿反方向调节或调节过快损坏电机。

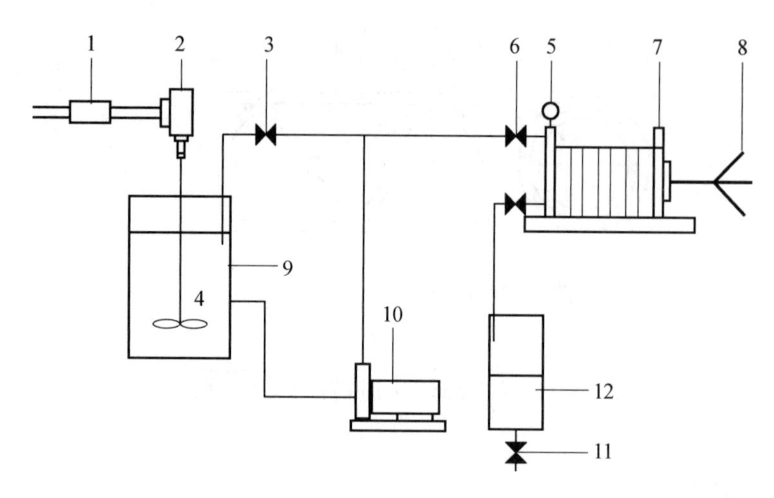

图 48.1 设备的操作流程图

1—调速器;2—电动搅拌器;3、6、11—阀门;4—搅拌桨;5—压力表;7—板框过滤机;8—压紧装置;9—滤浆槽;10—离心泵;12—计量桶

④启动搅拌前,用手旋转一下搅拌轴以保证顺利启动搅拌器。

四、实验方法及操作步骤

(1)系统接上电源,打开搅拌器电源开关,启动电动搅拌器 2。将滤浆槽 9 内浆液搅拌均匀。

(2)板框过滤机板、框排列顺序为:固定头—非洗涤板—框—洗涤板—框—非洗涤板—可动头。用压紧装置压紧后待用。

(3)使阀门 3、6 处于全关状态。启动离心泵 10,打开阀门 3。

(4)关闭阀门 3 同时缓慢打开过滤入口阀 6 及计量桶上方阀门,使压力表 5 达到预定值,过滤开始。当计量桶 12 内见到第一滴液体时按表计时。记录滤液每增加高度10 mm时所用的时间。当计量桶 12 读数为 200 mm 时停止计时,并关闭入口阀 6 及计量桶上方阀门。

(5)关闭离心泵 10。开启压紧装置,卸下过滤框内的滤饼并放回滤浆槽内,将滤布清洗干净。放出计量桶内的滤液并倒回槽内,以保证滤浆浓度恒定。

(6)改变压力,从(2)开始重复上述实验。

附 录 1

详细实验原理,计算方法见附录 2。

(1)实验数据的计算方法(实验数据见表 48.1)。

表 48.1　实验数据

序号	高度/mm	Q/(m^3·m^{-2})	Q_{av}/(m^3·m^{-2})	0.05 MPa			0.10 MPa			0.15 MPa		
				时间/s	$\Delta\theta$/s	$\Delta\theta/\Delta q$	时间/s	$\Delta\theta$/s	$\Delta\theta/\Delta q$	时间/s	$\Delta\theta$/s	$\Delta\theta/\Delta q$
1	60	0.019 7	0.03	0	15.4		0	10.09		0	6.97	
2	70	0.039 4	0.049	15.4	17.8	825.37	10.09	11.44		6.97	7.81	
3	80	0.059 1	0.069	33.2	22.49		21.53	13.76		14.78	12.21	
4	90	0.078 8	0.089	55.69	26.97		35.29	18.37		26.99	12.11	
5	100	0.098 4	0.108	82.66	33.2		53.66	21.83		39.1	15.87	
6	110	0.118 1	0.128	115.86	37.17		75.49	25.5		54.97	18.64	
7	120	0.137 8	0.148	153.03	43.51		100.99	26.23		73.61	20.38	
8	130	0.157 5	0.167	196.54	55.45		127.22	30.75		93.99	21.16	
9	140	0.177 2	0.187	251.99	57.45		157.97	32.39		115.15	24.37	
10	150	0.196 9	0.207	309.44	58.76		190.36	37.21		139.52	30.16	
11	160	0.216 6		368.2			227.57			169.68		

注：Q 为每次测定的单位面积滤液体积；Q_{av} 为每次测定的单位面积滤饼体积。

根据恒压过滤方程：

$$(q+q_e)^2=K(\theta+\theta_e) \tag{48.1}$$

式中　q——单位过滤面积获得的滤液体积，m^3/m^2；

q_e——单位过滤面积的虚拟滤液体积，m^3/m^2；

θ——实际过滤时间，s；

θ_e——虚拟过滤时间，s；

K——过滤常数，m^2/s。

将式(48.1)微分得

$$\frac{d\theta}{dq}=\frac{2}{k}q+\frac{2}{k}q_e \tag{48.2}$$

此为直线方程，于普通坐标系上标绘$\frac{d\theta}{dq}$对$\bar{q}$ 的关系，所得直线斜率为$\frac{2}{k}$，截距为$\frac{2}{k}q_e$，从而求出 K 和 q_e。

θ_e由下式得：

$$q_e^2=K\theta_e \tag{48.3}$$

当各数据点的时间间隔不大时，$\frac{d\theta}{dq}$可以用增量之比来代替，即$\frac{\Delta\theta}{\Delta q}$。将$\frac{\Delta\theta}{\Delta q}$ 与 $\bar{q}$ 作图，如图48.2所示。

过滤常数的定义式：

$$K=2k(\Delta p)^{1-S} \tag{48.4}$$

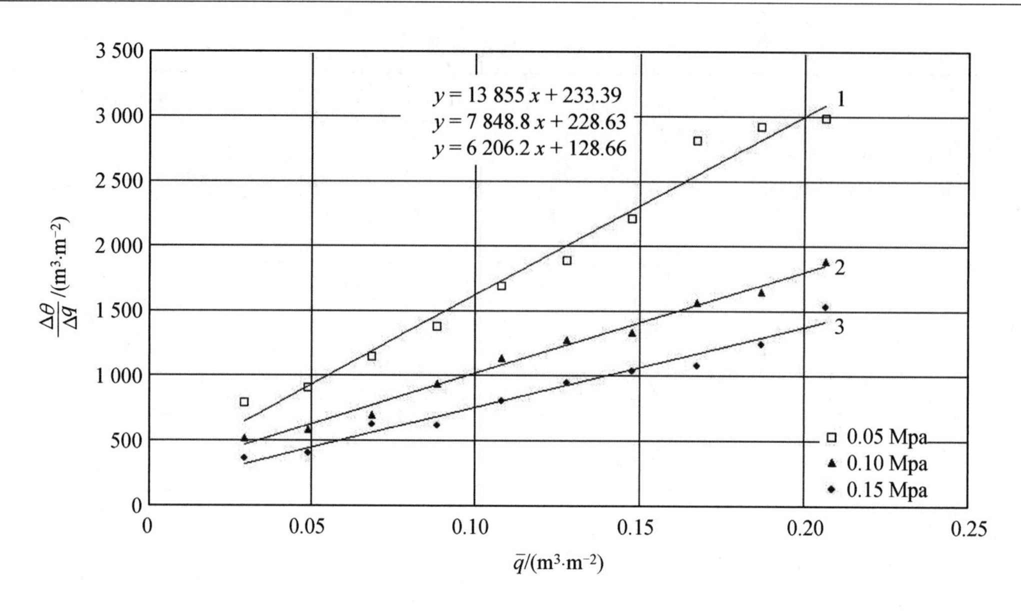

图 48.2　$\Delta\theta/\Delta q-\bar{q}$ 曲线

两边取对数：

$$\lg K=(1-S)\lg \Delta p+\lg 2k \tag{48.5}$$

因 S=常数，$K=\dfrac{1}{\mu \cdot \gamma \cdot v}$=常数，故 K 与 Δp 的关系在双对数坐标上标绘是一条直线，如图 48.3 所示。直线的斜率为 $1-S$，由此可计算出压缩性指数 S，读取 $\Delta p-K$ 直线上任一点处的 K、Δp 数据，一起代入式(48.4)计算物料特性常数 k 。

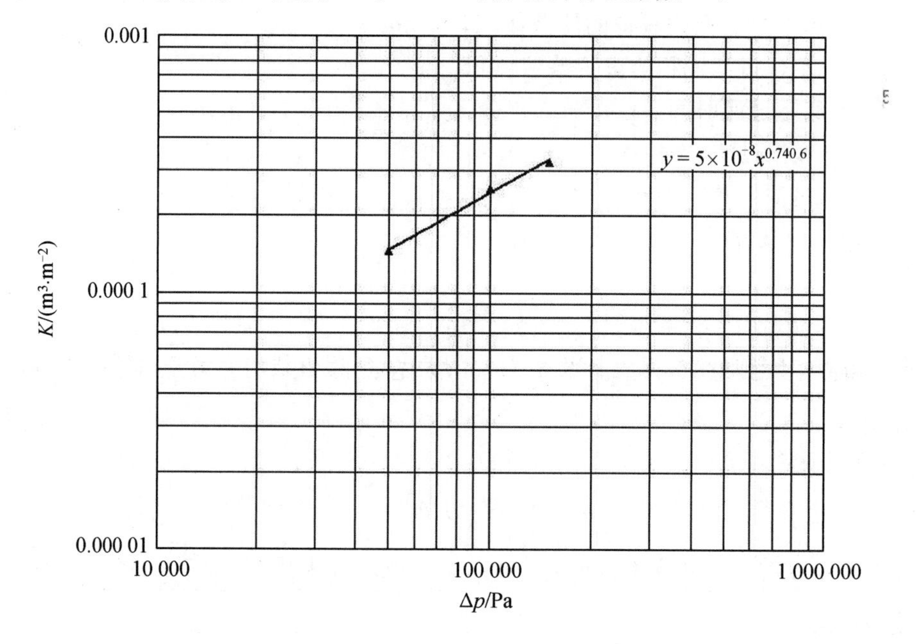

图 48.3　$\Delta p-K$ 曲线

(2)过滤常数 K、q_e、θ_e的计算举例(以 0.05 MPa 第 2 组为例)。

过滤面积：$A=0.0475\ m^2$。

$$\Delta V=S\times H=0.320\times0.320\times0.01=1.024\times10^{-3}(m^3)$$

$$\Delta\theta=33.2-15.4=17.80(s)$$

$$\frac{\Delta\theta}{\Delta q}=\frac{17.80}{0.0216}=8.25\times10^2$$

$$\bar{q}=\frac{q^3+q^2}{2}=\frac{0.0394+0.0591}{2}=0.04925(m^3/m^2)$$

从$\frac{\Delta\theta}{\Delta q}-\bar{q}$关系图上直线1得

斜率：$\frac{2}{K}=13855$，$K=14.44\times10^{-5}(m^3/m^2)$。

截距：$\frac{2}{K}q_e=233.39$，$q_e=0.0168(m^3/m^2)$，$\theta_e=\frac{q_e^2}{K}=\frac{0.0168^2}{14.44\times10^{-5}}=19.5(s)$。

按以上方法依次计算$\frac{\Delta\theta}{\Delta q}-\bar{q}$关系图上直线1、3的过滤常数，见表48.2。

表 48.2　计算结果

序号	斜率	截距	压差	K	$q_e/\times10^{-2}$	θ_e
1	13 855	233.39	50 000	0.000 144	1.68	1.97
2	7 848.8	228.63	100 000	0.000 255	2.91	3.33
3	6 206.2	128.66	150 000	0.000 322	2.07	1.33
	物料特性常数 $k=5.0\times10^{-8}$			压缩性指数 $S=0.26$		

附　录　2

一、过滤基本原理

(1)过滤。

如图48.4所示，过滤是在外力作用下，使悬浮液中的液体通过多孔介质的孔道，而悬浮液中的固体颗粒被截留在介质上，从而实现固、液分离的操作。

说明：

①其中多孔介质称为过滤介质；所处理的悬浮液称为滤浆；滤浆中被过滤介质截留的固体颗粒称为滤饼或滤渣；通过过滤介质后的液体称为滤液。

②驱使液体通过过滤介质的推动力可以有重力、压力(或压差)和离心力。

③过滤操作的目的可能是为了获得清洁的液体产品，也可能是为了得到固体产品。

④洗涤的作用：回收滤饼中残留的滤液或除去滤饼中的可溶性盐。

(2)过滤介质。

过滤介质起着支撑滤饼的作用，并能让滤液通过，对其基本要求是具有足够的机械强度和尽可能小的流动阻力，还应具有相应的耐腐蚀性和耐热性。工业上常见的过滤介质：

①织物介质，又称滤布，是用棉、毛、丝、麻等天然纤维及合成纤维织成的织物，以及由玻璃丝或金属丝织成的网。这类介质能截留颗粒的最小直径为 5～65 μm。织物介质在工业上的应用最为广泛。

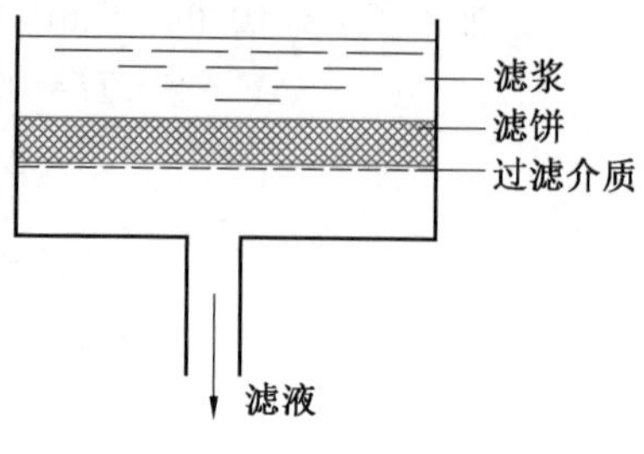

图 48.4 过滤示意图

②堆积介质，由各种固体颗粒（砂、木炭、石棉、硅藻土）或非纺织纤维等堆积而成，多用于深床过滤中。

③多孔固体介质，具有很多微细孔道的固体材料，如多孔陶瓷、多孔塑料、多孔金属制成的管或板，能拦截 1～3 μm 的微细颗粒。

④多孔膜，用于膜过滤的各种有机高分子膜和无机材料膜。广泛使用的是醋酸纤维素和芳香酰胺系两大类有机高分子膜。可用于截留 1 μm 以下的微小颗粒。

(3)滤饼过滤和深层过滤。

①滤饼过滤：悬浮液中颗粒的尺寸大都比介质的孔道大。过滤时悬浮液置于过滤介质的一侧，在过滤操作的开始阶段，会有部分小颗粒进入介质孔道内，并可能穿过孔道而不被截留，使滤液仍然是混浊的。随着过程的进行，颗粒在介质上逐步堆积，形成了一个颗粒层，称为滤饼。在滤饼形成之后，它便成为对其后的颗粒起主要截留作用的介质。因此，不断增厚的滤饼才是真正有效的过滤介质，穿过滤饼的液体则变为澄清的液体。

②深层过滤：此时，颗粒尺寸比介质孔道的尺寸小得多，颗粒容易进入介质孔道。但由于孔道弯曲细长，颗粒随流体在曲折孔道中流过时，在表面力和静电力的作用下附着于孔道壁。因此，深层过滤时并不在介质上形成滤饼，固体颗粒沉积于过滤介质的内部。这种过滤适合于处理固体颗粒含量极少的悬浮液。

(4)滤饼的可压缩性和助滤剂。

滤饼的可压缩性是指滤饼受压后空隙率明显减小的现象，它使过滤阻力在过滤压力提高时明显增大，过滤压力越大，这种情况越严重。

另外，悬浮液中所含的颗粒都很细，刚开始过滤时这些细粒进入介质的孔道中会将孔道堵死，即使未严重到这种程度，这些很细颗粒所形成的滤饼对液体的透过性也很差，即阻力大，使过滤困难。

为解决上述两个问题，工业过滤时常采用助滤剂。

二、过滤设备

(1)板框过滤机。

①结构与工作原理：由多块带凸凹纹路的滤板和滤框交替排列于机架而构成。板和框一般制成方形（图 48.5），其角端均开有圆孔，这样板、框装合，压紧后即构成供滤浆、滤液或洗涤液流动的通道。框的两侧覆以滤布，空框与滤布围成了容纳滤浆和滤饼的空间。

悬浮液从框右上角的通道 1（位于框内）进入滤框，固体颗粒被截留在框内形成滤饼，滤液穿过滤饼和滤布到达两侧的板，经板面从板的左下角旋塞排出。待框内充满滤饼，即停止过滤。如果滤饼需要洗涤，先关闭洗涤板下方的旋塞，洗液从洗板左上角的通道 2（位于框内）进入，依次穿过滤布、滤饼、滤布，到达非洗涤板，从其下角的旋塞排出。

图 48.5　板和框的结构图

如果将非洗涤板编号为 1、框为 2、洗涤板为 3，则板框的组合方式服从 1—2—3—2—1—2—3 的规律。组装之后的过滤和洗涤原理如图 48.6 所示。

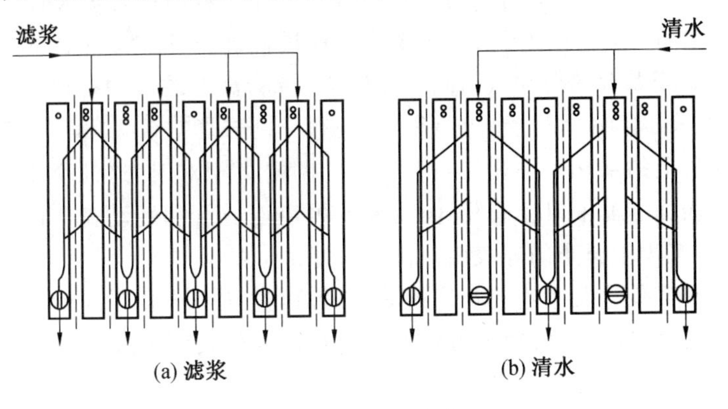

图 48.6　过滤和洗涤原理

滤液的排出方式有明流和暗流之分，若滤液经由每块板底部旋塞直接排出，则称为明流（显然，以上讨论以明流为例）；若滤液不宜暴露于空气中，则需要将各板流出的滤液汇集于总管后送走，称为暗流。

说明：

a. 板框压滤机的操作是间歇的，每个操作循环由装合、过滤、洗涤、卸渣、整理五个阶段组成。

b. 上面介绍的洗涤方法称为横穿洗涤法，其洗涤面积为过滤面积的 1/2，洗涤液穿过的滤饼厚度为过滤终了时滤液穿过厚度的 2 倍。若采用置换洗涤法，则洗涤液的行程和洗涤面积与滤液完全相同。

②主要优缺点：板框压滤机构造简单、过滤面积大而占地省、过滤压力高、便于用耐腐蚀材料制造、操作灵活、过滤面积可根据生产任务调节。主要缺点是间歇操作，劳动强度大，生产效率低。

(2)叶滤机。

①结构与工作原理：叶滤机由许多滤叶组成。滤叶是由金属多孔板或多孔网制造的扁平框架，内有空间，外包滤布，将滤叶装在密闭的机壳内，为滤浆所浸没。滤浆中的液体在压力作用下穿过滤布进入滤叶内部，成为滤液后从其一端排出。过滤完毕，机壳内改充

清水,使水循着与滤液相同的路径通过滤饼进行洗涤,故为置换洗涤。最后,滤饼可用振动器使其脱落,或用压缩空气将其吹下。

滤叶可以水平放置也可以垂直放置,滤浆可用泵压入也可用真空泵抽入。

②主要优缺点:叶滤机也是间歇操作设备。它具有过滤推动力大、过滤面积大、滤饼洗涤较充分等优点。其生产能力比压滤机还大,而且机械化程度高,劳动力较省。缺点是构造较为复杂、造价较高,粒度差别较大的颗粒可能分别聚集于不同的高度,故洗涤不均匀。

(3)转筒过滤机。

①结构与工作原理:设备的主体是一个转动的水平圆筒,其表面有一层金属网作为支承,网的外围覆盖滤布,筒的下部浸入滤浆中。圆筒沿径向被分割成若干扇形格,每格都有管与位于筒中心的分配头相连。凭借分配头的作用,这些孔道依次分别与真空管和压缩空气管相连通,从而使相应的转筒表面部位分别处于被抽吸或吹送的状态。这样,在圆筒旋转一周的过程中,每个扇形表面可依次顺序进行过滤、洗涤、吸干、吹松、卸渣等操作。

分配头由紧密贴合的转动盘与固定盘构成,转动盘上的每一孔通过前述的连通管各与转筒表面的一段相通。固定盘上有三个凹槽,分别与真空系统和吹气管相连。

a. 当转动盘上的某几个小孔与固定盘上的凹槽 2 相对时,这几个小孔对应的连通管及相应的转筒表面与滤液真空管相连,滤液便可经连通管和转动盘上的小孔被吸入真空系统;同时滤饼沉积于滤布的外表面。此为过滤。

b. 转动盘转到使这几个小孔与凹槽 3 相对时,这几个小孔对应的连通管及相应的转筒表面与洗水真空管相连,转筒上方喷洒的洗水被从外表面吸入连通管中,经转动盘上的小孔被送入真空系统。此为洗涤、吸干。

c. 当这些小孔与凹槽 4 相对时,这几个小孔对应的连通管及相应的转筒表面与压缩空气吹气相连,压缩空气经连通管从内向外吹向滤饼。此为吹松。

d. 随着转筒的转动,这些小孔对应表面上的滤饼又与刮刀相遇,被刮下。此为卸渣。

继续旋转,这些小孔又重新浸入滤浆中,这些小孔又与固定盘上的凹槽 2 相对,又重新开始一个操作循环。

e. 每当小孔与固定盘两凹槽之间的空白位置(与外界不相通的部分)相遇时,则转筒表面与之相对应的段停止工作,以便从一个操作区转向另一操作区,不致使两区相互串通。

②主要优缺点:转筒过滤机的突出优点是操作自动,对处理量大而容易过滤的料浆特别适宜。其缺点是转筒体积庞大而过滤面积相形之下较小;用真空吸液,过滤推动力不大,悬浮液中温度不能高。

三、过滤基本理论

(1)过滤速度的定义。

过滤速度指单位时间内通过单位过滤面积的滤液体积,即

$$u=\frac{\mathrm{d}V}{A\,\mathrm{d}\theta} \tag{48.6}$$

式中　u——瞬时过滤速度，$m^3/(s \cdot m^2)$ 或 m/s；

V——滤液体积，m^3；

A——过滤面积，m^2；

θ——过滤时间，s。

说明：

①随着过滤过程的进行，滤饼逐渐加厚。可以预见，如果过滤压力不变，即恒压过滤时，过滤速度将逐渐减小。因此上述定义为瞬时过滤速度。

②过滤过程中，若要维持过滤速度不变，即维持恒速过滤，则必须逐渐增加过滤压力或压差。

总之，过滤是一个不稳定的过程。

上面给出的只是过滤速度的定义式，为计算过滤速度，首先需要掌握过滤过程的推动力和阻力。

(2)过滤速度的表达。

①过程的推动力：过滤过程中，需要在滤浆一侧和滤液透过一侧维持一定的压差，过滤过程才能进行。从流体力学的角度讲，这一压差用于克服滤液通过滤饼层和过滤介质层的微小孔道时的阻力，称为过滤过程的总推动力，以 Δp 表示。这一压差部分消耗在了滤饼层，部分消耗在了过滤介质层，即 $\Delta p=\Delta p_1+\Delta p_2$。其中，$\Delta p_1$ 为滤液通过滤饼层时的压力降，也是通过该层的推动力；Δp_2 为滤液通过介质层时的压力降，也是通过该层的推动力。

②考虑滤液通过滤饼层时的阻力：滤液在滤饼层中流过时，由于通道的直径很小，阻力很大，因而流体的流速很小，应该属于层流，压降与流速的关系服从 Poiseuille 定律：

$$u_1=\frac{d_e \Delta p_1}{32\mu l} \tag{48.7}$$

式中　u_1——滤液在滤饼中的真实流速；

μ——滤液黏度；

l——通道的平均长度；

d_e——通道的当量直径。

讨论：

a. u_1 与 u 的关系：

定义滤饼层的空隙率为

$$\varepsilon=\frac{\text{滤饼层的空隙体积}}{\text{滤饼层的总体积}}$$

$$u=\frac{\text{滤液体积流量}}{\text{滤饼的截面积}}$$

$$u_1=\frac{\text{滤液体积流量}}{\text{滤饼截面中空隙部分的面积}}=\frac{\text{滤液体积流量}}{\text{滤饼空隙率}\times\text{滤饼截面积}}$$

所以，$u_1=\frac{u}{\varepsilon}$。

b. 孔道的平均长度可以认为与滤饼的厚度成正比：

$$l=K_0L$$

c.孔道的当量直径

$$d_e=\frac{4\times \text{流通截面积}}{\text{润湿周边长}}\ \frac{L}{L}=\frac{4\times \text{空隙体积}}{\text{颗粒表面积}}=\frac{4\times \text{滤饼层体积}\times \text{空隙率}}{\text{比表面积}\times \text{颗粒体积}}$$

$$=\frac{4\times \text{滤饼层体积}\times \text{空隙率}}{\text{比表面积}\times \text{滤饼层体积}\times (1-\text{空隙率})}=\frac{4\varepsilon}{S_0(1-\varepsilon)}$$

根据这三点结论，可出导出过滤速度的表达式：

$$\frac{V}{A\,\mathrm{d}\theta}=u=u_1\varepsilon=\frac{\varepsilon d_e^2\Delta p_1}{32\mu K_0 L}=\frac{\varepsilon^3\Delta p_1}{2K_0S_0^2\ (1-\varepsilon)^2\mu L}=\frac{\Delta p_1}{r\mu L}=\frac{\text{推动力}}{\text{阻力}} \tag{48.8}$$

式中，$\frac{1}{r}=\frac{\varepsilon^3}{2K_0S_0^2\ (1-\varepsilon)^2}$，称为滤饼的比阻，其值完全取决于滤饼的性质。

说明：过滤速度等于滤饼层推动力/滤饼层阻力，而后者由两方面的因素决定，一是滤饼层的性质及其厚度，二是滤液的黏度。

③考虑滤液通过过滤介质时的阻力。

对介质的阻力做如下近似处理：认为它的阻力相当于厚度为 L_e 的一层滤饼层的阻力，于是介质阻力可以表达为：$r\mu L_e$。

滤饼层与介质层为两个串联的阻力层，通过两者的过滤速度应该相等，则

$$\frac{\mathrm{d}V}{A\,\mathrm{d}\theta}=\frac{\Delta p_1}{\mu rL}=\frac{\Delta p_2}{\mu rL_e}=\frac{\Delta p}{\mu(rL+rL_e)}=\frac{\Delta p}{\mu(R+R_e)} \tag{48.9}$$

式中，$R=rL$；$R_e=rL_e$。

④两种具体的表达形式。

滤饼层的体积为 AL，它应该与获得的滤液量成正比，设比例系数为 c，于是 $AL=cV$。由 $c=\frac{AL}{V}$，可知 c 的物理意义是获得体积的滤液量能得到的滤饼体积。

由前面的讨论可知：$R=rL=\frac{rcV}{A}$，$R_e=rL_e=\frac{rcV_e}{A}$。其中，V_e 为滤得体积为 AL_e 或厚度为 L_e 的滤饼层可获得的滤液体积。但这部分滤液并不存在，而只是一个虚拟量，其值取决于过滤介质和滤饼的性质。于是

$$\frac{\mathrm{d}V}{\mathrm{d}\theta}=\frac{A^2\Delta p}{\mu rc(V+V_e)} \tag{48.10}$$

又设，获得的滤饼层的质量与获得的滤液体积成正比，即 $W=c'V$。其中，c' 为获得单位体积的滤液能得到的滤饼质量。

由 $R=rL=r\frac{\text{滤饼体积}}{\text{滤饼面积}}$ 可知，R 与单位面积上的滤饼体积成正比，也有理由认为它与单位面积上的滤饼质量成正比，只是比例系数需要改变，即

$$R=r'\frac{\text{滤饼质量}}{\text{滤饼面积}}=r'\frac{W}{A}=r'c'\frac{V}{A};R=r'\frac{W_e}{A}=r'c'\frac{V_e}{A}$$

因此可以得到与式(48.10)形式相同的微分方程：

$$\frac{\mathrm{d}V}{\mathrm{d}\theta}=\frac{A^2\Delta p}{\mu r'c'(V+V_e)} \tag{48.11}$$

由获得这一方程的过程可知：$rc=r'c'$。

以上即为表达过滤速度的两种形式。

(3)恒压过滤方程。

前已述及，过滤操作可以在恒压变速或恒速变压的条件下进行，但实际生产中还是恒压过滤占主要地位。下面的讨论都限于恒压过滤。

对式(48.10)或式(48.11)分离变量，积分(以下以式(48.10)为例)，式中的 μ 取决于流体的性质，滤饼比阻 r 取决于滤饼的性质，c 取决于滤浆的浓度和颗粒的性质，积分时可将这三个与时间无关的量提到积分号外，而 V_e 可以作为常数放在微分号内：

$$\int_{V_e}^{V+V_e}(V+V_e)\,\mathrm{d}(V+V_e)=\frac{\Delta pA^2}{\mu rc}\int_0^{\theta}\mathrm{d}\theta$$

积分，可得

$$V^2+2VV_e=KA^2\theta \tag{48.12}$$

式中　K——过滤常数，$K=\dfrac{2\Delta p}{\mu rc}=\dfrac{2\Delta p}{\mu r'c'}$，$\mathrm{m^2/s}$。

式(48.12)还可以写成如下形式：

$$q^2+2qq_e=K\theta \tag{48.13}$$

式中　q——单位过滤面积得到的滤液体积，$q=\dfrac{V}{A}$；

q_e——单位过滤面积得到的滤饼体积，$q_e=\dfrac{V_e}{A}$。

说明：

①恒压过滤方程式给出了过滤时间与获得的滤液量之间的关系。这一关系为抛物线，如图 48.7 所示。值得注意的是，图中标出了两个坐标系，积分时横坐标采用了 $0\sim\theta$，纵坐标采用了 $V_e\sim V+V_e$，但实际得到的滤液量仍是 V。图中的 θ_e 为得到 V_e 这一虚拟滤液量所需要的时间，因而也是一个虚拟时间。

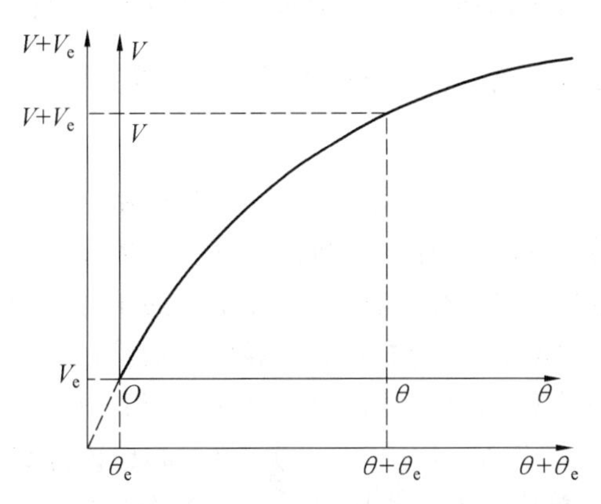

图 48.7　过滤时间与获得的滤液量之间的关系

②由比阻 r 的定义可以看出，其值与滤饼的空隙率 ε 及比例系数 K_0 有关。如果滤饼不可压缩，则这两个量便与压力无关，则比阻便与压力无关，于是过滤常数 K 便与压力无关。如果滤饼可压缩，则 $\varepsilon, K_0\rightarrow r\rightarrow K, q_e$ 与压力有关，则在某一压力下测定的 r、K、q_e 不能用于其他压力下的过滤计算。

③平均比阻与压力之间有如下经验关系：$r=r_0p^S$ 或 $r'=r'_0p^S$，其中 S 称为压缩性指数，其值取决于滤饼的压缩性，若不可压缩，则 $S=0$，r_0 或 r'_0 为不随压力而变的常数。将此关系代入过滤常数的定义式可得 $K=\frac{2p^{1-S}}{\mu c r_0}=\frac{2p^{1-S}}{\mu c' r'_0}$；另外，介质的阻力 $R_e=rL_e=r_0p^S\frac{cV_e}{A}=r_0p^Scq_e=$常数，所以 $q_e\propto p^{-S}$。

(4)过滤常数的实验测定。

过滤计算必须在过滤常数具备的条件下才能进行。过滤常数 K、q_e(或 V_e)的影响因素很多，包括操作压力、滤饼及颗粒的性质、滤浆的浓度、滤液的性质、过滤介质的性质等，因此从理论上直接计算过滤常数比较困难，应该用实验的方法测定。

①方法一：对式(48.13)进行微分可得 $2(q+q_e)\mathrm{d}q=K\mathrm{d}\theta$，整理得

$$\frac{\mathrm{d}\theta}{\mathrm{d}q}=\frac{2}{K}q+\frac{2q_e}{K}$$

将该式等号左边的微分用增量代替：

$$\frac{\Delta\theta}{\Delta q}=\frac{2}{K}q+\frac{2q_e}{K} \tag{48.14}$$

式(48.14)为一直线方程，它表明：对于恒压下过滤要测定的悬浮液，在实验中测出连续时间 θ 及以单位面积计的滤液累积量 q，然后算出一系列 $\Delta\theta$ 与 Δq 的对应值，在直角坐标系中以$\frac{\Delta\theta}{\Delta q}$为纵坐标，以 q 为横坐标进行标绘，可得一条直线。这条直线的斜率为$\frac{2}{K}$，截距为 $2q_e/K$。

②方法二：式(48.13)两边同除以 Kq 可得：

$$\frac{\theta}{q}=\frac{1}{K}q+\frac{2q_e}{K}$$

实验测定变量与方法①相同，即测出连续时间 θ 及以单位面积计的滤液累积量 q，以 θ/q 为横坐标，以 q 为纵坐标，在直角坐标系中可得一条直线，该直线的斜率为$\frac{1}{K}$，截距为$\frac{2q_e}{K}$。

③讨论：

a. 前已述及，过滤常数与诸多因素有关，只有当实际生产条件与实验条件完全相同时，实验测定的过滤常数才可用于生产设备的计算。这里最需要注意的是操作压力，实际生产时的过滤压力可能有一些变化，实验应该在不同的压力下测定过滤常数。

b. 在一定的压力下测定过滤常数 K，并直接测出滤液的黏度和悬浮液的 c 或 c' 后，还可根据 K 的定义式反算出该压力下的比阻。多次进行这样的过程，可以得到一系列 (r, p) 数据，在双对数坐标系中作图，由 $r=r_0p^S$ 关系可知，应该得到一条直线，该直线的斜率为压缩性指数 S，截距为单位压力下的比阻 r_0。压缩性指数和比阻才是过滤理论研究的对象。

四、过滤计算

(1)间歇过滤机的计算。

①操作周期与生产能力。

间歇过滤机的特点是在整个过滤机上依次进行一个过滤循环中的过滤、洗涤、卸渣、清理、装合等操作。在每一操作循环中，全部过滤面积只有部分时间在进行过滤，但是过滤之外的其他各步操作所占用的时间也必须计入生产时间内。一个操作周期内的总时间为

$$\theta_C = \theta_F + \theta_W + \theta_R \tag{48.15}$$

式中　θ_C——操作周期；

θ_F——一个周期内的过滤时间；

θ_W——一个操作周期内的洗涤时间；

θ_R——操作周期内的卸渣、清理、装合所用的时间。间歇过滤机的生产能力计算和设备尺寸计算都应根据 θ_C 而不是 θ_F 来定。间歇过滤机的生产能力定义为一个操作周期中单位时间内获得的滤液体积或滤饼体积

$$Q = \frac{V_F}{\theta_C} = \frac{V_F}{\theta_F + \theta_W + \theta_R} \tag{48.16}$$

$$Q' = \frac{cV_F}{\theta_C} = \frac{cV_F}{\theta_F + \theta_W + \theta_R} \tag{48.17}$$

②洗涤速率和洗涤时间。

洗涤的目的是回收滞留在颗粒缝隙间的滤液，或净化构成滤饼的颗粒。当滤饼需要洗涤时，洗涤液的用量应该由具体情况来定，一般认为洗涤液用量与前面获得的滤液量成正比，即 $V_W = JV_F$。

洗涤速率定义为单位时间的洗涤液用量。在洗涤过程中，滤饼厚度不再增加，故洗涤速率恒定不变。将单位时间内获得的滤液量称为过滤速率。研究洗涤速度时做如下假定：洗涤液黏度与滤液相同；洗涤压力与过滤压力相同。

a. 叶滤机的洗涤速率和洗涤时间：此类设备采用置换洗涤法，洗涤液流经滤饼的通道与过滤终了时滤液的通道完全相同，洗涤液通过的滤饼面积也与过滤面积相同，所以终了过滤速率与洗涤速率相等。由式(48.10)可得：

$$\left(\frac{dV}{d\theta}\right)_{终了} = \left(\frac{dV}{d\theta}\right)_W = \frac{A^2 p}{\mu rc(V_{终了} + V_e)} = \frac{A^2 K}{2(V_{终了} + V_e)} \tag{48.18}$$

用洗涤液总用量除以洗涤速率，就可得到洗涤时间：

$$\theta_W = \frac{V_W}{\left(\frac{dV}{d\theta}\right)_W} = \frac{\mu_W rc(V_{终了} + V_e)}{A^2 p} = \frac{2(V_{终了} + V_e)}{A^2 K} \tag{48.19}$$

b. 板框压滤机的洗涤速度和洗涤时间：板框压滤机过滤终了时，滤液通过滤饼层的厚度为框厚的一半，过滤面积则为全部滤框面积之和的两倍。但由于其采用横穿洗涤，洗涤液必须穿过两倍于过滤终了时滤液的路径，所以 $L_W = 2L$；而洗涤面积为过滤面积的 1/2，即 $A_W = \dfrac{A}{2}$，由 c 的定义可知 $c_W = c$。

将洗涤过程看作滤饼不再增厚度的过滤过程，则单位时间内通过滤饼层的洗涤液量：

$$\left(\frac{\mathrm{d}V}{\mathrm{d}\theta}\right)_{\mathrm{W}}=\frac{A_{\mathrm{W}}{}^{2}p}{\mu rc_{\mathrm{W}}(V_{\text{终了}}+V_{\mathrm{e}})}=\frac{\left(\frac{A}{2}\right)^{2}p}{\mu rc(V_{\text{终了}}+V_{\mathrm{e}})}=\frac{1}{4}\frac{A^{2}K}{2(V_{\text{终了}}+V_{\mathrm{e}})} \tag{48.20}$$

此时过滤最终速率仍可用式(48.19)来计算。式(48.14)说明，采用横穿洗涤的板框式压滤机的洗涤速率为最终过滤速率的 1/4。

洗涤时间：

$$\theta_{\mathrm{W}}=\frac{V_{\mathrm{W}}}{\left(\frac{\mathrm{d}V}{\mathrm{d}\theta}\right)_{\mathrm{W}}}=\frac{8(V_{\text{终了}}+V_{\mathrm{e}})}{A^{2}K} \tag{48.21}$$

③最佳操作周期。

在一个操作循环中，过滤装置卸渣、清理、装合这些工序所占的辅助时间往往是固定的，与生产能力无关。可变的是过滤时间和洗涤时间。若采用较短的过滤时间，由于滤饼较薄而具有较大的过滤速度，但非过滤操作时间在整个周期中所占的比例较大，使生产能力较低；相反，若采用较长的过滤时间，非过滤时间在整个操作周期中所占比例较小，但因形成的滤饼较厚，过滤后期速度很慢，使过滤的平均速度减小，生产能力也不会太高。综上所述，在一操作周期中过滤时间应该有一个使生产能力达到最大的最佳值。可以证明，当过滤与洗涤时间之和等于辅助时间时，达到一定生产能力所需要的总时间最短，即生产能力最大。板框过滤机的框厚度应据此最佳过滤时间内生成的滤饼厚度来决定。

(2)连续过滤机的计算。

①操作周期与过滤时间。

转筒过滤机的特点是过滤、洗涤、卸渣等操作是在过滤机分区域同时进行的。任何时间内都在进行过滤，但过滤面积中只有属于过滤区的那部分才有滤液通过。连续过滤机的操作周期是转筒旋转一周所经历的时间。设转筒的转速为每秒钟 n 次，则每个操作周期的时间：

$$\theta_{\mathrm{C}}=\frac{1}{n} \tag{48.22}$$

转筒表面浸入滤浆中的分数为：$\varphi=\frac{\text{浸入角度}}{360}$。于是一个操作周期中的全部过滤面积所经历的过滤时间为该分数乘以操作周期长度：

$$\theta_{\mathrm{F}}=\varphi\theta_{\mathrm{C}}=\frac{\varphi}{n} \tag{48.23}$$

如此，将一个操作周期中所有时间但部分面积在过滤转换为所有面积但部分时间在过滤。这样，转筒过滤机的计算方法便于间歇取得一致。

②生产能力。

转筒过滤机是在恒压下操作的。设转筒面积为 A，一个操作周期中(即旋转一周)单位过滤面积的所得滤液量为 q，则转筒过滤机的生产能力为

$$V_{\mathrm{h}}=\frac{3\,600qA}{\theta_{\mathrm{C}}}=3\,600nqA \tag{48.24}$$

而 q 可由恒压过滤方程求得：

$$q^{2}+2qq_{\mathrm{e}}=K\theta_{\mathrm{F}}=K\,\frac{\varphi}{n}$$

上式可以变为

$$q=\sqrt{q_e^2+\frac{\varphi}{n}K}-q_e \tag{48.25}$$

于是

$$Q_h=3\ 600nqA=3\ 600n\left(\sqrt{V_e^2+\frac{\varphi}{n}KA^2}-V_e\right) \tag{48.26}$$

当滤布的阻力可以忽略时，$V_e=0$，式(48.26)可以变为

$$Q_h=3\ 600A\sqrt{K\varphi n} \tag{48.27}$$

式(48.26)和式(48.27)可用于转筒过滤机生产能力的计算。

说明：旋转过滤机的生产能力首先取决于转筒的面积；对于特定的过滤机，提高转速和浸入角度均可提高其生产能力。但浸入角度过大会引起其他操作的面积减小，甚至难以操作；若转速过大，则每一周期中的过滤时间很短，使滤饼太薄，难于卸渣，且功率消耗也很大。合适的转速需要通过实验来确定。

例题　在实验装置中过滤钛白(TiO_2)的水悬浮液，过滤压力为 3 kgf/cm^2(表压，1 kgf=9.8 N)，求得过滤常数如下：$K=5\times10^{-5}\ m^2/s$，$q_e=0.01\ \frac{m^3}{m^2}$。又测出滤渣体积与滤液体积之比 $c=0.08\ m^3/m^3$。现要用工业压滤机过滤同样的料液，过滤压力及所用滤布亦与实验时相同。压滤机型号为 BMY33/810－45。机械工业部标准 TH39－62 规定：B 代表板框式，M 代表明流，Y 代表采用液压压紧装置。这一型号设备滤框空处长与宽均为 810 mm，厚度为 45 mm，共有 26 个框，过滤面积为 33 m^2，框内总容量为 0.760 m^3。试计算：

(1)过滤进行到框内全部充满滤渣所需要的过滤时间；

(2)过滤后用相当于滤液量 1/10 的清水进行横穿洗涤，求洗涤时间；

(3)洗涤后卸渣、清理、装合等共需要 40 min，求每台压滤机的生产能力(分别以每小时平均可得多少 TiO_2 滤渣计)。

解　(1)一个操作周期可得滤液体积 $V_F=\frac{\text{滤饼体积}}{c}=\frac{\text{框内总容量}}{c}=\frac{0.76}{0.08}=9.5(m^3)$

虚拟滤液体积：$V_e=q_eA=0.01\times45=0.45(m^3)$

由过滤方程式 $V_F^2+2V_FV_e=KA^2\theta_F$ 可求得过滤时间为

$$\theta_F=\frac{V_F^2+2V_FV_e}{KA^2}=\frac{9.5^2+2\times9.5\times0.45}{5\times10^{-5}\times33^2}=1\ 814.5(s)$$

(2)最终过滤速率由过滤基本方程微分求得：

$$\left(\frac{dV}{d\theta}\right)_{\text{终了}}=\frac{A^2K}{2(V_F+V_e)}=\frac{33^2\times5\times10^{-5}}{2(9.5+0.45)}=2.73\times10^{-3}(m^3/s)$$

洗涤速率为最终过滤速率的 1/4。洗涤水量为

$$V_W=0.1V_F=0.95$$

洗涤时间为

$$\theta_W=\frac{4V_W}{\left(\frac{dV}{d\theta}\right)_{\text{终了}}}=\frac{4\times0.95}{2.73\times10^{-3}}=1\ 392(s)$$

(3)操作周期：

$$\theta_C=\theta_F+\theta_W+\theta_R=1\ 814.5+40\times60+1\ 392=5\ 606.5(\mathrm{s})$$

生产能力：

$$Q=3\ 600\frac{V_F}{\theta_C}=6.1\ (\mathrm{m^3}滤液/\mathrm{h});Q'=Q\cdot c=6.1\times0.08=0.488(\mathrm{m^3}滤饼/\mathrm{h})$$

实验 49　渗透蒸发膜分离实验

渗透蒸发（渗透汽化）是有相变的膜渗透过程。渗透蒸发是在膜的下游侧减压，组分在膜两侧蒸气压差的推动下，首先选择性地溶解在膜的料液表面，再扩散透过膜，最后在膜的透过侧表面汽化、解吸。渗透蒸发可使含量极低的溶质透过膜，达到与大量溶剂分离的目的。显然，用渗透蒸发技术分离液体混合物，特别是恒沸物、近沸物，具有过程简单、操作方便、效率高、能耗低和无污染等优点。

一、实验目的与内容

(1)理解渗透蒸发的分离原理。

(2)掌握渗透蒸发分离乙醇一水的操作方法。

(3)研究影响渗透蒸发分离性能的主要因素及其影响规律。

二、实验原理

液体混合物的分离常常采用蒸馏的方法，但是当两种液体混合物的性质十分接近或形成共沸物时，用蒸馏的方法就很难将它们分离了。近年来，人们采用一种新的膜分离技术——渗透蒸发，它的优点是操作简单、能耗低、三废污染少。渗透蒸发的应用范围主要有：有机溶剂脱水制无水试剂（如醇、酮、醚、酸、酯等）、有机水溶液的浓缩、从水溶液中或污水中提取有机物（如酯、含氯有机物、香精等）和有机溶剂混合物的分离。

渗透蒸发是利用膜对液体混合物中各组分的溶解与扩散性能的不同来实现其分离的膜过程；该过程伴有组分的相变过程。即渗透蒸发膜的分离过程是一个溶解—扩散—脱附的过程。

溶解过程发生在液体介质和分离膜的表面。当溶液同膜相接触时，溶液中各组分在分离膜中因溶解度不同，相对比例会发生变化。通常选用的膜对混合物中含量较少的组分有较好的溶解性，因此该组分在膜中得到富集。混合物中两组分在膜中的溶解度的差别越大，膜的选择性越高，分离效果也就越好。在扩散过程中，溶解在膜中的组分在蒸气压的推动下，从膜的一侧迁移到另一侧。由于液体组分在膜中的扩散速度同它们在膜中的溶解度有关，溶解度较大的组分往往有较大的扩散速度，因此该组分被进一步富集，分离系数进一步提高。最后，到达膜的真空侧的液体组分在减压下全部汽化，并被冷凝收集。只要真空泵的压力低于液体组分的饱和蒸气压，脱附过程对膜的选择性影响不大。整个传质过程中渗透物组分在膜中的溶解和扩散占重要地位，而透过侧的蒸发传质阻力相对要小得多，通常可以忽略不计，因此该过程主要受溶解及扩散步骤控制。

衡量渗透蒸发过程的主要指标是分离因子(α)和渗透通量(J)。分离因子定义为两组分在渗透液中的组成比与原料液中组成比的比值，它反映了膜对组分的选择透过性。渗透通量定义为单位膜面积上单位时间内透过的组分质量，它反映了组分透过膜的速率。分离因子与渗透通量的计算方法为

$$\alpha=\frac{y_A\times(1-x_A)}{x_A\times(1-y_A)} \tag{49.1}$$

$$J=\frac{w}{A\times\Delta t} \tag{49.2}$$

原料液浓度

$$x_A=\frac{x_{A1}+x_{A2}}{2} \tag{49.3}$$

式中　x_{A1}——实验前原料液浓度；

x_{A2}——实验结束时原料液浓度；

y_A——渗透液浓度；

w——渗透液质量；

A——膜面积；

Δt——操作时间。

渗透蒸发膜是一种致密的无孔高分子薄膜，它们必须在溶液中有很好的机械强度及化学稳定性，同时还必须具有很高的选择性和透过性，以获得尽可能好的分离效果。根据膜材料的化学性质和组成，渗透蒸发膜可分为亲水膜和亲油膜两大类，即水优先透过膜和有机溶剂优先透过膜。前者主要用于从有机溶剂中脱除水分，而后者则用于从水溶液中脱除有机物或有机溶剂混合物的分离。常用的亲水膜材料有聚乙烯醇、聚丙烯酸、聚丙烯腈、壳聚糖类和高分子电解质。常用的亲油膜材料有硅橡胶、聚烯烃、聚醚－酰胺等。致密膜的透过性很差，因此，用于渗透蒸发的分离膜都必须尽可能做得很薄，以提高单位面积膜的生产能力。真正有应用价值的渗透蒸发膜厚度仅几微米。为了使超薄膜有足够的机械强度，它们必须用微孔膜支撑，制成具有多层结构的复合膜。

三、实验装置与流程

(1)实验装置。

本实验设备的膜室有效面积为 3 846 mm^2，透过侧的真空由真空泵抽吸形成，最小压力可达到绝压 2 kPa，膜室的操作温度为室温～90 ℃。

(2)实验流程。

实验装置及流程如图 49.1 所示。装置主要由原料罐、进料泵、膜组件、取样瓶、渗透液收集装置、缓冲罐及真空泵等组成。

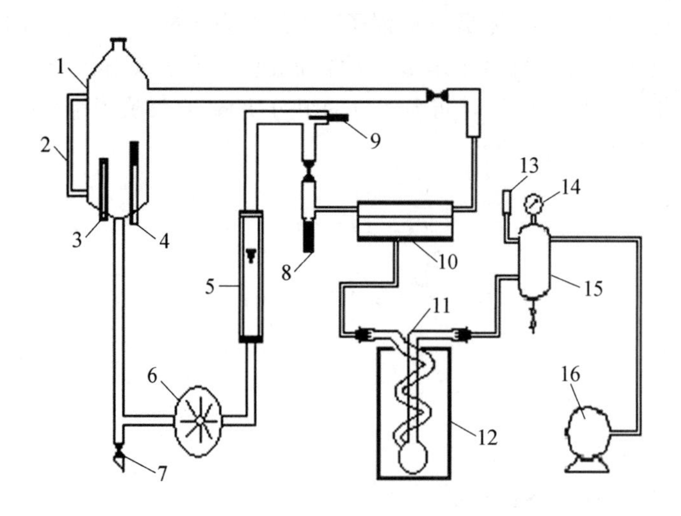

图 49.1　渗透蒸发实验装置及流程示意图

1—原料罐;2—液位;3—加热棒;4—料罐温度;5—转子流量计;6—进料泵;7—放液阀;8—膜室压力计;9—温度计;10—膜组件;11—取样瓶;12—冷井;13—真空计;14—真空表;15—缓冲罐;16—真空泵

四、实验方法

(1)在原料罐中配置一定浓度的原料液(本实验采用 95%酒精),使液面达到液位计的 2/3 高度以上,以免电加热器干烧损坏;将膜装入膜室,拧紧螺栓;调整料液温度至适当值,开启料液加热器,打开进料泵,开始循环料液,使料液温度和浓度趋于均匀。

(2)用气相色谱仪测定原料液浓度($x_{A,1}$)。

(3)将渗透液收集管用电子天平称重后(w_1),装入冷阱中,再安装到管路上,打开真空管路并检漏。

(4)当料液温度恒定后,开启真空泵,打开真空管路阀门,观察系统的真空情况;待真空管路的压力达到预定值后,装上液氮冷却装置,开始进行渗透蒸发实验,同时读取开始时间、料液温度、渗透侧压力、料液流量等数据。

(5)达到预定的实验时间后,关掉真空泵,立即取下冷凝管,塞好塞子(质量为 w_2),放在室温条件下,待产品融化后,擦净冷凝管外壁上的冷凝小水滴,称重(w_3),实验结束后,用气相色谱法检测原料液浓度(x_{A2})和渗透液浓度(y_A)。

(6)打开真空泵前缓冲罐下的放空阀,关闭真空泵,关闭进料泵,结束实验。

五、报告内容

比较不同进料温度、组成、膜下游侧真空度等对膜分离性能的影响,并对结果进行分析。

六、思考题

(1)阅读参考文献，回答：什么是浓差极化？有什么危害？有哪些消除的方法？

(2)比较渗透汽化与精馏的优缺点。

实验 50　二元系统气液平衡数据的测定

在化学工业中，蒸馏、吸收过程的工艺和设备设计都需要准确的气液平衡数据，此数据对提供最佳化的操作条件，减少能源消耗和降低成本等，都具有重要意义。尽管有许多体系的平衡数据可以从资料中找到，但往往是在特定温度和压力下的数据。随着科学的迅速发展，以及新产品、新工艺的开发，许多物系的平衡数据还未经前人测定过，这都需要通过实验测定以满足工程计算的需要。此外，在溶液理论研究中提出了各种各样描述溶液内部分子间相互作用的模型，准确的平衡数据还是对这些模型的可靠性进行检验的重要依据。

一、实验目的

(1)了解和掌握用双循环气液平衡器测定二元气液平衡数据的方法。

(2)了解缔合系统气液平衡数据的关联方法，从实验测得的 $T-P-X-Y$ 数据计算各组分的活度系数。

(3)学会二元气液平衡相图的绘制。

二、实验原理

气液平衡数据实验测定是在一定温度压力下，在已建立气液相平衡的体系中，分别取出气相和液相样品，测定其浓度。本实验采用的是广泛使用的循环法，平衡装置利用改进的 Rose 釜。所测定的体系为乙酸(1)—水(2)，样品分析采用气相色谱分析法。

以循环法测定气液平衡数据的平衡器类型很多，但基本原理一致，如图 50.1 所示，当体系达到平衡时，a、b 容器中的组成不随时间而变化，这时从 a 和 b 两容器中取样分析，可得到一组气液平衡实验数据。

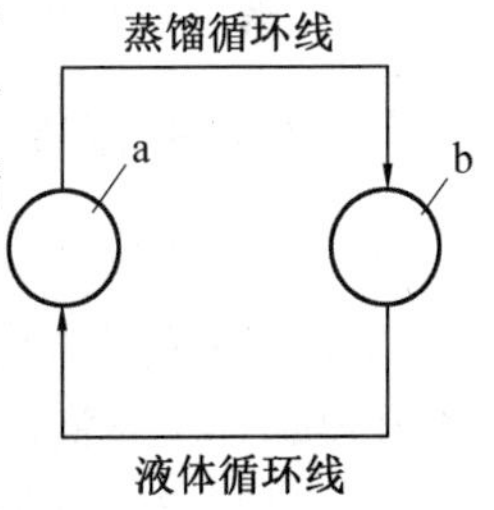

蒸馏循环线

a　b

液体循环线

图 50.1　循环法测定气液平衡数据的基本原理

三、实验装置与试剂

改进的 Rose 釜结构图如图 50.2 所示，其主体为改进的 Rose 平衡釜——气液双循环式平衡釜。改进的 Rose 平衡釜气液分离部分配有热电偶(配数显仪)测量平衡温度，沸腾器的蛇型玻璃管内插有 300 W 电热丝，加热混合液，其加热量由可调变压器控制。

分析仪器：气相色谱。

实验试剂：乙酸(分析纯)、去离子水。

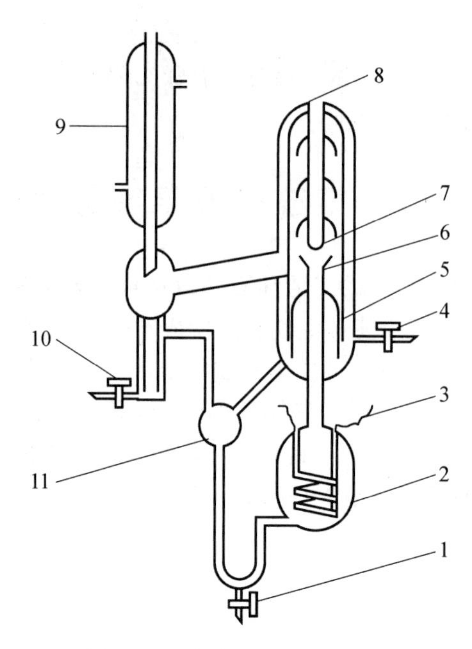

图 50.2　改进的 Rose 釜结构图

1—排液口；2—沸腾器；3—内加热器；4—液相取样口；5—汽室；6—气液提升管；7—气液分离器；8—温度计套管；9—气相冷凝管；10—气相取样口；11—混合器

四、预习与思考

(1)为什么即使在常低压下，醋酸蒸气也不能当作理想气体看待？

(2)本实验中气液两相达到平衡的判据是什么？

(3)如何计算醋酸－水二元系的活度系数？

五、实验步骤及方法

(1)加料：从加料口加入配制好的醋酸－水二元溶液，接通平衡釜内冷凝水。

(2)加热：接通加热电源，调节加热电压在 150～200 V 左右，注意观察釜内液体状态，缓慢升温加热至釜液沸腾时，降低加热电压在 50～100 V 左右。

(3)温控：溶液沸腾，气相冷凝液出现，直到冷凝回流。起初，平衡温度计读数不断变化，调节加热量，使冷凝液控制在 30 滴/min 左右。调节上下保温的热量，最终使平衡温度逐渐趋于稳定，平衡的主要标志由平衡温度的稳定加以判断。

(4)取样：整个实验过程中必须注意蒸馏速度、平衡温度和气相温度的数值，不断加以调整，经 0.5～1 h 稳定后(温度稳定期间，温度变化小于等于 0.2 ℃)，记录平衡温度读数。由于测定时，平衡釜直接通大气，所以平衡压力为实验时的大气压，读取大气压力计的大气压力。用注射器从取样口迅速取一定量的气相产品和液相产品，取样前应先放掉少量残留在取样考克中的试剂，取样后要盖紧瓶盖，防止样品挥发。

(5)分析：用色谱分析气、液两相组成，每一组分析两次，分析误差应小于0.5%，得到$W_{HAc气}$及$W_{HAc液}$两液体质量百分组成。

(6)实验结束后，先把加热电压降低到零，切断电源，待釜内温度降至室温，关冷却水，整理实验仪器及实验台。

六、数据处理

(1)平衡温度校正。

测定实际温度与读数温度的校正：

$$t_{实际}=t_{观}+0.000\ 16n(t_{观}-t_{室}) \tag{50.1}$$

式中　$t_{观}$—— 温度计指示值；

$t_{室}$—— 室温；

n—— 温度计的读数。

沸点校正：

$$t_p=t_{实际}+0.000\ 125(t+273)(760-p) \tag{50.2}$$

式中　t_p——换算到标准大气压(0.1 MPa)下的沸点。

p——实验时大气压力(换算为 mmHg)。

(2)根据实测数据t_p、$W_{HAc气}$、$W_{HAc液}$，计算表中参数。

计算结果列入表50.1。

表50.1　实验数据记录

p_A^0	n_B^0	$n_{A_1}^0$	n_{A_1}	n_{A_2}	n_B	γ_A	γ_B

注：p^0，饱和蒸气压；n^0，标准状态下组分的物质的量；n，组分的物质的量；γ，活度系数；下角标A、B，分别表示醋酸、水；下角标A_1、A_2，分别表示混合平衡气相中单分子和双分子醋酸。

(3)在二元气液平衡相图中，查阅本实验涉及的醋酸－水二元系的气液平衡数据作成光滑的曲线，并将本次实验的数据标绘在相图上。

七、结果与讨论

(1)为何液相中HAc的浓度大于气相?

(2)若改变实验压力，气液平衡相图将如何变化？试用简图表明。

(3)用本实验装置，设计出本系统气液平衡相图操作步骤。

八、注意事项

(1)平衡釜开始加热时电压不宜过大，以防物料冲出。

(2)平衡时间应足够。取样前要检查气液相取样瓶是否干燥，装样后要保持密封，因醋酸较易挥发。

实验 51 反应动力学常数测定

反应动力学是研究化学反应速率以及各种因素对化学反应速率影响的学科，传统上属于物理化学的范围，但为了满足工程实践的需要，化学反应工程在其发展过程中，在这方面也进行了大量的研究工作。绝大多数化学反应并不是按化学计量式一步完成的，而是由多个具有一定程序的基元反应（一种或几种反应组分经过一步直接转化为其他反应组分的反应，或称简单反应）所构成。反应进行的这种实际历程称为反应机理。

一般来说，化学家着重研究的是反应机理，并力图根据基元反应速率的理论计算来预测整个反应的动力学规律。化学反应工程工作者则主要通过实验测定，来确定反应物系中各组分浓度和温度与反应速率之间的关系，以满足反应过程开发和反应器设计的需要。

（1）反应速率。反应速率 r_{i} 为反应物系中单位时间、单位反应区内某一组分 i 的反应量，可表示为

$$r_{\mathrm{i}}=\frac{\text{组分 i 的反应量}}{\text{反应区体积}\times\text{反应时间}}$$

反应区体积可以采用反应物系体积、催化剂质量或相界面面积等，视需要而定。同一反应物系中，不同组分的反应速率之间存在一定的比例关系，服从化学计量学的规律。例如对于反应

$$a\mathrm{A}+b\mathrm{B}\longrightarrow g\mathrm{G}+h\mathrm{H} \tag{51.1}$$

有

$$\frac{-r_{\mathrm{A}}}{a}=\frac{-r_{\mathrm{B}}}{b}=\frac{r_{\mathrm{G}}}{g}=\frac{r_{\mathrm{H}}}{h} \tag{51.2}$$

对于反应物，反应速率 r_{i} 前用负号；对于反应产物，r_{i} 前用正号。

（2）反应速率方程。反应速率方程表示反应温度和反应物系中各组分的浓度与反应速率之间的定量关系，即

$$r_{\mathrm{i}}=f(C,T) \tag{51.3}$$

式中 C——反应物的浓度向量；

T——反应温度（绝对温度）。

大量实验表明，温度和浓度通常是独立地影响反应速率的，故式（51.3）可改写为

$$r_{\mathrm{i}}=f_T(T)\cdot f_C(C) \tag{51.4}$$

式（51.4）中，$f_T(T)$ 即反应速率常数 k，表示温度对反应速率的影响。对多数反应，k 服从阿伦尼乌斯关系（即 1889 年瑞典人 S. 阿伦尼乌斯创立的反应动力学方程）：

$$k=A\mathrm{e}^{\frac{-E}{RT}} \tag{51.5}$$

式中 A——频率因子，或称指前因子；

E——反应活化能；

R——摩尔气体常数。

频率因子为与单位时间、单位体积内反应物分子碰撞次数有关的参数；反应活化能表示发生反应必须克服的能峰，活化能高则反应难于进行，活化能低，则易于进行。频率因

子和活化能共同决定一定温度、浓度条件下的反应速率。

式(51.4)中 $f_C(C)$ 表示浓度对反应速率的影响，通常可表示成幂函数形式或双曲线形式。对反应 (51.1)幂函数型的反应速率方程可写成

$$-r_A = kC_A^{n_1} C_B^{n_2} \tag{51.6}$$

式中　n_1 和 n_2——反应组分 A 和 B 的反应级数，$n_1 + n_2$ 即反应的总级数，或简称反应级数。

双曲线型方程常用于气固相催化反应动力学的研究。例如反应 A 到 R 是由组分 A 的分子吸附、表面反应和组分 R 的分子脱附等步骤组成，当表面反应为控制步骤时，其速率方程式可写为

$$-r_A = \frac{k\left(p_A - \frac{p_R}{K}\right)}{1 + k_A p_A + k_R p_R} \tag{51.7}$$

式中　p_A 和 p_R——组分 A 和 R 的分压；

k——包括吸附平衡常数在内的速率常数；

k_A 和 k_R——组分 A 和 R 的吸附平衡常数；

K——化学平衡常数。

一、实验目的

(1)了解测定气－固催化固定床反应速度的方法及数据处理。

(2)了解测定气－固催化固定床反应吸收率及转化率的方法及数据处理。

(3)了解气－固催化固定床反应的工艺过程和操作及工艺参数对反应的影响并优化参数。

二、工艺过程

凡是流体通过不动的固体物料形成的床层面进行反应的设备都称为固定床反应器，而其中尤以利用气态的反应物料，通过由固体催化剂所构成的床层进行反应的气固相催化反应器在化工生产中应用最为广泛。

(1)固定床反应器。

固定床反应器又称填充床反应器，装填有固体催化剂或固体反应物用以实现多相反应过程的一种反应器。固体物通常呈颗粒状，粒径 2～15 mm，堆积成一定高度(或厚度)的床层。床层静止不动，流体通过床层进行反应。它与流化床反应器及移动床反应器的区别在于固体颗粒处于静止状态。固定床反应器主要用于实现气固相催化反应，如氨合成塔、二氧化硫接触氧化器、烃类蒸气转化炉等。用于气固相或液固相非催化反应时，床层则填装固体反应物。涓流床反应器也可归属于固定床反应器，气、液相并流向下通过床层，呈气液固相接触。

固定床反应器有三种基本形式：①轴向绝热式固定床反应器(图 51.1(a))。流体沿轴向自上而下流经床层，床层同外界无热交换。②径向绝热式固定床反应器。流体沿径向流过床层，可采用离心流动(图 51.1(b))或向心流动，床层同外界无热交换。径向反应

器与轴向反应器相比，流体流动的距离较短，流道截面积较大，流体的压力降较小。但径向反应器的结构较轴向反应器复杂。以上两种形式都属绝热反应器，适用于反应热效应不大，或反应系统能承受绝热条件下由反应热效应引起的温度变化的场合。③列管式固定床反应器(图 51.1(c))。由多根反应管并联构成，管内或管间置催化剂，载热体流经管间或管内进行加热或冷却，管径通常在 25～50 mm 之间，管数可多达上万根。列管式固定床反应器适用于反应热效应较大的反应。此外，尚有由上述基本形式串联组合而成的反应器，称为多级固定床反应器。例如：当反应热效应大或需分段控制温度时，可将多个绝热反应器串联成多级绝热式固定床反应器(图 51.1(d))，反应器之间设换热器或补充物料以调节温度，以便在接近于最佳温度条件下操作。

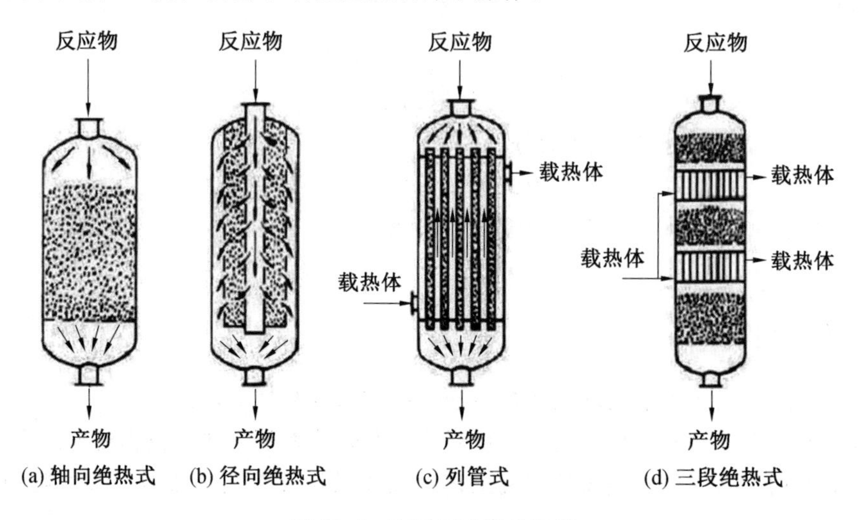

图 51.1　不同固定床反应器

固定床反应器的优点如下：

①在生产操作中，除床层极薄和气体流速很低的特殊情况外，床层内气体的流动皆可看作理想置换流动，因此在化学反应速度较快，且完成同样生产能力时，所需要的催化剂用量和反应器体积较小。

②气体停留时间可以严格控制，温度分布可以调节，因而有利于提高化学反应的转化率和选择性。

③催化剂不易磨损，可以较长时间连续使用。

④适宜于高温高压条件下操作。

⑤结构简单。

固定床反应器的缺点如下：

①催化剂载体往往导热性不良，气体流速受压降限制又不能太大，则造成床层中传热性能较差，也给温度控制带来困难。对于放热反应，在换热式反应器的入口处，因为反应物浓度较高，反应速度较快，放出的热量往往来不及移走，而使物料温度升高，这又促使反应以更快的速度进行，放出更多的热量，物料温度继续升高，直到反应物浓度降低，反应速度减慢，传热速度超过了反应速度时，温度才逐渐下降。所以在放热反应时，通常在换热式反应器的轴向存在一个最高的温度点，称为“热点”。如设计或操作不当，则在强放热反

应时，床内热点温度会超过工艺允许的最高温度，甚至失去控制而出现“飞温”。此时，对反应的选择性、催化剂的活性和寿命、设备的强度等均极不利。

②不能使用细粒催化剂，否则流体阻力增大，破坏了正常操作，所以催化剂的活性内表面得不到充分利用。

③催化剂的再生、更换均不方便。催化剂需要频繁再生的反应一般不宜使用，常代之以流化床反应器或移动床反应器。固定床反应器中的催化剂不限于颗粒状，网状催化剂早已应用于工业上。目前，蜂窝状、纤维状催化剂也已被广泛使用。

固定床反应器是研究得比较充分的一种多相反应器，描述固定床反应器的数学模型有多种，大致分为拟均相模型(不考虑流体和固体间的浓度、温度差别)和多相模型(考虑到流体和固体间的浓度、温度差别)两类，每一类又可按是否计及返混，分为无返混模型和有返混模型，按是否考虑反应器径向的浓度梯度和温度梯度分为一维模型和二维模型。

(2)固定床反应器流体力学。

①非中空固体颗粒的当量直径及形状系数。

非中空固体颗粒的当量直径可以用许多不同的方法来表示。在流体力学研究中，常常采用与非中空颗粒体积相等的球体的直径来表示颗粒的当量直径。若非中空颗粒的体积为 V_P，按等体积的圆球直径计算的非中空颗粒的当量直径 d_P 可表示为

$$d_P=\left(\frac{6V_P}{\pi}\right)^{\frac{1}{3}} \tag{51.8}$$

再以 S_S 表示与非中空颗粒等体积圆球的外表面积，则

$$S_S=\pi d_P^2 \tag{51.9}$$

非球形颗粒的外表面积 S_P 一定大于等体积的圆球的外表面积。因此，引入一个无因次系数 Φ_S，称为颗粒的形状系数，其值如下：

$$\Phi_S=\frac{S_S}{S_P} \tag{51.10}$$

即与非中空颗粒体积相等的圆球的外表面积与非中空颗粒的外表面积之比，对于球形颗粒，$\Phi_S=1$；对于非球形颗粒，$\Phi_S<1$。形状系数说明了颗粒与圆球的差异程度。

形状系数 Φ_S 可由颗粒的体积及外表面积算得。非中空颗粒的体积可由实验测定，或由其质量及密度计算。形状规则的颗粒，例如圆柱形及三叶草形催化剂颗粒，其外表面积可由直径及高度求出；形状不规则的颗粒外表面积却难以直接测量，这时可由待测颗粒所组成的固定床压力降来计算形状系数。

在固定床传热及传质研究中，通常采用与非中空颗粒外表面积相等的圆球的直径来表示颗粒的当量直径 D_P；此时

$$D_P=\sqrt{\frac{S_P}{\pi}} \tag{51.11}$$

非中空颗粒的当量直径还有另一种常见的表示方法，即以非中空颗粒的比表面积 S_V ($S_V=\frac{S_P}{V_P}$)与相同比表面积的圆球的直径来表示其当量直径。因此，对于非中空非球形颗粒，当量直径可用下式表示：

$$d_P=\frac{6}{S_V}=\frac{6V_P}{S_P} \tag{51.12}$$

上述三种颗粒的当量直径 d_P、D_P、d_S 与形状系数间的相互关系可表示如下：

$$\Phi_S d_P=d_S=\frac{6V_P}{S_P} \text{及} \ \Phi_S=\left(\frac{d_P}{D_P}\right)^2 \tag{51.13}$$

②混合颗粒的平均直径及形状系数。

某些催化剂是由大块物料破碎成的碎块，如氨合成用铁催化刑，形状是不规则的，大小也不均匀，这就有一个如何计算混合颗粒的平均粒度及形状系数的问题。

对于大小不等的混合颗粒，如果颗粒不太细(如大于 0.075 mm)，平均直径可以由筛分分析数据来决定。将混合颗粒用标准筛组进行筛析，分别称量留在各号筛上的颗粒质量，然后根据颗粒的总质量分别算出各种颗粒所占的百分率。在某一号筛上的颗粒，其直径通常为该号筛孔净宽及上一号筛孔净宽的几何平均值(即两相邻筛孔净宽乘积的平方根)。如混合颗粒中，直径为 $d_1,d_2,\cdots,d_n$ 的颗粒的质量百分率分别为 $X_1,X_2,\cdots,X_n$，则该混合颗粒的算术平均直径 $\bar{d}_P$ 为

$$\bar{d}_P=\sum_{i=1}^{n}X_i d_i \tag{51.14}$$

而调和平均直径 $\bar{d}_P$ 为

$$\frac{1}{\bar{d}_P}=\sum_{i=1}^{n}\frac{X_i}{d_i} \tag{51.15}$$

在固定床和流化床的流体力学计算中，用调和平均直径较为符合实验数据。

大小不等且形状各异的混合颗粒，其形状系数由待测颗粒所组成的固定床压力降来计算。同一批混合颗粒，平均直径的计算方法不同，计算出来的形状系数也不同。

③固定床的当量直径。

为了将处理流体在管道中流动的方法应用于固定床中的流体流动问题，必须确定固定床的当量直径 d_e。按定义，固定床的当量直径应为水力半径 R_H 的 4 倍，而水力半径可由床层的空隙率和单位床层体积中颗粒的润湿表面积计算得到。当不考虑颗粒间相互接触而减少表面积时，床层中均匀颗粒的比表面积 S_e，即单位体积床层中颗粒的外表面积，或颗粒的润湿表面积，可由床层的空隙率及非中空单颗颗粒的体积 V_P 及外表面积 S_P 计算而得：

$$S_e=\frac{(1-\varepsilon)S_P}{V_P}=\frac{6(1-\varepsilon)}{d_S} \tag{51.16}$$

按水力半径的定义得

$$R_H=\frac{\text{有效截面积}}{\text{润湿周边}}=\frac{\text{床层的空隙体积}}{\text{总的润湿面积}}=\frac{\varepsilon}{S_e} \tag{51.17}$$

因此床层的当量直径

$$d_e=4R_H=\frac{4\varepsilon}{S_e}=\frac{2}{3}\left(\frac{\varepsilon}{1-\varepsilon}\right)\Phi_S d_P \tag{51.18}$$

当床层由单孔环柱体、多通孔环柱体等中空颗粒组成时，不能使用式(51.18)。

④固定床的空隙率。

固定床的空隙率是颗粒物料层中颗粒间自由体积与整个床层体积之比，它是固定床的重要特性之一。空隙率对流体通过床层的压力降、床层的有效导热系数及比表面积都有重大的影响。床层空隙率 ε 的数值与下列因素有关：颗粒形状、颗粒的粒度分布、颗粒表面的粗糙度、充填方式、颗粒直径与容器直径之比等。

紧密填充固定床的床层空隙率低于疏松填充固定床，反应器中充填催化剂时应以适当方式加以震动压紧，床层的压力降虽较大，但装填的催化剂可较多。固定床中同一截面上的空隙率也是不均匀的，近壁处空隙率较大，而中心处空隙率较小，固定床由均匀球形颗粒乱堆在圆形容器中。

⑤固定床的流动特性。

流体在固定床中的流动比在空管内的情况要复杂得多。在固定床中，流体在颗粒物料所组成的孔道中流动，这些孔道相互交错联通，而且是弯曲的；各个孔道的几何形状相差甚大，其横截面积也很不规则且不相等，各个床层横截面上孔道的数目也不相同。

床层中孔道的特性主要取决于构成床层的颗粒特性：粒度、粒度分布、形状及粗糙度，即影响床层空隙率的因素都与孔道的特性有关。颗粒的粒度越小，则构成的孔道数目越多，孔道的截面积也越小。颗粒的粒度越不均匀，形状越不规则，表面越粗糙，则构成的孔道越不规则，各个孔道间的差异也就越大。一般来说，如果颗粒是随意堆积的，床层直径与平均颗粒直径之比大于 8 时，床层各部分的空隙率大致相同。床层中的自由体积并不等于所有孔道的总体积，而是存在部分死角，死角中的流体处于不流动的状态。流体在床层中的孔道内流动时，经常碰撞前面的颗粒，加上孔道截面的不均匀，时而扩大，时而缩小，以致流体做轴向流动时，往往在颗粒间产生再分布，流体的旋涡运动不如在空管中那么自由。由于孔道特性的改变以及流体的再分布，旋涡运动的范围要受到流动空间的限制，即取决于孔道的形状及大小。在固定床内流动的流体旋涡的数目比在与床层直径相等的空管中流动时要多得多。在空管中流体的流动状态由滞流转入湍流时是突然改变的，转折非常明显；在固定床中流体的流动状态由滞流转入湍流是一个逐渐过渡的过程，这是由于各孔道的截面积不相同，在相同的体积流率下，某一部分孔道内流体处于滞流状态，而另一部分孔道内流体则已转入湍流状态。

⑥单相流体通过固定床的压力降。

单相流体通过固定床时要产生压力损失，主要来自两方面：一方面是由于颗粒的黏滞曳力，即流体与颗粒表面间的摩擦；另一方面，由于流体流动过程中孔道截面积突然扩大和收缩，以及流体对颗粒的撞击及流体的再分布而产生。在低流速时，压力降主要是由于表面摩擦而产生，在高流速及薄床层中流动时，扩大、收缩则起主要作用：如果容器直径与颗粒直径之比值较小，还应计入壁效应对压力降的影响。

影响固定床压力降的因素可以分为两个方面；一方面是属于流体的，如流体的黏度、密度等物理性质和流体的质量流率；另一方面是属于床层的，如床层的高度和流通截面积、床层的空隙率和颗粒的物理特性如粒度、形状、表面粗糙度等。

(3) 主要物料的平衡及流向。

气相流向：气体经减压阀减压后，经过管道过滤器进入质量流量计计量流量，由计前阀调节流量，然后气体进入预热器预热，与汽化的物料一起进入反应器发生目标反应；反应后，反应产物和未反应的反应物进入冷凝器冷却，沸点低的物料冷凝为液体，气液混合物一起进入气液分离器分离，气体经背压阀放空。

液相流向：液体从原料罐出来，经管道过滤器由柱塞式计量泵输送至预热器，液体进入预热器后汽化，与气态物料一起进入反应器发生目标反应；反应后，反应产物和未反应的反应物进入冷凝器冷却，沸点低的物料冷凝为液体，气液混合物一起进入气液分离器分离，液体在气液分离器中临时储存，一段时间后，将液体放入产品储罐。

(4) 带有控制点的工艺及设备流程图(图 51.2)。

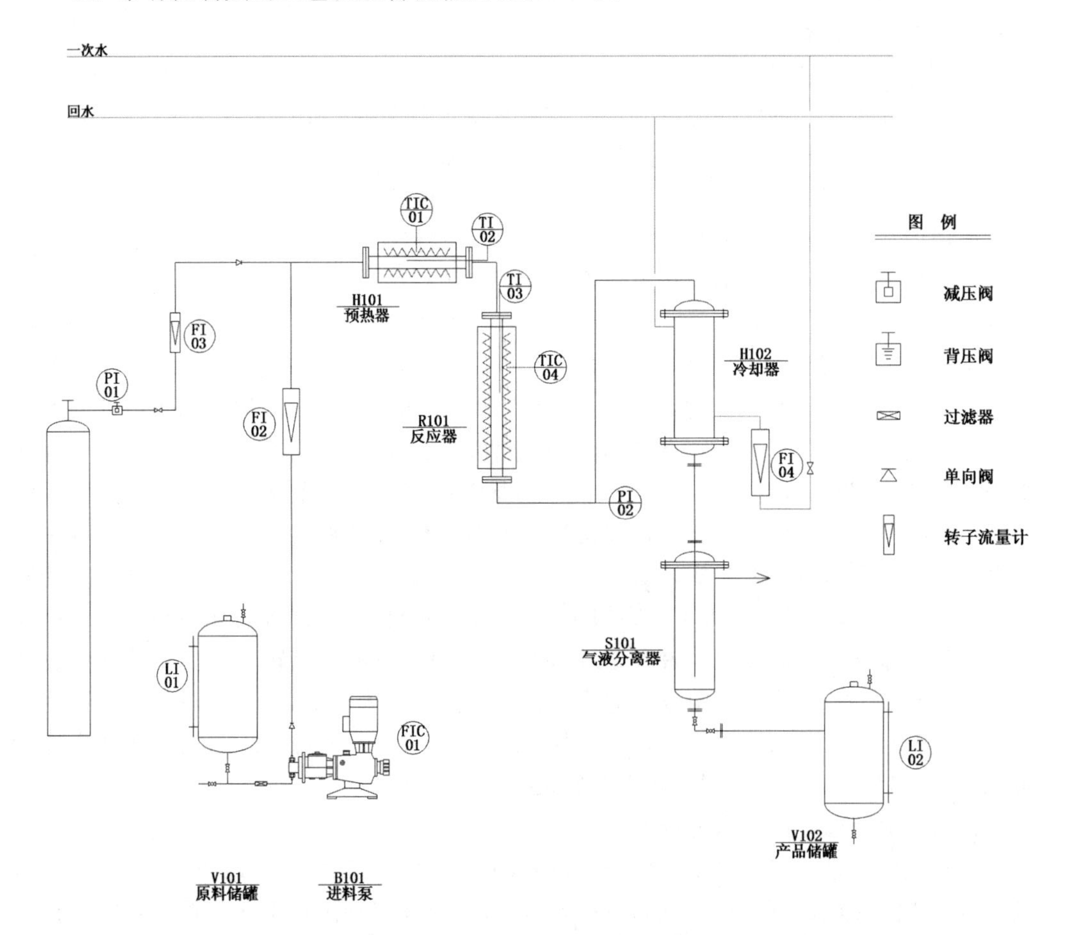

图 51.2 固定床反应器流程示意图

在化工生产中，对各工艺变量有一定的控制要求。有些工艺变量对产品的数量和质量起着决定性的作用。例如，原料的流量直接影响反应的转化率和收率；反应温度的控制直接影响反应的速率以及反应的选择性(对于有副反应伴随的体系)。

为了实现控制要求，可以有两种方式，一是人工控制，二是自动控制。自动控制是在人工控制的基础上发展起来的，使用了自动化仪表等控制装置来代替人的观察、判断、决策和操作。

先进控制策略在化工生产过程的推广应用，能够有效提高生产过程的平稳性和产品质量的合格率，对于降低生产成本、节能减排降耗、提升企业的经济效益具有重要意义。

①各项工艺操作指标。

液态原料流量:0～5 L/h。

气态原料流量:0～160 L/h。

预热温度控制:室温～200 ℃。

反应温度控制:室温～500 ℃。

反应压力控制:常压。

②主要控制点的控制方法、仪表控制。

预热温度控制方块图如图 51.3 所示。

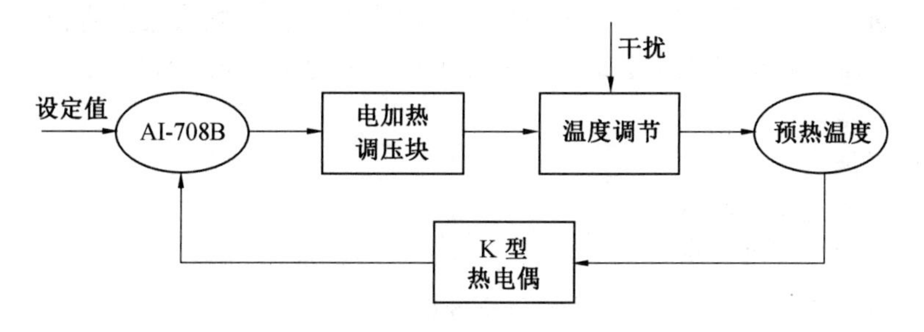

图 51.3　预热温度控制方块图

反应温度控制方块图如图 51.4 所示。

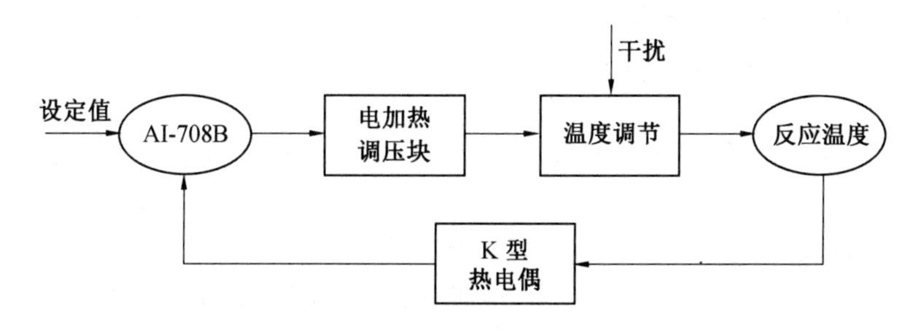

图 51.4　反应温度控制方块图

③物耗能耗指标。

本实训装置的物质消耗为:气体反应物/保护气;液体反应物。

本实训装置的能量消耗为:加热器耗电;进料泵耗电。物耗能耗见表 51.1。

表 51.1　物耗能耗一览表

名称	耗量/($m^3 \cdot h^{-1}$)	名称	耗量/($L \cdot h^{-1}$)	名称	额定功率/kW
气体	0～0.16	液体	0～5	预热器	3
				加热器	6
				进料泵	0.37
总计	0～0.16	总计	0～5	总计	9.37

注:此表为最大耗量,实际消耗与操作条件相关

④安全生产技术。

固定床的常见异常现象及处理方法如下:

a. 预热器和反应器温度下降。

首先检查温度设定值，看控制温度设定是否有变化。若温度设定没有变化则检查进料流量，检查进料计量泵的行程是否改变；若上述参数均正常，则请指导教师处理。

b. 反应温度骤升。

首先检查反应炉温度是否有变化，若反应炉温度正常，则是反应器出现“飞温”情况，那么停止液相反应物进料，观察温度变化，待温度恢复到设定值并稳定一段时间后，重新开始液相进料；若停止液相进料后温度仍然上升，则请指导教师进行处理。

化工单元实训基地的老师和学生进入化工单元实训基地后必须穿戴劳防用品：在指定区域正确戴上安全帽，穿上安全鞋，在进入任何作业过程中佩戴安全防护眼镜，在任何作业过程中佩戴合适的防护手套。无关人员不得进入化工单元实训基地。

⑤行为规范。

a. 不准吸烟。

b. 保持实训环境的整洁。

c. 不准从高处乱扔杂物。

d. 不准随意坐在灭火器箱、地板和教室外的凳子上。

e. 非紧急情况下不得随意使用消防器材（训练除外）。

f. 不得靠在实训装置上。

g. 在实训场地、在教室里不得打骂和嬉闹。

h. 使用后的清洁用具按规定放置整齐。

⑥用电安全。

a. 进行实训之前必须了解室内总电源开关与分电源开关的位置，以便出现用电事故时及时切断电源。

b. 在启动仪表柜电源前，必须清楚每个开关的作用。

c. 启动电机，上电前先用手转动一下电机的轴，通电后，立即查看电机是否已转动；若不转动，应立即断电，否则电机很容易烧毁。

d. 在实训过程中，如果发生停电现象，必须切断电闸。以防操作人员离开现场后，因突然供电而导致电器设备在无人看管下运行。

e. 不要打开仪表控制柜的后盖和强电桥架盖，应请专业人员进行电器的维修。

⑦烫伤的防护与环保。

本实训装置采用电加热器进行加热，加热炉外壁温度很高，切不可接近，更不可手触。

不得随意丢弃化学品，不得随意乱扔垃圾，避免水、能源和其他资源的浪费，保持实训基地的环境卫生。本实训装置无三废产生。在实验过程中要注意，不能发生热油的跑、冒、滴、漏。

⑧操作步骤。

a. 开车前准备。

i. 熟悉各取温度测量与控制点和压力测量点的位置。

ii. 检查公用工程（水、电）是否处于正常供应状态。

iii. 设备上电，检查流程中各设备、仪表是否处于正常开车状态，启动设备试车。

iv. 检查产品罐是否有足够空间贮存实训产生的液相产品；如空间不够，则打开放料阀将产品移出。

v. 检查原料罐，是否有足够原料供实训使用，检测原料是否符合操作要求，如有问题进行补料或调整的操作。

vi. 检查流程中各阀门是否处于正常开车状态。

vii. 按照要求制定操作方案。

b. 正常开车。

i. 调节进气减压阀出口压力到规定值(小于 0.2 MPa)；然后调节转子流量计计前阀，将气体流量调节到规定值。

ii. 打开冷却水，并将流量调节到规定值。

iii. 打开反应炉加热按钮，将反应温度设定到规定值(小于 500 ℃)，开始加热反应器。

iv. 待反应温度接近设定值时，打开预热炉加热按钮，开始加热预热器。

v. 预热温度和反应温度都达到规定值后，打开进料泵按钮，开始液相进料，同时注意观察预热温度和反应温度的变化。

c. 正常操作。

i. 调节柱塞式计量泵的手柄，将流量调节到规定值，启动进料泵。

ii. 随时观察进气流量、预热温度、反应温度、反应压力以及尾气流量的变化，5 min 记录一次数据。

iii. 反应稳定一段时间后，取样分析产物的组成。

d. 正常停车。

i. 关闭进料计量泵，停止液相进料。

ii. 10 min 后关闭反应炉加热按钮，关闭预热炉加热按钮。

iii. 待反应炉和预热炉的温度降至 100 ℃时，关闭进气减压阀。

iv. 关闭冷却水。

v. 关闭操作台电源。

⑨反应体系：乙醇脱水制乙烯。

乙烯是石油化工的基本有机原料，目前约有 75%的石油化工产品由乙烯生产，它主要用来生产聚乙烯、聚氯乙烯、环氧乙烷/乙二醇、二氯乙烷、苯乙烯、聚苯乙烯、乙醇、醋酸乙烯等多种重要的有机化工产品，实际上，乙烯产量已成为衡量一个国家石油化工工业发展水平的标志。因此，乙烯行业也对我国经济发展产生巨大的影响。

生物乙醇是一种可再生资源，以其为原料生产的生物基乙烯，是石油基乙烯的重要补充或替代。尤其在对乙烯需求仅仅是少量而运输不便的地区，以及缺乏石油资源的地区，生物乙烯的优势非常明显。当前，石油资源日趋枯竭，石油价格起伏不定，我国乙烯工业可持续发展受到各种因素的挑战。在国内能源紧张的局势下，发展生物乙醇制乙烯技术，可有效发挥国内生物质资源优势，缓解石油危机，具有重大的战略意义。

据专家测算，当原油价格达到 50 美元/桶时，生物质制乙醇，进而脱水制乙烯工艺可与石油裂解路线生产乙烯相竞争，因此，如果油价高位运行，利用可再生的生物质(如秸秆)制乙醇，进而脱水生产乙烯的工业化生产应用肯定会越来越广泛。

工业应用的乙醇脱水催化剂主要分为两大类，第一类是活性氧化铝催化剂，第二类是分子筛催化剂。

乙醇脱水制乙烯工艺都是采用气相催化脱水，原料乙醇经预热汽化，气相状态下进入反应器催化脱水，反应器主要有催化剂床层间换热的层式反应器及绝热固定床反应器两类。反应器的操作温度为 300～400 ℃，稀释气体流量为 100～4 000 L/h，乙醇进料量为0.5～2 L/h。

实验 52　计算机控制多釜串联返混性能测定实验

一、实验目的

本实验通过单釜与三釜反应器中停留时间分布的测定，将数据计算结果用多釜串联模型来定量返混程度，从而认识限制返混的措施。

(1)通过实验了解停留时间分布测定的基本原理和实验方法。

(2)掌握停留时间分布的统计特征值的计算方法。

(3)学会用理想反应器的串联模型来描述实验系统的流动特性。

二、实验原理

在连续流动的反应器内，不同停留时间的物料之间的混合称为返混。返混程度的大小，一般很难直接测定，通常是利用物料停留时间分布的测定来研究。然而测定不同状态反应器内的停留时间分布时可以发现，相同的停留时间分布可以有不同的返混情况，即返混与停留时间分布不存在一一对应的关系，因此不能用停留时间分布的实验测定数据直接表示返混程度，而要借助于反应器数学模型来间接表达。

物料在反应器内的停留时间完全是一个随机过程，须用概率分布方法来定量描述。所用的概率分布函数为停留时间分布密度函数 $f(t)$和停留时间分布函数 $F(t)$。停留时间分布密度函数 $f(t)$的物理意义是：同时进入的 N 个流体粒子中，停留时间介于 t 到 $t+\mathrm{d}t$ 间的流体粒子所占的分率 $\mathrm{d}N/N$ 为 $f(t)\mathrm{d}t$。停留时间分布函数 $F(t)$的物理意义是：流过系统的物料中停留时间小于 t 的物料的分率。

停留时间分布的测定方法有脉冲法、阶跃法等，常用的是脉冲法。当系统达到稳定后，在系统的入口处瞬间注入一定量 Q 的示踪物料，同时开始在出口流体中检测示踪物料的浓度变化。

由停留时间分布密度函数的物理含义可知

$$f(t)\mathrm{d}t = V \cdot c(t)\frac{\mathrm{d}t}{Q} \tag{52.1}$$

$$Q = \int_0^{\infty} V_c(t)\mathrm{d}t \tag{52.2}$$

$$f(t) = \frac{V_c(t)}{\int_0^{\infty} V_c(t\mathrm{d}t)} = \frac{c(t)}{\int_0^{\infty} c(t)\mathrm{d}t} \tag{52.3}$$

由此可见，$f(t)$与示踪剂浓度$c(t)$成正比。因此，本实验中用水作为连续流动的物料，以饱和 KCl 作示踪剂，在反应器出口处检测溶液电导值。在一定范围内，KCl 浓度与电导值成正比，则可用电导值来表达物料的停留时间变化关系，即 $f(t)\propto L(t)$，这里$L(t)=L_t-L_\infty$，L_t为 t 时刻的电导值，L_∞为无示踪剂时电导值。

停留时间分布密度函数 $f(t)$在概率论中有两个特征值(数学期望)$\bar{t}$ 和方差σ_t^2。

$\bar{t}$ 的表达式为

$$\bar{t}=\int_0^\infty tf(t)\mathrm{d}t=\frac{\int_0^\infty tc(t)\mathrm{d}t}{\int_0^\infty c(t)\mathrm{d}t} \tag{52.4}$$

采用离散形式表达，并取相同时间间隔 Δt，则

$$\bar{t}=\frac{\sum tc(t)\Delta t}{\sum c(t)\Delta t}=\frac{\sum tL(t)}{\sum L(t)} \tag{52.5}$$

σ_t^2 的表达式为

$$\sigma_t^2=\int_0^\infty (t-\bar{t})^2 f(t)\mathrm{d}t=\int_0^\infty t^2 f(t)\mathrm{d}t-\bar{t}^2 \tag{52.6}$$

也用离散形式表达，并取相同 Δt，则

$$\sigma_t^2=\frac{\sum t^2c(t)}{\sum c(t)}-\bar{t}^2=\frac{\sum t^2L(t)}{\sum L(t)}-\bar{t}^2 \tag{52.7}$$

若用无量纲对比时间 θ 来表示，即 $\theta=\frac{t}{\bar{t}}$，

无量纲方差 $\sigma_\theta^2=\frac{\sigma_t^2}{\bar{t}^2}$。

在测定了一个系统的停留时间分布后，如何来评价其返混程度，则需要用反应器模型来描述。这里采用的是多釜串联模型。

多釜串联模型是将一个实际反应器中的返混情况作为与若干个全混釜串联时的返混程度等效。这里的若干个全混釜个数 n 是虚拟值，并不代表反应器个数，n 称为模型参数。多釜串联模型假定每个反应器为全混釜，反应器之间无返混，每个全混釜体积相同，则可以推导得到多釜串联反应器的停留时间分布函数关系，并得到无量纲方差 σ_t^2 与模型参数 n 存在关系为

$$n=\frac{1}{\sigma_\theta^2} \tag{52.8}$$

当 $n=1$，$\sigma_\theta^2=1$，为全混釜特征；

当 $n\to\infty$，$\sigma_\theta^2\to 0$，为平推流特征；

这里 n 是模型参数，是个虚拟釜数，并不限于整数。

三、实验装置与流程

实验装置如图 52.1 所示，由单釜与三釜串联两个系统组成。三釜串联反应器中每个

釜的体积为 1 L,单釜反应器体积为 3 L,用可控硅直流调速装置调速。实验时,水分别经两个转子流量计流入两个系统。稳定后在两个系统的入口处分别快速注入示踪剂,由每个反应釜出口处电导电极检测示踪剂浓度变化,并由记录仪自动记录下来。

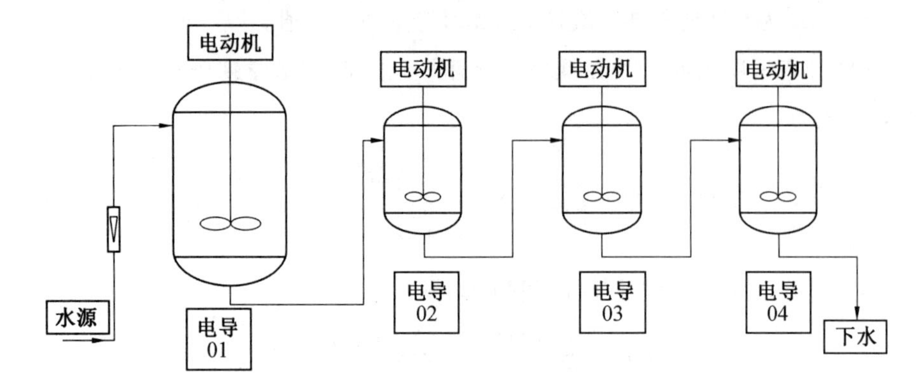

图 52.1 多釜串联返混性能测定实验流程图

四、实验步骤及方法

(1)通水,开启水开关,让水注满反应釜,调节进水流量为 10 L/h,保持流量稳定。

(2)通电,开启电源开关。

①启动程序;

②开电导仪并调整好,以备测量;

③开动搅拌装置,转速应大约为 150 r/min。

(3)待系统稳定后,迅速注入示踪剂,同时开启计算机数据采集。

(4)当记录仪上显示的浓度在 2 min 内觉察不到变化时,即认为终点已到。

(5)关闭仪器、电源、水源,排清釜中料液,实验结束。

五、实验数据处理

根据实验结果,可以得到单釜与三釜的停留时间分布曲线,这里的物理量一电导值 L 对应了示踪剂浓度的变化;横坐标记录测定的时间。然后用离散化方法,在曲线上相同时间间隔取点,一般可取 20 个数据点左右,再由公式分别计算出各自 $\bar{t}$ 和 σ_t^2 及无因次方差 $\sigma_\theta^2=\frac{\sigma_t^2}{\bar{t}^2}$。通过多釜串联模型,利用公式求出相应的模型参数 n,随后根据 n 的数值大小,就可确定单釜和三釜系统的两种返混程度大小。

若采用微机数据采集与分析处理系统,则可直接由电导仪输出信号至计算机,由计算机负责数据采集与分析,在显示器上画出停留时间分布动态曲线图,并在实验结束后自动计算平均停留时间、方差和模型参数。停留时间分布曲线图与相应数据均可方便地保存或打印输出,减少了手工计算的工作量。

六、结果与讨论

(1)计算出单釜与三釜系统的平均停留时间 $\bar{t}$,并与理论值比较,分析偏差原因。

(2)计算模型参数 n,讨论两种系统的返混程度大小。

(3)讨论一下如何限制返混或加大返混程度。

实验 53 甲苯歧化制苯和二甲苯

甲苯歧化反应是 20 世纪 70 年代开发成功的工艺,它是将利用价值不大的甲苯转化为有重要用途的苯和二甲苯的方法,其中对位二甲苯是合成涤纶的重要有机原料。该反应是在催化剂存在下于固定床反应器内高温临氢催化转化或在移动床反应器高温催化转化条件下进行的。催化剂可采用氧化铝或分子筛上载有活性组分制成,尤其用 ZSM－5 型分子筛的择型催化剂,其对位选择性非常高。实验室研究和评价催化剂,使用微型反应器一色谱装置是一种方便、快速、有效的方法,该装置的使用越来越普遍。它的突出优点是催化剂用量少(几十毫克到几克),操作灵活、简便、高效、数据准确,与计算机系统连接可迅速计算出反应结果。此外,它不仅能测出催化剂活性,还可连续获得反应的工艺数据(包括最佳操作条件、再生和稳定性寿命实验),同时它又是测定反应动力学数据的一种良好的装置,是化工实验室广泛使用的仪器之一。

一、实验目的

(1)熟悉和掌握催化剂活性的评价方法。

(2)了解固定床反应装置的操作原理、设备结构和使用方法。

(3)了解反应条件对甲苯歧化反应的转化率、收率和歧化率的影响。

二、实验原理

甲苯歧化是一可逆反应,其热效应并不大。在分子筛催化剂存在下是通过阳碳离子进行反应的。过程比较复杂,除主反应生成苯和二甲苯异构体之外,还有一系列的歧化反应发生,如二甲苯歧化生成甲苯和三甲苯异构体、甲苯脱甲基与断链反应等。可用图53.1 甲苯歧化主反应图表示。

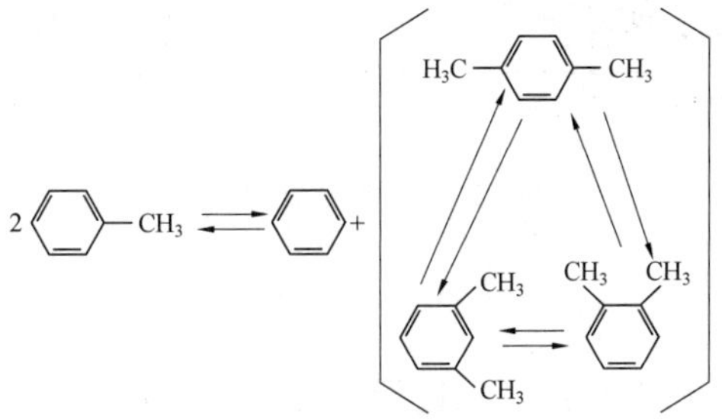

图 53.1 甲苯歧化主反应图

此外，还有脱氢缩聚形成稠环化合物等焦油状物质或炭析出，并覆盖在催化剂内外孔表面，造成活性下降或失活。因此必须用空气去氧化焦状物或碳类，此过程称为再生。在临氢加压条件下进行该反应可大大减少结焦，延长催化剂使用寿命。反应产物的组成随催化剂不同而异，一般用催化剂反应得到的二甲苯异构体都近于平衡组成，只有 ZSM－5 分子筛例外，其对位组分超出平衡组成。

反应条件对转化产生很大影响，主要指温度、压力、加料速度和氢油比等条件。当固定其他因素、仅仅改变温度时，反应的转化率随温度上升，一般在 400～500 ℃都能实现较好转化。反应过程是在 380 ℃下运行，当转化率下降时提高温度，再降又要提温直至最高使用温度。如果在最高温度下仍不能达到要求的转化率，则认为催化剂已经失活，需再生处理。压力对反应的影响表现在低压和常压操作过程，催化剂失活较快，转化率偏低。适宜压力为 3.0 MPa，此时可达到最佳效果。氢气与甲苯的分子比通常以 10∶1 为最佳，过低不足以抑制催化剂的结焦，过高造成耗氢大。液体空速在 0.5 h^{-1}是最佳值，过低副反应多，过高则转化率低，通常苯和二甲苯收率为 45％～50％。

三、实验试剂、仪器及装置

(1)实验试剂。

氢气、氮气、甲苯。

(2)实验仪器。

气相色谱。

(3)实验装置。

它由反应系统和控制系统组成，其实验流程如图 53.2 所示。

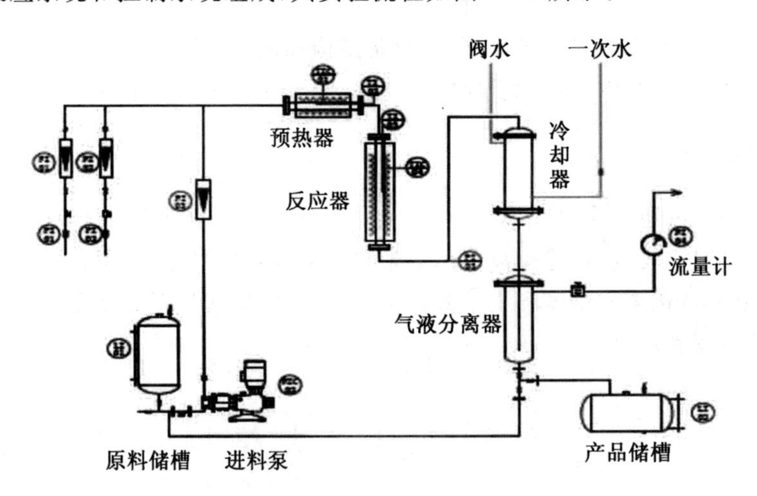

图 53.2　实验流程图

四、实验步骤

(1)催化剂造粒的制备：催化剂首先进行压片，然后打碎，筛出颗粒大小在 20～40 目之间的催化剂。

(2)将筛出的颗粒催化剂进行称量,取 0.5 g 装入反应器中,然后将反应器装入固定床反应装置上,注意接口连接处要密封完好。

(3)通氮气,用肥皂泡检查整个装置的气密性,直到不漏气为止。

(4)打开固定床反应装置的总电源开关。

(5)开启预热器加热电源和反应器加热电源,把定温指示在给定实验温度下(预热稳定在 300 ℃,反应温度在 400～500 ℃)。升温过程中应首先把设定温度调到 100 ℃,当实际显示稳定升到 100 ℃后应适当逐步提高设定温度,保证稳定反应器稳定升温。待温度升至所需值后恒温 20 min,及时观察温度显示器数值,若不符合要求则随时调整。

(6)当温度恒定后,打开液体流量计阀门,并打开计量泵(计量泵的流量为0.5 L/h,若需要其他流量时应拨动计量泵的行程,之后用计量桶标定)。

(7)当计量泵工作时,开始计时(反应初始时间),考察甲苯液体空速和氢油比变化等参数对催化活性的影响。每种影响因素至少做 4 个数据点。每个数据点又至少取 2 次数据求均值。若时间不足,可只做一种因素的影响,取出的样品通过气相色谱进行分析。

(8)关闭反应装置。

五、实验数据处理

(1)产物组成的确定。

本实验的色谱分析值是采用面积归一法求出的,未进行校正,因此要对结果重新处理,校正因子见表 53.1。

表 53.1　色谱分析甲苯歧化产物的校正因子

C	苯	甲苯	对、间二甲苯	邻二甲苯	1,3,5－三甲苯	1,2,4－三甲苯
1.000	1.000	0.860	0.765	0.786	0.670	0.660

(2)活性数据按下式计算。

$$甲苯转化率=\frac{原料甲苯量-液体产物甲苯量}{原料甲苯量}\times 100\% \tag{53.1}$$

$$苯与二甲苯收率=\frac{液体产物中苯量+二甲苯量}{液体产物总量}\times 100\% \tag{53.2}$$

$$选择性=\frac{苯与二甲苯收率}{甲苯转化率} \tag{53.3}$$

$$歧化率=\frac{产物中二甲苯(物质的量)}{产物中苯(物质的量)} \tag{53.4}$$

(3)画出改变氢油分子比时产物中苯和二甲苯组成的变化关系。

(4)讨论实验结果。

实验 54　聚乙烯醇缩甲醛胶水的制备

黏结剂是指用于黏结同质或异质物体表面的物质,具有应力分布连续、质量轻或密封、多数工艺温度低等特点。黏结特别适用于不同材质、不同厚度、超薄规格和复杂构件的连接。黏结技术近代发展最快，应用行业极广，并对高新科学技术进步和人们日常生活改善有重大影响。黏结剂有如下分类方法：按应用方法可分为热固型、热熔型、室温固化型、压敏型等；按应用对象可分为结构型、非构型或特种胶；按形态可分为水溶型、水乳型、溶剂型以及各种固态型等；合成化学工作者常喜欢将胶黏剂按黏料的化学成分来分类。

胶水属于水溶型黏结剂的一种，黏结是靠胶水中的高分子体间的拉力来实现的。在胶水中，水就是中高分子体的载体，水载着高分子体慢慢地浸入到物体的组织内。当胶水中的水分消失后，胶水中的高分子体就依靠相互间的拉力，将两个物体紧紧地结合在一起。在胶水的使用中，涂胶量过多会使胶水中的高分子体相互拥挤在一起；高分子体间无法产生很好的拉力。高分子体相互拥挤，从而无法形成相互间最强的吸引力。同时，高分子体间的水分也不容易挥发掉。这就是为什么在黏结过程中"胶膜越厚，胶水的黏结效力越差"。涂胶量过多，胶水大多起到的是"填充作用"而不是黏结作用，物体间的黏结靠的不是胶水的黏结力，而是胶水的"内聚力"。如果不是水溶性的，其实原理也大同小异，就是用其他溶剂代替了水。

一、实验目的

(1)进一步了解高分子化学反应的原理。

(2)本实验将通过聚乙烯醇(PVA)的缩醛化制备胶水，了解 PVA 缩醛化的反应原理。

(3)了解并掌握胶水产品的检测与控制方法。

二、实验原理

早在 1931 年，人们就已经研制出聚乙烯醇(PVA)的纤维，但由于 PVA 的水溶性而无法实际应用。利用"缩醛化"减少其水溶性，使得 PVA 有了较大的实际应用价值。用甲醛进行缩醛化反应得到聚乙烯醇缩甲醛(PVF)。PVF 随缩醛化程度不同，性质和用途有所不同。控制缩醛在 35%左右，就得到人们称为"维纶"(vinylon)的纤维。维纶的强度是棉花的 1.5～2.0 倍，吸湿性 5%，接近天然纤维，又称为"合成棉花"。

在 PVF 分子中，如果控制其缩醛度在较低水平，由于 PVF 分子中含有羟基、乙酰基和醛基，因此有较强的黏结性能，可作胶水使用，用来黏结金属、木材、皮革、玻璃、陶瓷、橡胶等。聚乙烯醇缩甲醛是利用聚乙烯醇与甲醛在盐酸催化的作用下制得的。其反应示意图如图 54.1 所示。

高分子链上的羟基未必能全部进行缩醛化反应，会有一部分羟基残留下来。本实验是合成水溶性聚乙烯醇缩甲醛胶水，反应过程中需控制较低的缩醛度，使产物保持水溶性。如若反应过于猛烈，则会造成局部高缩醛度，导致不溶性物质存在于胶水中，影响胶水质量。因此在反应过程中，要特别注意严格控制催化剂用量、反应温度、反应时间及反应物比例等因素。

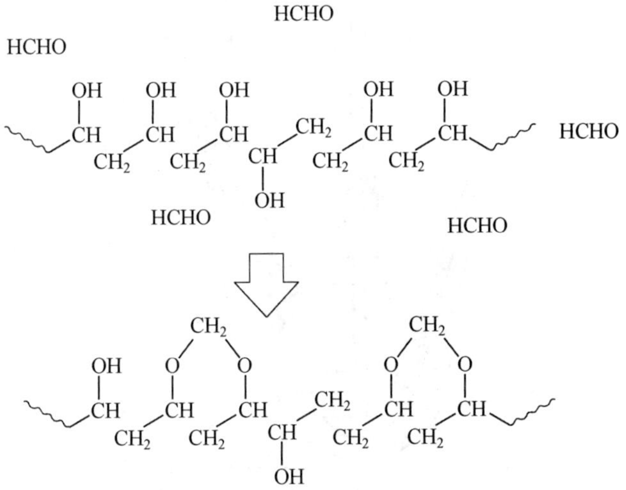

图 54.1　反应示意图

三、实验试剂及仪器

(1)实验试剂。

聚乙烯醇 1799(PVA)、甲醛水溶液(40%甲醛)、盐酸、NaOH、去离子水。

(2)实验仪器。

恒温水浴一套、机械搅拌器一台、温度计一支、250 mL 三口烧瓶一个、球形冷凝管一支、10 mL 量筒一个、100 mL 量筒一个、培养皿一个。

四、实验步骤

(1)按要求安装好反应装置(图 54.2)。

(2)在 250 mL 三口瓶中加入 90 mL 去离子水和 17 g PVA,在搅拌下升温溶解。

(3)升温到 90 ℃,待 PVA 全部溶解后,降温至 85 ℃左右加入 3 mL 甲醛搅拌 15 min,滴加 1∶4 的盐酸溶液,控制反应体系 pH 为 1～3,保持反应温度在 90 ℃左右。

(4)继续搅拌,反应体系逐渐变稠。当体系中出现气泡或有絮状物产生时,立即迅速加入 1.5 mL 8%的 NaOH 溶液,调节 pH 为 8～9,冷却、出料,所获得无色透明黏稠液体即为胶水。

注:由于缩醛化反应的程度较低,胶水中尚含有未反应的甲醛,产物往往有甲酸的刺激性气味。缩醛基团在碱性环境下较稳定,故要调整胶水的 pH。

(5)胶水的使用。

工作条件对胶接性能有重要影响,包括使用条件中的受力情况、环境温度和湿度、化学介质情况、户外条件等。因此,密封胶水要在一定的环境中使用。

①受力情况:当被粘物受剥离力,不均匀扯离力作用时,可选用韧性好的胶,如橡胶胶水、聚氨酯胶等;当受均匀扯离力、剪切力作用时,可选用硬度和强度较高的胶,如环氧胶、丙烯酸酯胶。

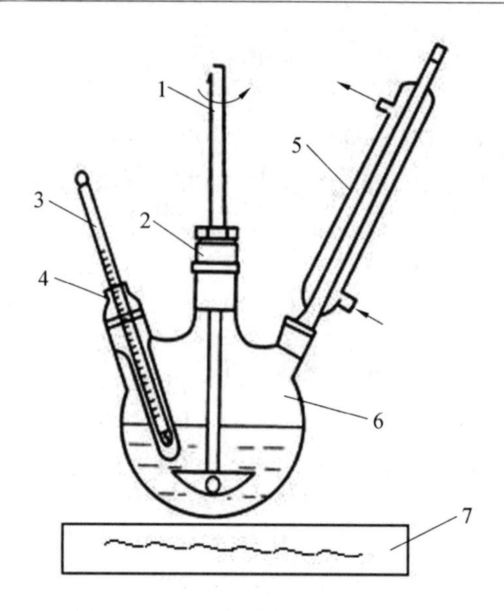

图 54.2 聚乙烯醇缩甲醛反应装置图

1—搅拌;2—四氟塞;3—温度计;4—温度计套管;5—回流冷凝管;6—三口烧瓶;7—加热装置

②温度情况:不同的胶水有不同的耐热性。根据不同的温度,选用不同的胶水。

③湿度:湿气和水分对胶接界面的稳定性很不利,可以说是有害而无益的。因为水分子体积小、极性大,经过渗透、扩散,起到一种水解作用,使胶接面破坏或自行脱开,造成胶接强度和耐久性降低。被粘件要求耐水性好的,选环氧胶、聚氨酯胶等。

④化学介质:化学介质主要指的是酸、碱、盐、溶剂等,不同类型的胶水,不同的固化条件,具有不同的耐介质能力。所以,要根据被粘物接触的介质选用胶水和密封胶。

⑤户外条件:户外使用的胶接件所处条件比较复杂,气温变化、风吹雨淋、日晒冰冻等,会加速胶层老化,使寿命缩短。因此,在户外条件下,胶接要选用高温固化和耐大气老化好的胶,如酚醛一缩醛胶、环氧一丁腈胶;密封则选用硅酮密封胶。

实验 55 聚乙烯醇缩甲醛缩醛度的分析

聚乙烯醇是水溶性的,用甲醛进行缩醛化,随着缩醛化程度的增加,水溶性降低。通常用酸作催化剂,由于孤立基团效应,缩醛化程度不完全。作为维尼纶纤维的聚乙烯醇缩甲醛反应程度一般控制在 75%~85%,它不溶于水,性能优良;而用于胶水制作的水溶性聚乙烯醇缩甲醛的缩甲醛化程度较低。

一、实验原理

缩醛化程度的测试方法之一为解聚一滴定法。具体方法为:先用高温水蒸气破坏聚乙烯醇缩甲醛的缩醛键,生成小分子甲醛,收集甲醛产物并测定其含量,即可确定聚乙烯醇缩甲醛的缩醛度。反应示意图如图 55.1 所示。

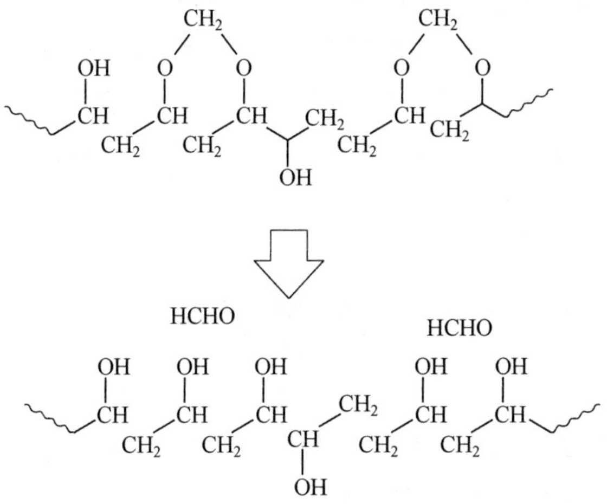

图 55.1　反应示意图

二、实验试剂及仪器

(1)实验试剂。

麝香草酚酞液、0.5 mol/L 亚硫酸钠溶液、0.05 mol/L 硫酸。

(2)实验仪器。

水蒸气蒸馏装置、锥形瓶、酸式滴定管、加热台一个、玻璃管若干。

三、实验步骤

(1)搭置水蒸气蒸馏装置,如图 55.2 所示。

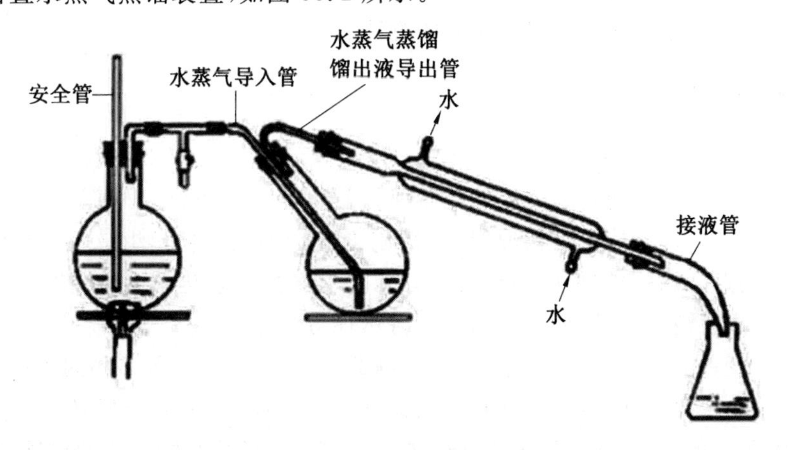

图 55.2　水蒸气蒸馏装置

(2)将 1.00 g 聚乙烯醇缩甲醛加入到圆底烧瓶中,加入 40%硫酸 150 g,进行水蒸气蒸馏,用锥形瓶收集馏出液 250 mL,此时聚乙烯醇缩甲醛已全部溶解。

(3)汲取 25.00 mL 馏出液,加麝香草酚酞液两滴,用稀碱调节至中性。

(4)加入 20 mL 0.5 mol/L 亚硫酸钠溶液,混合后静置 10 min 再加入一滴麝香草酚酞溶液，以 0.05 mol/L 硫酸滴定至终点，记录硫酸用量(V_2)。

(5)以 20 mL 0.5 mol/L 的亚硫酸钠溶液做空白实验，记录硫酸用量(V_1)。

计算样品中甲醛的百分含量($w(CH_2O)$)和聚乙烯醇缩甲醛的缩醛化度。

$$w(CH_2O)=\frac{(V_1-V_2)\times M\times 30}{W\times 1\ 000}\times\frac{a}{b}\times 100\% \tag{55.1}$$

式中 M——硫酸溶液的浓度；

W——试样质量；

a 和 b——甲醛溶液总量和汲取分析液体的体积。

四、思考题

(1)为什么缩醛度增加，水溶性下降？实验中如何掌握好缩醛度？

(2)产物为什么要调节 pH？以多少为宜？

(3)为什么要掌握适宜的原料比？酸加太多对产品有何影响？

(4)聚乙烯醇进行缩醛化时，羟基转化率能否达到 100%，为什么？

实验 56 钢铁的腐蚀与防护

一、实验目的

(1)掌握钢铁腐蚀的原因及类型。

(2)通过镀镍工艺流程的熟悉，了解电镀镍的原理和方法。

(3)了解金属表面镀层对金属材料防腐蚀的作用。

(4)了解用塔费尔曲线测试腐蚀速度的方法。

二、实验原理

金属腐蚀是指金属在周围环境介质的作用下逐渐产生的变质和破坏。在化工生产中，化工设备由于受到不同环境介质的作用腐蚀程度会有所不同。外部因素有介质的组成、温度、压力、pH、材料的受力情况等，内部因素包括钢铁的化学组成、晶形、结构状态、表面的结构状态等。腐蚀按反应类型可以分为化学腐蚀和电化学腐蚀，按形态可以分为全面腐蚀和局部腐蚀，按环境分类可以分为自然环境和工业环境。

由于化工设备的腐蚀受材料、结构设计、制造安装、工艺条件等多种因素影响，因此化工设备的防腐蚀主要是从选择适当的材料、设计合理的结构、调节介质环境、涂覆涂层和镀层、施加电化学保护、添加缓蚀剂等方面进行。镀层防护是其中重要的钢铁腐蚀防护的手段，而镀镍层是一种典型的钢铁防护性镀层。镍在空气中会与氧作用，表面迅速生成一层极薄的钝化膜，能抵抗大气、碱和一些酸的腐蚀。镀镍层结晶细小，易抛光。镍的标准电极电位为－0.25 V，比铁的标准电极电位正。镍表面钝化后，电极电位更正，因而铁基体上的镀镍层是阴极镀层。镀镍层的孔隙率高，只有当镀层厚度超过 25 μm 时才基本无孔。因此薄的镀镍层不能单独用来作为防护性镀层，而常常是通过组合镀层如 Cu/Ni/

Cr、双层镍、三层镍来达到防护及装饰的目的。

电镀是一种电化学过程，也是一种氧化还原过程。镀镍的基本过程是将零件浸在金属盐的溶液中作为阴极，金属镍板作为阳极，接通直流电流后，在零件上就会沉积出金属镍镀层。在硫酸镍电镀溶液中镀镍时，阴极发生的电化学反应主要是 $Ni^{2+} + 2e \longrightarrow Ni$；阳极发生的主要反应是 $Ni \longrightarrow Ni^{2+} + 2e$。对镀层的基本要求：①与基体金属结合牢固、附着力好；②镀层完整、结晶细致紧密，孔隙率小；③具有良好的物理、化学及机械性能；④具有符合标准规定的镀层厚度，而且镀层分布要均匀。影响镀层的因素较多：基体的表面状态、溶液组成、添加剂、溶液的电导率、电流效率、电极和镀槽的几何尺寸等。

镀层的孔隙是指镀层表面直至基体金属的细小孔道。镀层的孔隙率反映了镀层表面的致密程度。镍镀层对钢铁基体而言是阴极镀层，对基体仅起机械保护作用，因此镀层孔隙率的大小直接影响镀层的耐蚀性，也是衡量镀层质量的重要指标。本实验采用贴滤纸法测量孔隙率。

腐蚀电流测试是评价镀层耐蚀性的直接手段之一，通常通过塔费尔曲线测试结果中得到。腐蚀电流越大，说明试片的腐蚀速度越快，相反，腐蚀电流越小，说明试片的腐蚀速度越慢，镀层对基体的保护作用越好。典型的塔费尔曲线如图 56.1 所示。

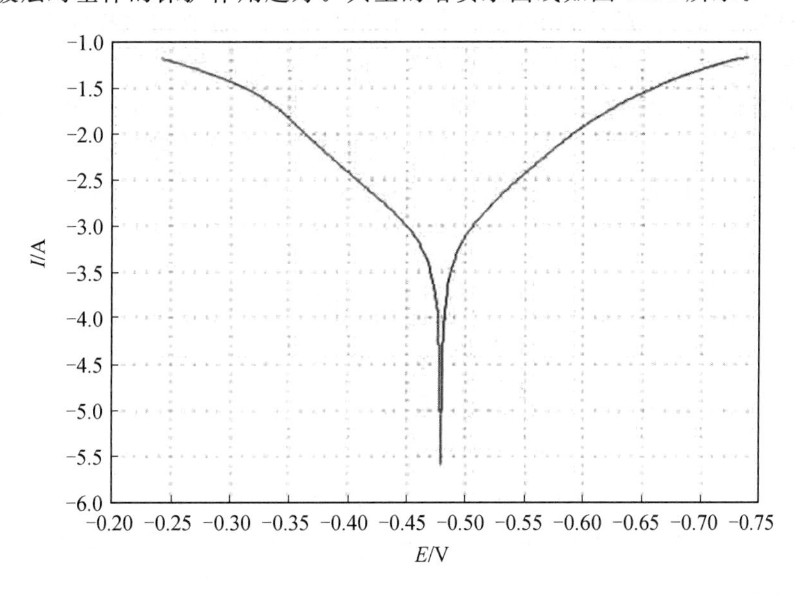

图 56.1　塔费尔曲线示意图

三、实验试剂及仪器

(1)实验试剂及材料。

硫酸镍、氯化镍、硼酸、十二烷基磺酸钠、稀盐酸、孔隙率测试溶液、砂纸、去污粉、滤纸、铁片、镍阳极。

(2)实验仪器。

直流稳压电源、电镀槽、搅拌器、金相显微镜、恒温水浴槽、温度计 (0～100 ℃)、电化学工作站、三电极电解槽、分析天平。

四、实验步骤

(1)试片准备和前处理的步骤:将铁试片用去污粉清洗,再分别用 300#、600#、1 000#水砂纸依次打磨,使试片表面清洁、平整,再经过盐酸(1∶1)酸洗,自来水洗,蒸馏水洗,用滤纸吸干水分,晾干称重后备用。

(2)电镀镍镀层的步骤:预热已配制好的 1 号镀镍液(普通镀液),将镀槽在恒温水浴槽中加热至 50 ℃后,将两块镍阳极板和铁片挂入电镀槽中,按图 56.2 电镀装置图所示的方式连接电源,按电流密度为 1~2.5 A/dm^2 计算所需的电流,开启电源开关,调整电流大小,开始电镀,时间为 20 min,电镀后对样品进行吹干称重(m_0)。

(3)取铁片一片,放入 2 号镀镍液(加入封孔添加剂的镀液)中,重复步骤(2),称取试片质量 m_1,结合镀层面积 s 计算镀层厚度 d_1。

$$d=\frac{m_1-m_0}{s}\times 8.9 \tag{56.1}$$

(4)取铁片一片,放入 3 号镀镍液(加入光亮剂的镀液)中,重复步骤(2),称取试片质量 m_2,同上计算镀层厚度 d_2。

(5)将浸润测试溶液的滤纸紧贴至 1 号和 2 号试片上,滤纸与试样间不得有气泡残留。5 min 后观察该点,计算每平方厘米方格内的各种有色斑点数目。

(6)腐蚀电流测试:将镀亮镍的 3 号极片夹在电解槽上,如装置 56.2 所示准备好电解槽,连接上 CHI 电化学分析仪。首先测试开路电位,然后以开路电位为中心点,测试 1.0 V范围内工作电极的阳极极化曲线,测试速度为 1 mV/s。极化曲线中电流最大值即为腐蚀电流。

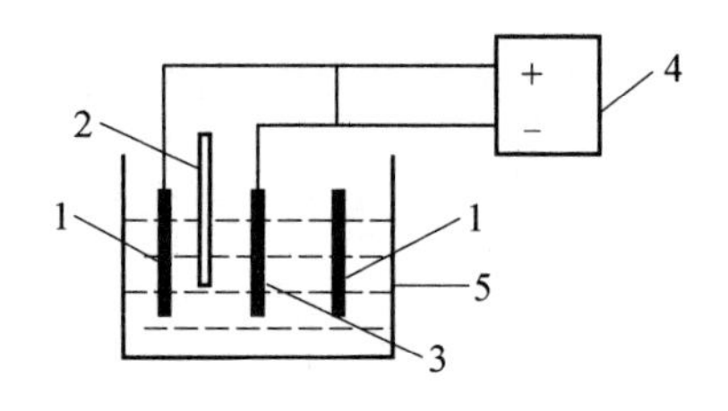

图 56.2 电镀装置图

1—镍阳极;2—温度计;3—铁阴极;4—恒流源;5—镀槽

五、数据记录与处理

(1)画出本实验的工艺流程图。

(2)计算镍镀层的厚度,分析添加剂及镀镍工艺对镀层的影响。

(3)采用下式计算孔隙率:

$$孔隙率=n/S \tag{56.2}$$

式中 n —— 孔隙斑点数;

S —— 被测表面积,cm^2。

在计算孔隙率时,对斑点直径的大小做如下规定:斑点直径在 1 mm 以下,一个点按一个孔隙计;斑点直径在 1~3 mm 以内,一个点按 3 个孔隙计;斑点直径在 3~5 mm 以内，一个点按10个孔隙计。计算孔隙率，分析实验结果。

用Origin软件作出塔费尔曲线的对比图（未进行电镀的试片曲线已知），用画图软件在试片形貌上标出刻度尺。分析实验结果，写出实验报告。

附　　录

电化学工作站与三电极体系电解槽连接方法如图56.3电化学测试装置示意图所示。

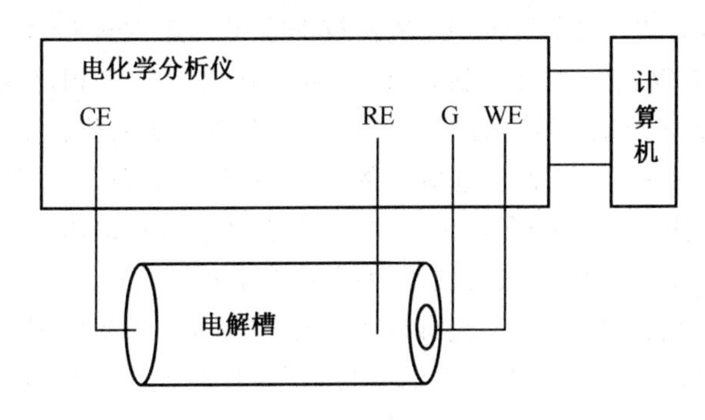

图56.3　电化学测试装置示意图

CE—辅助电极（红色）；RE—参比电极（白色）；G—接地（黑色）；WE—工作电极（绿色）

极化曲线的测试方法：

①清洗电解池，放入研究电极，装入腐蚀溶液3.5%NaCl，放入参比电极和辅助电极。

②按图56.3接好线路，打开计算机和电化学分析仪开关。在计算机桌面上用鼠标点击CHI640A图标，进入分析测试系统。

③选择菜单中的“T”{Technique}实验技术进入，选择菜单中的Tafel Plot，点击“OK”退出。

④选择菜单中的“Control”{控制}进入，选择菜单中的Open Circuit Potential{开路电压}得出给定的开路电压，退出。

⑤选择菜单中的Parameters{实验参数}进入实验参数设置。Init E{V}{初始电位}和Final E{V}终止电位，应根据给定的开路电压±{0.25～0.5}V来确定。Scan Rate{V/S}扫描速度为0.000 5～0.001。其余的参数可选择自动设置。

⑥选择菜单中Run开始扫描。

⑦扫描结束，进入Analysis{分析}，选择菜单中Special Analysis{特殊分析}进入，点击Calculate{计算}得出腐蚀电流。

⑧将所做出的曲线存盘、打印。

实验57　PZT薄膜的溶胶一凝胶制备及铁电性能测试

一、实验目的

(1)了解溶胶一凝胶的基本原理。

(2)掌握溶胶—凝胶法的工艺流程。

(3)掌握溶胶—凝胶法制备铁电薄膜的基本技术。

(4)初步了解铁电薄膜的测试方法和铁电薄膜的热释电及压电性能。

二、实验说明

铁电体同时具有压电、热释电、电光、声光和光折变非线性光学效应,因而在微电子和光电子领域获得了大量应用。在很多情况下,实际应用需要将铁电体制成厚度为数十纳米到数十微米的薄膜。20 世纪 80 年代,制膜技术有了飞速的进步,溶胶—凝胶法、金属有机物分解法(MOD)以及一些新的制膜技术,如金属有机物气相沉积法(MOCVD)、脉冲激光沉积法(PLD)等,被用于铁电薄膜沉积,大大推动了铁电薄膜生长和应用研究的发展。用溶胶—凝胶法制备 PZT 族铁电薄膜的工作最早是由 Turova 和 Yanovskaya 完成的。1975 年溶胶—凝胶法制备 PZT 在美国取得专利。其典型前驱体使用的是异丙醇钛、丙醇锆和醋酸铅,很多研究者也尝试了使用无机锆盐的工艺。与其他一些传统的无机材料制备工艺相比,溶胶—凝胶法工艺有许多优点:首先,它的制备工艺过程温度低,可以制得一些传统方法难以得到或根本得不到的材料,而且降低工艺温度也使得材料制备过程易于控制。其次,由于溶胶—凝胶工艺是由溶液反应开始的,从而所制备的材料可达到分子级均匀,这对于控制材料的物理性能及化学性能至关重要。通过计算反应物的成分配比,可以严格控制产物材料的成分,这对于电子陶瓷材料来说很重要。此外,所制备的材料非常均匀,制备产物的纯度非常高。与其他薄膜制备工艺(如蒸发、溅射等)不同,溶胶—凝胶工艺不需任何真空条件和太高的温度,且可在大面积或任意形状的基片上成膜。

三、实验原理

(1)溶胶—凝胶法的基本原理。

溶胶—凝胶法是以金属醇盐的水解和聚合反应为基础的。其反应过程通常用下列方程式表示:

①水解反应:

$$M(OR)_4 + xH_2O = M(OR)_{4-x}OH_x + xROH \tag{57.1}$$

②缩合—聚合反应:

失水缩合 $$—M—OH + OH—M— = —M—O—M— + H_2O \tag{57.2}$$

失醇缩合 $$—M—OR + OH—M— = —M—O—M— + ROH \tag{57.3}$$

缩合产物不断发生水解、缩聚反应,溶液的黏度不断增加。最终形成凝胶——含金属—氧—金属键网络结构的无机聚合物。正是金属—氧—金属键的形成,使溶胶—凝胶法能在低温下合成材料。溶胶—凝胶技术关键就在于控制条件发生水解、缩聚反应形成溶胶、凝胶。

(2)溶胶—凝胶法制备 PZT 薄膜的工艺流程。

图 53.1 为溶胶—凝胶法制备薄膜材料的工艺流程示意图。首先将相应组分的溶胶用滴管滴到基片中心,然后开动事先设好均胶速度的均胶机,手动控制均胶时间,将溶胶均匀甩布在基片上,之后在一定的温度下预热分解以除去薄膜中的有机成分,上述过程重

复几次直到获得所需厚度的薄膜，最后在氧气氛下用 RTP－500 型快速热处理设备或平板炉对薄膜进行终处理，得到晶化完全的薄膜材料。

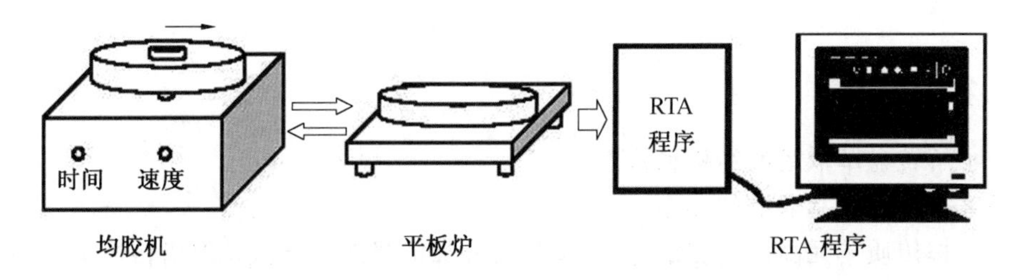

图 57.1　溶胶－凝胶法制备薄膜材料的工艺流程示意图

四、实验步骤

(1)称取醋酸铅 0.01 mol，倒入装有 100 mL 乙二醇甲醚的烧杯中，搅拌使醋酸铅完全溶解。

(2)依次称取 0.004 8 mol 钛酸丁酯和 0.005 2 mol 丙醇锆加入烧杯中，搅拌摇匀，得到淡黄色透明溶胶。

(3)将透明溶胶密封放置 24 h，即可用于甩胶。

(4)采用超声法清洗衬底。把预先切好的衬底(一片)，先放在盛有乙醇的烧杯中，清洗 5 min，然后放入盛有丙酮的烧杯中清洗 5～10 min，再用清水冲洗，烘干后用显微镜观察基片的清洁程度，直至完全清洗干净。

(5)将溶胶用滴管滴到基片中心，然后开动事先设好均胶速度的均胶机，手动控制均胶时间，将溶胶均匀甩布在基片上，之后在一定的温度下预热分解以除去薄膜中的有机成分，上述过程重复几次直到获得所需厚度的薄膜。

(6)最后在氧气氛下用 RTP－500 型快速热处理设备或平板炉对薄膜进行终处理，得到晶化完全的薄膜材料。

(7)用溅射法在薄膜上溅射 0.2 mm 直径的上电极。

(8)测试薄膜的电滞回线。

五、思考题

(1)简述溶胶－凝胶法制备 PZT 的原理、实验过程及实验现象。针对实验现象进行讨论，分析 PZT 薄膜的结晶机理。

(2)控制水解－缩聚条件有哪些途径？

(3)采用快速热处理和传统热处理得到的薄膜结构和性能有何不同？

实验 58　萃取实验

一、实验目的

(1)了解转盘萃取塔的结构和特点。

(2)掌握液一液萃取塔的操作。

(3)掌握传质单元高度的测定方法,并分析外加能量对液一液萃取塔传质单元高度和通量的影响。

(4)测定固定转速和水相流量,在不同油相流量下以萃取余相为基准的总传质系数 K_xa。

(5)测定固定两相流量、不同转速下的以萃取余相为基准的总传质系数 K_xa。

二、实验原理

萃取是利用原料液中各组分在两个液相中的溶解度不同而使原料液混合物得以分离。

将一定量萃取剂加入原料液中,搅拌,使原料液与萃取剂充分混合,溶质通过相界面由原料液向萃取剂中扩散,所以萃取操作与精馏、吸收等过程一样,也属于两相间的传质过程。

与精馏、吸收过程类似,由于过程的复杂性,萃取过程也被分解为理论级和级效率;或传质单元数和传质单元高度,对于转盘塔、振动塔这类微分接触的萃取塔,一般采用传质单元数和传质单元高度来处理。传质单元数表示过程分离难易的程度。

对于稀溶液,传质单元数可近似用下式表示:

$$N_{OR}=\int_{x_2}^{x_1}\frac{dx}{x-x^*} \tag{58.1}$$

式中　N_{OR}——萃取余相为基准的总传质单元数;

x——萃取余相中的溶质的质量分数;

x^*——与相应萃取质量分数呈平衡的萃取余相中溶质的质量分数。

x_1、x_2——两相进塔和出塔的萃取余相质量分数传质单元高度。

设备传质性能的好坏,可由下式表示:

$$H_{OR}=\frac{H}{N_{OR}} \tag{58.2}$$

$$K_xa=\frac{L}{H_{OR}\Omega} \tag{58.3}$$

式中　H_{OR}——以萃取余相为基准的传质单元高度,m;

H——萃取塔的有效接触高度,m;

K_xa——以萃取余相为基准的总传质系数,kg/(m^3·h·Δx);

L——萃取余相的质量流量,kg/h;

Ω——塔的截面积,m^2。

已知塔高度 H 和传质单元数 N_{OR}，可由式(58.3)取得 H_{OR} 的数值。H_{OR} 反映萃取设备传质性能的好坏，H_{OR} 越大，设备效率越低。影响萃取设备传质性能 H_{OR} 的因素很多，主要有设备结构因素、两相物质性因素、操作因素以及外加能量的形式和大小。

三、实验装置

转盘萃取塔流程如图 58.1 所示。

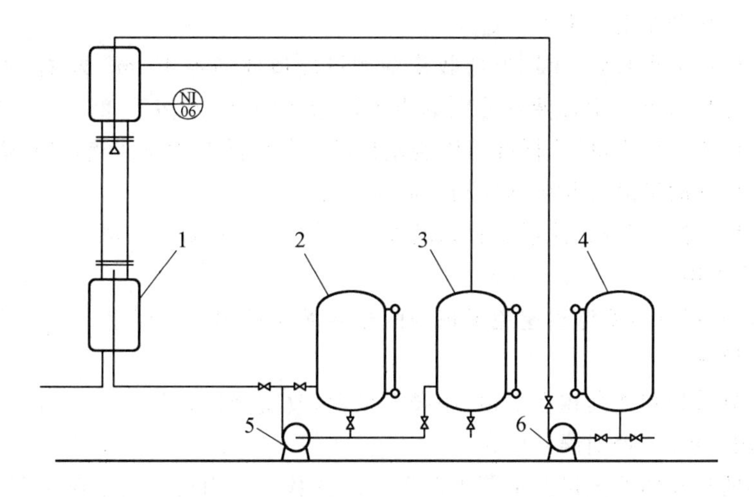

图 58.1　转盘萃取塔流程

1—萃取塔；2—轻相料液罐；3—轻相采出罐；4—水相贮罐；5—轻相泵；6—水泵

(1)流程说明。

本实验以水为萃取剂，从煤油中萃取苯甲酸。煤油相为分散相，从塔底进，向上流动从塔顶出。水为连续相，从塔顶入向下流动至塔底经液位调节罐出。由于水与煤油是完全不互溶的，而且苯甲酸在两相中的浓度都非常低，可以近似认为萃取过程中两相的体积流量保持恒定。水相和油相中的苯甲酸在各相中的浓度采用以酚酞为指示剂，标准氢氧化钠溶液滴定的方法。

(2)主要设备技术参数。

塔径：40 mm。塔高：1 000 mm。

四、实验内容及步骤

(1)实验内容。

以水萃取煤油中的苯甲酸为萃取物系：

Ⅰ. 以煤油为分散相，水为连续相，进行萃取过程的操作；

Ⅱ. 测定不同流量下的萃取效率(传质单元高度)；

Ⅲ. 测定不同转速下的萃取效率(传质单元高度)。

(2)实验步骤。

①在水原料罐中注入适量的水，在油相原料罐中放入配好浓度(如 0.002 kg 苯甲酸/

kg 煤油)的煤油溶液。

②全开水转子流量计,将连续相水送入塔内,当塔内液面升至重相入口和轻相出口中点附近时,将水流量调至某一指定值(如 4 L/h),并缓慢调节液面调节罐使液面保持稳定。

③将转盘速度旋钮调至零位,然后缓慢调节转速至设定值。

④将油相流量调至设定值(如 6 L/h)送入塔内,注意并及时调整罐使液面稳定地保持在重相入口和轻相出口中点附近。

⑤操作稳定半小时后,用锥形瓶收集油相进出口样品各 40 mL 左右、水相出口样品 50 mL 左右分析浓度。用移液管分别取煤油溶液 10 mL、水溶液 25 mL,以酚酞为指示剂,用 0.01 mol/L 的 NaOH 标准溶液滴定样品中苯甲酸的含量。滴定时,需加入数滴非离子表面活性剂的稀溶液并激烈摇动至滴定终点。

⑥取样后,可改变两相流量或转盘转速,进行下一个实验点的测定。

(3)注意事项。

①在操作过程中,要绝对避免塔顶的两相界面在轻相出口以上。因为这样会导致水相混入油相储槽。

②由于分散相和连续相在塔顶、底滞留很大,改变操作条件后,稳定时间一定要足够长,大约要用半小时,否则误差极大。

③煤油的实际体积流量并不等于流量计的读数。需用煤油的实际流量数值时,必须用流量修正公式对流量计的读数进行修正后方可使用。

五、实验数据记录与处理

(1)原始记录。

①固定转速,改变油相流量(表 58.1)。

转速 $n=505$ r/min;水相流量 $V=1.60$ L/h;$c_{NaOH}=0.011\ 02$ mol/L;$T_{油相}=18.3$ ℃;$T_{水相}=17.8$ ℃。

表 58.1　固定转速,改变油相流量数据记录表

序号	油相流量/mL	试样体积/mL	NaOH 消耗体积/mL						
			油相入口	油相出口			水相出口		
1	2.00	5.00	25.18	13.41	13.44	13.47	4.20	4.19	4.22
2	2.20	5.00	25.20	13.71	13.70	13.75	4.89	4.92	4.90
3	2.44	5.00	25.16	14.92	15.06	15.08	5.22	5.24	5.27
4	3.24	5.00	25.16	15.09	15.13	15.14	5.39	5.34	5.36
5	5.60	5.00	25.18	16.72	16.58	16.70	6.42	6.39	6.43

②固定油相流量,改变转速(表 58.2)。

油相流量 $V=7.6$ L/h;水相流量 $V=3.5$ L/h;$c_{NaOH}=0.011\ 02$ mol/L;$T_{油相}=17.7$ ℃;$T_{水相}=17.4$ ℃。

表 58.2　固定油相流量,改变转速数据记录表

序号	转速/(r·min^{-1})	NaOH 消耗体积/mL							
		油相出口				水相出口			
		V_1	V_2	V_3	平均	V_1	V_2	V_3	平均
1	250	23.61	23.59	23.63	23.61	5.11	5.09	5.08	5.09
2	292	22.45	22.26	22.60	22.43	5.12	5.13	5.12	5.12
3	357	21.16	21.09	21.22	21.16	5.14	5.18	5.14	5.15
4	412	20.94	21.02	20.88	20.95	5.65	5.63	5.68	5.65
5	468	20.49	20.52	20.46	20.49	5.86	5.84	5.90	5.87

(2)数据处理。

以第一组数据为例计算：

$$T_{煤初}=19.0\ ℃, T_{煤末}=19.7\ ℃, T_{水初}=20.3\ ℃, T_{水末}=19.7\ ℃$$

计算得 $\overline{T}_{煤}=19.4$ ℃,$\overline{T}_{水}=20$ ℃。故取 $\overline{T}_{煤}=20$ ℃,$\overline{T}_{水}=20$ ℃。

①转子流量计的刻度标定(油流量校正)。

20 ℃时,$\rho_{水}=998\ kg/m^3$,$\rho_{油}=840\ kg/m^3$,$\rho_{转子}=7\ 850\ kg/m^3$,则

$$q_{油}=q_{v油}\sqrt{\frac{\rho_{水}(\rho_{转子}-\rho_{油})}{\rho_{油}(\rho_{转子}-\rho_{水})}}=4\times\sqrt{\frac{998(7\ 850-840)}{840(7\ 850-998)}}=4.41\ (L/h)$$

而水流量即为读取值。

②进塔萃取余相消耗 NaOH 体积$\overline{V}_1=15.25$ mL

出塔萃取余相消耗 NaOH 体积$\overline{V}_2=10.33$ mL

出塔萃取相消耗 NaOH 体积$\overline{V}_E=4.683$ mL

故 $$x_1=\frac{\overline{V}_1\times c_{NaOH}\times M_{苯甲酸}}{10\times 840}=\frac{15.25\times 0.01\times 122}{10\times 840}=2.214\times 10^{-3}(\text{kg 苯甲酸/kg 煤油})$$

$$x_2=\frac{\overline{V}_2\times c_{NaOH}\times M_{苯甲酸}}{10\times 840}=\frac{10.33\times 0.01\times 122}{10\times 840}=1.500\times 10^{-3}(\text{kg 苯甲酸/kg 煤油})$$

$$y_E=\frac{\overline{V}_E\times c_{NaOH}\times M_{苯甲酸}}{10\times 840}=\frac{4.683\times 0.01\times 122}{10\times 840}=6.802\times 10^{-4}(\text{kg 苯甲酸/kg 煤油})$$

将原始记录中的 20 ℃苯甲酸在水和煤油中的平衡质量分数绘制成图像,并简化为一过原点的直线,如图 58.2 所示。

从图 58.2 中找到与 y_E 相对应的苯甲酸在煤油中的平衡质量分数 x^* 得：

$y_E=6.802\times 10^{-4}$时，$x_1^*=1.039\ 3\times 10^{-4}$ kg 苯甲酸/kg 煤油,$x_2^*=0$

因此传质单元数为

$$N_{OR}=\int_{x_2}^{x_1}\frac{dx}{x-x^*}=\frac{x_1-x_2}{\Delta x_m} \tag{58.4}$$

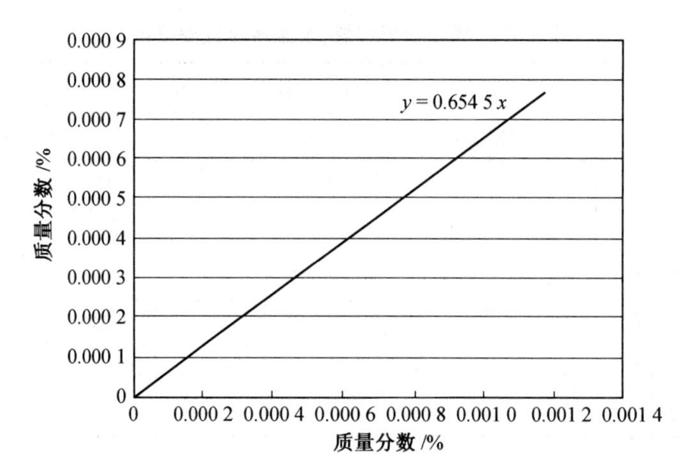

图 58.2　20 ℃苯甲酸在水和煤油中的平衡质量分数

$$\Delta x_m = \frac{(x_1 - x_1^*) - (x_2 - x_2^*)}{\ln \dfrac{x_1 - x_1^*}{x_2 - x_2^*}}$$

$$= \frac{(2.214 \times 10^{-3} - 1.039\ 3 \times 10^{-4}) - (1.500 \times 10^{-3} - 0)}{\ln \dfrac{2.214 \times 10^{-3} - 1.039\ 3 \times 10^{-4}}{1.500 \times 10^{-3} - 0}} = 1.798 \times 10^{-3} \quad (58.5)$$

故

$$N_{OR} = \frac{x_1 - x_2}{\Delta x_m} = \frac{2.214 \times 10^{-3} - 1.500 \times 10^{-3}}{1.798 \times 10^{-3}} = 0.783 \quad (58.6)$$

传质单元高度

$$H_{OR} = \frac{H}{N_{OR}} = \frac{0.6}{0.783} = 0.766(\text{m}) \quad (58.7)$$

塔的截面积

$$n = \frac{\pi}{4} d^2 = \frac{\pi}{4} \times 0.05^2 = 1.96 \times 10^{-3} (\text{m}^2) \quad (58.8)$$

$$L = q_{油} \times \rho_{油} \times 10^{-3} = 4.41 \times 840 \times 10^{-3} = 3.7\ (\text{kg/h}) \quad (58.9)$$

总传质系数

$$K_x a = \frac{L}{H_{OR} n} = \frac{3.7}{0.937 \times 1.963 \times 10^{-3}} = 3.01 \times 10^{-3} = 3.01 \times 10^3 (\text{kg/(m}^3 \cdot \text{h})) \quad (58.10)$$

③根据以上数据处理可分别作 $L-K_x a$ 和 $n-K_x a$ 关系图(图 58.3 和图 58.4)。

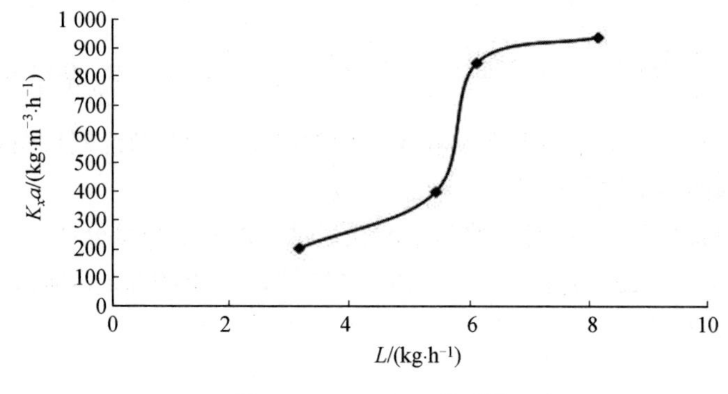

图 58.3　$L-K_x a$ 关系图

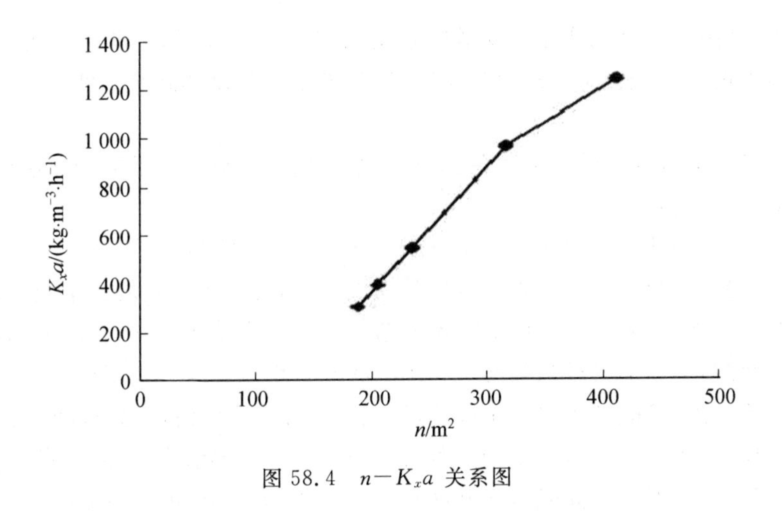

图 58.4　$n-K_xa$ 关系图

实验 59　反应精馏实验

反应精馏是精馏技术中的一个特殊领域。在操作过程中，化学反应与分离同时进行，故能显著提高总体转化率，降低能耗。此法在酯化、醚化、酯交换、水解等化工生产中得到应用，而且越来越显示其优越性。

一、实验目的

(1)了解反应精馏是既服从质量作用定律又服从相平衡规律的复杂过程。

(2)掌握反应精馏的操作。

(3)能进行全塔物料衡算和塔操作的过程分析。

(4)了解反应精馏与常规精馏的区别。

(5)学会分析塔内物料组成。

二、实验原理

反应精馏过程不同于一般精馏，它既有精馏的物理相变的传递现象，又有物质变性的化学反应现象。两者同时存在，相互影响，使过程更加复杂。因此，反应精馏对下列两种情况特别适用：①可逆平衡反应。一般情况下，反应受平衡影响，转化率只能维持在平衡转化的水平；但是，若生成物中有低沸点或高沸点物质存在，则精馏过程可使其连续地从系统中排出，结果超过平衡转化率，大大提高了效率。②异构体混合物分离。通常因它们的沸点接近，靠精馏方法不易分离提纯，若异构体中某组分能发生化学反应并能生成沸点不同的物质，则可在过程中得以分离。

醇酸酯化反应适于第一种情况。但该反应若无催化剂存在，单独采用反应精馏操作也达不到高效分离的目的，这是因为反应速度非常缓慢，故一般都用催化反应方式。酸是有效的催化剂，常用硫酸。反应随酸质量分数增高而加快，质量分数在 0.2%～1.0%。此外，还可用离子交换树脂、重金属盐类和丝光沸石分子筛等固体催化剂。反应精馏的催化剂用硫酸，是由于其催化作用不受塔内温度限制，在全塔内都能进行催化反应，而应用固体催化剂则由于存在一个最适宜的温度，精馏塔本身难以达到此条件，故很难实现最佳化操作。

本实验是以醋酸和乙醇为原料，在酸催化剂作用下生成醋酸乙酯的可逆反应。

反应的化学方程式为

$$CH_3COOH + C_2H_5OH \longrightarrow CH_3COOC_2H_5 + H_2O \tag{59.1}$$

实验的进料有两种方式：一种是直接从塔釜进料；另一种是在塔的某处进料。前者有间歇和连续式操作；后者只有连续式。本实验用后一种方式进料，即在塔上部某处加带有酸催化剂的醋酸，塔下部某处加乙醇。釜沸腾状态下塔内轻组分逐渐向上移动，重组分向下移动。具体来说，醋酸从上段向下段移动，与向塔上段移动的乙醇接触，在不同填料高度上均发生反应，生成酯和水。塔内此时有 4 组元。由于醋酸在气相中有缔合作用，除醋酸外，其他三个组分形成三元或二元共沸物。水一酯，水一醇共沸物沸点较低，醇和酯能不断地从塔顶排出。若控制反应原料比例，可使某组分全部转化。因此，可认为反应精馏的分离塔也是反应器。全过程可用物料衡算式和热量衡算式描述。

(1)物料平衡方程。

反应精馏过程的气液流动示意图如图 59.1 所示。

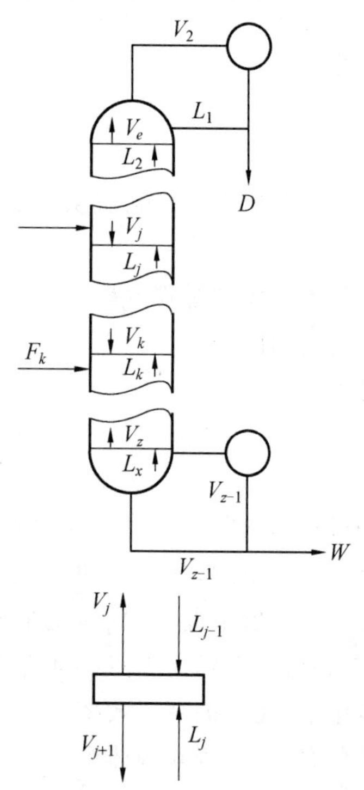

图 59.1　反应精馏过程的气液流动示意图

对第 j 块理论板上的 i 组进行的物料衡算如下：

$$L_{j-1}X_{i,j-1} + V_{j+1}Y_{i,j+1} + F_jZ_{i,j} + R_{i,j} = V_jY_{i,j} + L_jX_i \tag{59.2}$$

$$2 \leqslant j \leqslant n,\quad i = 1,2,3,4$$

(2) 气液平衡方程。

对平衡级上某组分 i 有如下平衡关系：

$$K_{i,j} \cdot X_{i,j} - Y_{i,j} = 0 \tag{59.3}$$

每块板上组成的总和应符合下式：

$$\sum_{i=1}^{n} Y_{i,j} = 1; \quad \sum_{i=1}^{n} X_{i,j} = 1 \tag{59.4}$$

(3) 反应速率方程。

$$R_{i,j} = K_j \cdot P_j \left(\frac{X_{i,j}}{\sum Q_{i,j} \cdot X_{i,j}} \right)^2 \times 10^5 \tag{59.5}$$

式(59.4)在原料中各组分的浓度相等条件下才成立，否则予以修正。

(4) 热量衡算方程。

对平衡级上进行热量衡算，最终得到下式：

$$L_{j-1} h_{j-1} - V_j H_j - L_j h_j + V_{j+1} H_{j+1} + F_j H_{r,j} - Q_j + R_j H_{r,j} = 0 \tag{59.6}$$

三、实验装置

反应精馏实验装置流程图如图 59.2 所示。

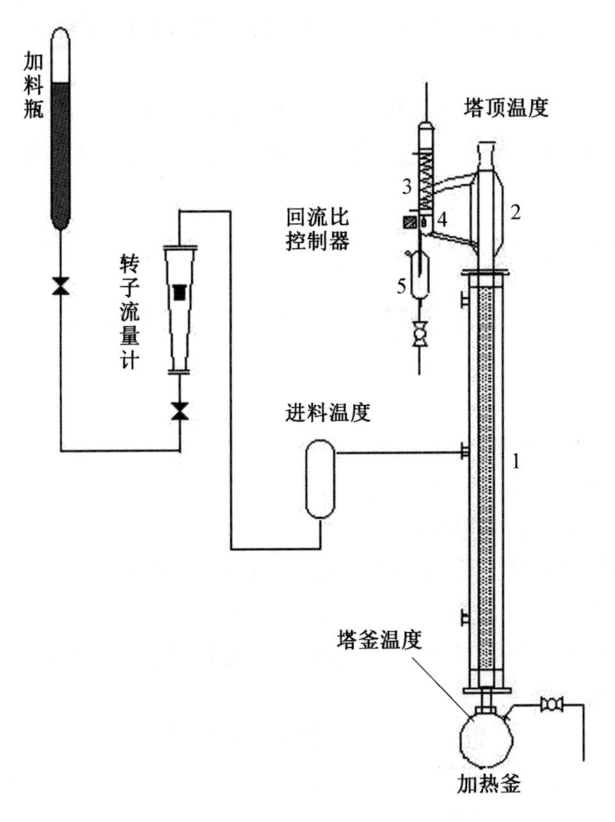

图 59.2　反应精馏实验装置流程图

1—填料精馏塔；2—塔头；3—塔顶冷凝器；4—回流比控制器；5—塔顶液接收罐

反应精馏塔用玻璃制成。直径 29 mm，塔高 1 400 mm，塔内填装 φ3 mm×3 mm 不锈钢 θ 环型填料；塔釜玻璃双循环自动出料塔釜，容积 500 mL，塔外壁镀有金属保温膜，通电使塔身加热保温。塔釜用 500 W 电加热棒进行加热，采用电压控制器控制釜温。塔顶冷凝液体的回流采用摆动式回流比控制器操作。此控制系统由塔头上摆锤、电磁铁线圈、回流比计数器等仪表组成。进料采用高位槽经转子流量计进入塔内，可选择不同的进料口。

四、实验步骤

操作前在釜内加入 200 g 接近稳定操作组成的釜液，并分析其组成。检查进料系统各管线是否连接正常。无误后将醋酸、乙醇注入原料量管内（醋酸内含 0.3%硫酸），打开进料流量计阀门，向釜内加料。

打开加热开关，注意不要使电流过大，以免设备突然受热而损坏。待釜液沸腾，开启塔身保温电路，调节保温电流（注意：不能过大），开塔头冷却水。当塔头有液体出现，待全回流 10～15 min 后开始进料，实验按规定条件进行。一般可把回流比定在 3∶1。酸醇分子比定在 1∶1.3，进料速度为 0.5 moL（乙醇）/h。进料后仔细观察塔底和塔顶温度。调节塔顶与塔釜出料速度。记录所有数据，及时调节进出料，使处于平衡状态。稳定操作 2 h，其中每隔 30 min 用小样品瓶取塔顶与塔釜流出液，称重并分析组成。在稳定操作下用微量注射器在塔身不同高度取样口内取液样，直接注入色谱仪内，取得塔内组分浓度分布曲线。

如果时间允许，可改变回流比或改变加料分子比，重复操作，取样分析，并进行对比。

实验完成后关闭加料，停止加热，让持液全部流至塔釜，取出釜液称重，停止通冷却水。

五、实验数据记录与处理

自行设计实验数据记录表格（表 59.1）。根据实验测得数据，按下列要求写出实验报告：

(1)实验目的与实验流程步骤。

(2)实验数据与数据处理。

(3)实验结果与讨论及改进实验的建议。

可根据下式计算反应转化率和收率。

转化率＝[（醋酸加料量＋原釜内醋酸量）－（馏出物醋酸量＋釜残液醋酸量）]/（醋酸加料量＋原釜内醋酸量）

进行醋酸和乙醇的全塔物料衡，计算塔内浓度分布、反应收率、转化率等。

实验数据记录及处理：

组分	质量校正因子 f
水	0.549
乙醇	1
乙酸乙酯	1.109
乙酸	1.225

进样量：0.5 μL。

$$W_i=\frac{f_iA_i}{\sum f_iA_i}\times 100\%$$

乙酸质量：80.04 g。乙醇质量：80.02 g。

表 59.1　实验数据记录表

塔板高度	峰	保留时间/min	A_i%	W_i%
230 mm	1	0.823	8.922	0.047 6
	2	1.290	37.213	0.371 6
	3	4.027	53.865	0.580 8
670mm	1	0.460	6.761	0.035 9
	2	0.903	30.626	0.296 5
	3	3.107	62.613	0.672 3
1 100 mm	1	0.527	7.041	0.037 2
	2	1.007	27.750	0.267 0
	3	3.653	65.209	0.695 8
塔顶产品(167.4 g−85.7 g=81.76 g)	1	0.457	7.486	0.039 6
	2	0.940	26.231	0.252 6
	3	3.510	66.283	0.707 8
釜底残留液(151.96 g−78.6 g=73.76 g)	1	0.433	37.417	0.230 8
	2	0.943	23.903	0.268 6
	3	2.667	24.363	0.303 6
	4	4.327	14.318	0.197 1

数据处理举例：

(1)各组分质量分数。

水：

$$W_i=\frac{f_iA_i}{\sum f_iA_i}=\frac{0.549\times 8.922}{0.549\times 8.922+38.213+1.109\times 53.865}=0.0476 \quad (59.7)$$

乙醇：

$$W_2=\frac{f_2A_2}{\sum f_iA_i}=\frac{38.213}{0.549\times 8.922+38.213+1.109\times 53.865}=0.3716 \quad (59.8)$$

乙酸乙酯：

$$W_3=\frac{f_3A_3}{\sum f_iA_i}=\frac{1.109\times 53.865}{0.549\times 8.922+38.213+1.109\times 53.865}=0.5808 \quad (59.9)$$

(2)转化率。

$$X_A=\frac{80.04-73.76\times 0.1971}{80.04}=0.8184 \tag{59.10}$$

(3)收率。

$$Y=\frac{\dfrac{81.76\times 0.7078+73.76\times 0.3036}{85}}{\dfrac{80.04}{60}}=\frac{0.9443}{1.334}=0.708 \tag{59.11}$$

(4)物料衡算。

塔顶产品中：

水：$81.76\times 0.0396=3.24(g)$

乙醇：$81.76\times 0.2526=20.65(g)$

乙酸乙酯：$81.76\times 0.7078=57.87(g)$

塔釜残液中：

水：$73.76\times 0.2308=17.02(g)$

乙醇：$73.76\times 0.2686=19.81(g)$

乙酸乙酯：$73.76\times 0.3036=22.39(g)$

乙酸：$73.76\times 0.1971=19.54(g)$

反应共生成乙酸乙酯 $57.87+22.39=80.26(g)$，反应消耗乙酸为 $\frac{80.26}{88}\times 60=54.72(g)$，由物料衡算反应消耗乙酸为 $80.04-19.54=60.5(g)$，两者基本相等，符合物料衡算。

六、思考与讨论

(1)怎样提高酯化收率？

答：对于酯化反应 $CH_3COOH+C_2H_5OH \rightleftharpoons CH_3COOC_2H_5+H_2O$ 为可逆平衡反应，一般情况下，反应受平衡的影响，转化率受平衡影响只能维持在平衡转化的附近；但是可以通过减小一种反应生成物的浓度，使平衡向有利于提高转化率的方向进行。反应精馏可以使生成物中高沸点或者低沸点物质从系统中连续地排出，使结果超过平衡转化率，大大提高效率。

(2)不同回流比对产物分布有何影响？

答：当回流比增大时，乙酸乙酯的浓度比回流比小时要大，但当回流比过大时，传质推动力减小，理论塔板数增大，需要的投资增加。

(3)加料摩尔比应保持多少为最佳？

答：此反应原料反应摩尔比为 1∶1，为加大反应的转化率通常使某种组分过量，因此在此反应中使乙醇过量，而且乙醇的沸点较低，容易随产物被蒸出，所以加入乙醇的物质的量应该大于乙酸的物质的量，比例约为 2∶1。

七、符号说明

F_j——j 板进料流量；

h_j——j 板上液体焓值；
H_j——j 板上气体焓值；
$H_{r,j}$——j 板上反应热焓值；
L_j——j 板下降液体量；
$K_{i,j}$——i 组分的气液平衡常数；
P_j——j 板上液体混合物体积(持液量)；
$R_{i,j}$——单位时间 j 板上单位液体体积内 i 组分反应量；
V_j——j 板上升蒸气量；
$X_{i,j}$——j 板上组分 i 的液相摩尔分数；
$Y_{i,j}$——j 板上组分 i 的气相摩尔分数；
$Z_{i,j}$——j 板上 i 组分的原料组成；
Q_j——j 板上冷却或加热的热量。

实验 60 溶液结晶实验

一、实验目的

(1)了解结晶过程及操作过程。
(2)掌握提高结晶产品纯度和产率的方法。

二、实验内容

以维生素 C 为例进行实验。

粗品维生素 C 溶解、脱色、过滤、冷却结晶、过滤、洗涤、真空干燥后计算收率、测定含量。

三、实验时间

步骤	所需时间
仪器安装、调试	0.5 h
水浴预升温	0.5 h
量取、加入药品	20 min
溶解脱色	0.5 h
热过滤	20 min
冷却结晶	7 h
过滤	20 min
洗涤	15 min
干燥	1.5 h
维生素 C 含量测定	1 h

四、实验原理

维生素C在水中溶解度较大，而且随着溶液饱和温度的升高，维生素C的溶解度增加较多。因而在维生素C结晶过程中可以采用冷却结晶方法，得到晶体产品，维生素C—水为简单低共熔物系，低共熔温度−3 ℃、组成11%(质量分数)，结晶终点不应低于其低共熔温度。向维生素C的水溶液中加入无水乙醇，维生素C的溶解度会下降，结晶终点温度可在−5 ℃左右(温度过低会有溶剂化合物析出)，有利于提高维生素C的结晶收率。维生素C在水溶液中为简单的冷却结晶，在乙醇−水溶液中为盐析冷却结晶。乙醇−水的比例应适当，乙醇太多会增大母液量，给后序母液回收增加负荷。通常自然冷却条件下晶体产品粒度分布较宽，研究表明：控制冷却产品的平均粒度大于自然冷却的产品。为了改善晶体的粒度分布与平均粒度，采用控制冷却曲线进行结晶。

五、实验试剂及仪器

(1)实验试剂及材料。

①实验试剂：蒸馏水、粗维生素C、分析纯无水乙醇、浓盐酸、冰醋酸、可溶性淀粉、碘碘化钾、粒状活性炭、$Na_2S_2O_3 \cdot 5H_2O$、Na_2CO_3、$K_2Cr_2O_7$。

②实验材料：称量纸若干、滤纸若干、2把药匙50 mL、250 mL烧杯各2个、1个2 mL、2个5 mL、10 mL、1个50 mL、1个100 mL量筒、2支玻璃棒、1个吸球、2支25.00 mL移液管、1个50 mL、3个1 000 mL棕色、2个250 mL容量瓶、3个250 mL锥形瓶、3个250 mL碘瓶、2支滴管、3个500 mL研钵。

(2)实验仪器。

1台恒温槽、4支0～100 ℃温度计、调速器、2套300 mL左右夹套式四口瓶，搅拌桨，配套玻璃或胶塞、2套1 000 mL滤瓶，布氏漏斗及胶塞、1台200 g天平、1支50 mL酸式滴定管、1台烘箱、1台微波炉、1台真空干燥。

(3)实验前准备工作。

需事先配制稀硫酸铁铵溶液和对照液。

需事先配制和标定$Na_2S_2O_3$溶液和碘标准溶液，以及采用碘量法测定粗品中维生素C的含量。

①0.1 mol/L $Na_2S_2O_3$溶液的配制

称取25 g $Na_2S_2O_3 \cdot 5H_2O$溶于1 000 mL新煮沸并冷却的蒸馏水中，加入0.2 g Na_2CO_3使溶液呈碱性，以防止$Na_2S_2O_3$的分解，保存于棕色瓶中，放置10天后过滤，再标定。放置长时间后，再用前应重新标定。

②$K_2Cr_2O_7$标准溶液的配制。

准确称取已经烘干的基准$K_2Cr_2O_7$ 1.3～1.4 g于小烧杯中，加入少量水溶解后完全转移至250 mL容量瓶中，稀释至刻度，摇匀。计算$K_2Cr_2O_7$的准确浓度。

③0.1 mol/L $Na_2S_2O_3$溶液的标定。

取25.00 mL $K_2Cr_2O_7$标准溶液(平行3份)，分别置于250 mL碘瓶中，加8 mL 6 mol/L HCl溶液和5～8 mL 20%碘化钾溶液(储于棕色瓶中)，加盖，暗处放置5 min.

取出加水 100 mL，立即以 $Na_2S_2O_3$溶液滴定至浅黄色。然后，再加 2 mL 0.5%淀粉溶液（称取 1 g 淀粉于小烧杯中加少量水调成浆，搅拌下加到 200 mL 沸水中，冷却后备用），继续滴定至蓝色刚好消失而呈 Cr^{3+} 的淡绿色即为终点。记下消耗的 $Na_2S_2O_3$溶液的体积（mL）。3 次平行滴定耗用的 $Na_2S_2O_3$溶液的体积之差应小于 0.04 mL，否则应补做一次。取平均值计算 $Na_2S_2O_3$溶液的浓度。

数据处理：

$$c_{Na_2S_2O_3}=\frac{6c_{K_2Cr_2O_7}V_{K_2Cr_2O_7}}{V_{Na_2S_2O_3}} \tag{60.1}$$

式中　$c_{K_2Cr_2O_7}$和 $V_{K_2Cr_2O_7}$——$K_2Cr_2O_7$ 溶液的浓度（mol/L）和体积（mL）；

$V_{Na_2S_2O_3}$——滴定所用 $Na_2S_2O_3$溶液的体积的平均值（mL）。

④0.05 mol/L I_2标准溶液的配制与标定。

将 3.3 g 碘与 5 g 碘化钾置于研钵中，在通风橱中加少量水（切不可多加）研磨，待碘全部溶解后将溶液转入棕色试剂瓶中，加水稀释至 250 mL 锥形瓶中，加 50 mL 水、5 mL 0.5%淀粉溶液，用碘溶液滴定至稳定的蓝色，30 s 不褪色即为终点。平行滴定 3 份。

⑤碘量法测定维生素 C 的含量。

准确称取约 0.2 g 维生素 C 产品置于 250 mL 锥形瓶中，加入新煮沸过并冷却的蒸馏水 100 mL、10 mL 2 mol/L HAC 和 5 mL 0.5%淀粉溶液（称取 1 g 淀粉于小烧杯中加少量水调成浆，搅拌下加到 200 mL 沸水中，冷却后备用）。立即用事先配好的碘标准溶液（浓度已知）滴定至稳定的蓝色，30 s 内不褪色即为终点，平行滴定 3 份，计算试样中维生素 C 的质量分数平均值及相对平均偏差。

需要将实验所用药品、仪器设备准备好，实验所用仪器需要事先洗净、烘干。

⑥实验成本：耗材与试剂规格、数量、价格等（表 60.1）。

表 60.1　实验成本记录表

试剂及仪器	规格	要求	数量（一次实验消耗量）	价格
$Na_2S_2O_3 \cdot 5H_2O$	分析纯		50 g	
$Na_2S_2O_3$	分析纯	干燥	1 g	
$K_2Cr_2O_7$	分析纯	已经烘干的基准物	3 g	
无水乙醇	分析纯		500 mL	
浓盐酸	分析纯	新生产	90 mL	
冰醋酸	分析纯		50 mL	
可溶性淀粉	分析纯		2 g	
碘	分析纯		15 g	
碘化钾	分析纯		40 g	
蒸馏水			4 000 mL	

续表 60.1

试剂及仪器	规格	要求	数量(一次实验消耗量)	价格
粒状活性炭	分析纯		50 g	
1 000 mL 滤瓶与布氏漏斗及胶塞			各 2	
滤纸			若干	
烧杯	50 mL		2	
	250 mL		2	
量筒	2 mL		1	
	5 mL		1	
	10 mL		2	
	50 mL		2	
	100 mL		1	
玻璃棒			2	
移液管	25.00 mL		2	
容量瓶	50 mL	棕色	1	
	250 mL		2	
	1 000 mL	棕色	3	
锥形瓶	250 mL		3	
碘瓶	250 mL		3	

六、实验步骤

(1)溶解、脱色和过滤。

预热过的烧瓶(带夹套、冷凝器、温度计和搅拌)中加入去离子水 80 mL,搅拌,温度为 65～68 ℃时加入 80 g 维生素 C 粗品,保持在此温度使之溶解(注意时间尽可能短,可以加入少量去离子水并记录加入水的量,最终可能会有少量不溶物)。加入 1.2～1.5 g 粒状活性炭,5 min 后进行热过滤,再将滤液转入预热的结晶器中。

(2)结晶、过滤、洗涤、干燥。

将反应釜放入结晶器夹套,开启冷凝器和搅拌器,插入温度计,测试初始温度。初始温度为 60 ℃左右,加入 12 mL 无水乙醇,按照图 60.1 所示进行冷却结晶,然后过滤,用 0 ℃无水乙醇浸泡、洗涤晶体产品,真空干燥(38 ℃左右),称重,测含量,计算收率。

(3)碘量法测定维生素 C 的含量。

准确称取约 0.2 g 维生素 C 产品置于 250 mL 锥形瓶中,加入新煮沸过并冷却的蒸馏水 100 mL、10 mL 2mol/L HAC 和 5 mL 0.5%淀粉溶液(称取 1 g 淀粉于小烧杯中加

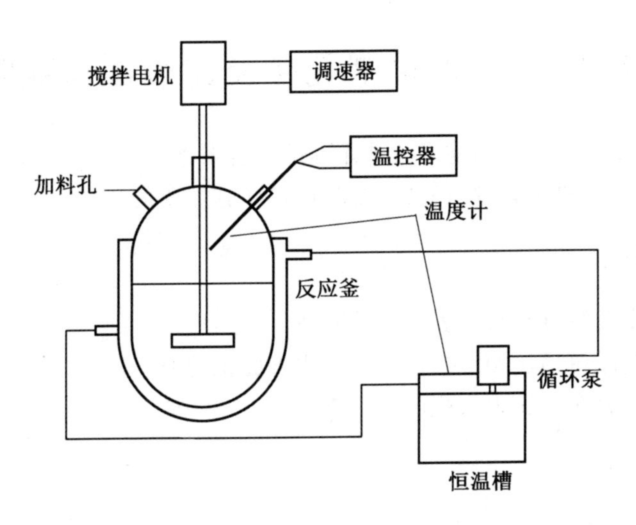

图 60.1 结晶实验流程示意图

少量水调成浆,搅拌下加到 200 mL 沸水中,冷却后备用)。立即用事先配好的已知浓度的碘标准溶液滴定至稳定的蓝色,30 s 内不褪色即为终点。平行滴定 3 份,计算试样中维生素 C 的质量分数平均值及相对平均偏差。

七、注意事项

(1)注意小心安装、使用玻璃仪器。

(2)由于维生素 C 结晶过程中溶液存在剩余过饱和度,到达结晶终点温度时,产品收率将低于理论值。

(3)维生素 C 还原性强,在空气中容易被氧化,在碱性溶液中容易被氧化,高温下会发生降解,造成产率下降。由于维生素 C 具有强还原性,它不能与金属(药匙、金属筛等)接触,接触过维生素 C 的研钵等器皿也要及时洗净。粗维生素 C 及产品一定放回干燥器内保存。

(4)实验表明,冷却速率是影响晶体粒度的主要因素,在实际生产中应设法控制冷却速率。在满足溶液均匀、晶体悬浮的前提下,尽量选择转速低的搅拌器。

(5)由于粗维生素 C 已经有部分氧化、降解,所以脱色效果不十分明显,脱色温度不宜过高以防止维生素 C 降解。

八、报告内容

(1)记录时间、操作步骤、现象、实验数据等,以及产品纯度、收率。

(2)0 ℃ 无水乙醇浸泡、洗涤晶体产品的目的是什么?

(3)搅拌速率对晶体粒度有何影响?

(4)给出自己在实验中的一些体会。为了提高产品纯度和产率以及改善晶体粒度和粒度分布,可以对实验仪器和操作过程进行哪些改进?

实验 61 催化剂孔径及比表面积测定

孔径分布及比表面积是描述多孔催化剂的重要参数，因此研究多孔催化剂的孔径分布及比表面积对于改进催化剂，提高产率和选择性有重要的意义。

一、实验目的

(1)了解测定孔径分布及比表面积的原理。

(2)掌握双气路色谱法测定孔径分布及比表面积的方法。

(3)掌握孔径分布及比表面积的计算方法。

二、实验原理

测定固体催化剂的孔径分布是基于毛细管凝聚的原理。假设用许多半径不同的圆筒孔来代表多孔固体的孔隙，这些圆筒孔又按大小分成许多组。当这些孔隙处在一定温度下(例如液氮温度下)的某一气体(例如氮气)环境中，则有一部分气体在孔壁吸附。如果该气体冷凝后对孔壁可以润湿(例如液氮在大多数固体表面可以润湿)，则随着该气体的相对压力逐渐升高，除各孔壁对氮的吸附层厚度相应逐渐增加外，还同时发生毛细管凝聚现象，半径越小的孔，越先被凝聚液充满。随着该气体相对压力不断升高，则半径较大一些的孔也被冷凝液充满。当相对压力达到 1 时，则所有的孔都被充满，并且在所有表面都发生凝聚。

凝聚气体或液体的孔的大小与相对压力间的关系，可以用凯尔文公式表示：

$$\ln \frac{p_{N_2}}{p_S} = -\frac{2\sigma V_m \mathrm{con}\ \varphi}{r_k RT} \tag{61.1}$$

式中 p_{N_2}——氮气的分压；

p_S——氮气的饱和蒸气压；

σ——表面张力；

V_m——凝聚液的摩尔体积；

φ——接触角；

r_k——凯尔文半径；

R——气体常数；

T——绝对湿度。

在吸附质为 N_2 及液氮正常沸点的情况下有

$$r_k = \frac{4.14}{\lg(p_{N_2}/p_S)} \tag{61.2}$$

当在某一 p_{N_2} 值时毛细管解除凝聚后，管壁还保留与当时相对压力相应的吸附层，所以孔半径 r 等于凯尔文半径 r_k 与吸附层厚度 t 之和：

$$r = r_k + t \tag{61.3}$$

随着相对压力逐步降低，除与之相应的凯尔文半径的毛细管解除凝聚外，已解除凝聚的毛细管壁的吸附层也逐渐减薄，所以脱附出的气体量是这两部分贡献之和。以氮为吸附质时，郝尔赛(Halsey)公式所描述的吸附层厚度为

$$t=\frac{5.57}{\lg(p_{N_2}/p_S)^{1/3}} \tag{61.4}$$

式(61.2)～(61.4)是计算孔径分布的基本关系式，可通过改变相对压力分别测出充满各不同半径的毛细孔的凝聚液体积，从而得到这些不同半径毛细孔的孔容积分布。

测定固体催化剂的比表面积是基于BET的多层吸附理论。在液氮温度下待测固体对N_2发生多层吸附，其吸附量V_d与N_2的相对压力p_{N_2}/p_S有关，其关系式称为BET公式：

$$\frac{p_{N_2}/p_S}{V_d(1-p_{N_2}/p_S)}=\frac{1}{V_mC}+\frac{C-1}{V_mC}\cdot\frac{p_{N_2}}{p_S} \tag{61.5}$$

式中　V_m——覆盖单分子层时的饱和吸附量；

C——与吸附有关的常数。

在实验得到与各相对压力p_{N_2}/p_S相应的吸附量V_d后，根据BET公式将$\frac{p_{N_2}/p_S}{V_d(1-p_{N_2}/p_S)}$对$p_{N_2}/p_S$作图得到一直线，其斜率为$a=\frac{C-1}{V_mC}$，截距为$b=\frac{1}{V_mC}$，由斜率和截距求得单分子层饱和吸附量：

$$V_m=\frac{1}{a+b} \tag{61.6}$$

若知每个被吸附分子的截面积，可求出催化剂的比表面积，即

$$S_g=\frac{V_mN_AA_m}{22\ 400w}\times10^{18} \tag{61.7}$$

式中　S_g——催化剂比表面积，m^2；

N_A——阿伏伽德罗常数，$N_A=6.023\times10^{29}$；

A_m——被吸附气体分子的横截面积，nm^2；

w——催化剂样品量，g。

当吸附质为N_2时，该式可简化为

$$S_g=4.36\frac{V_m}{w} \tag{61.8}$$

BET公式的适用范围为$p_{N_2}/p_S\approx0.05\sim0.35$，相对压力超过此范围可能发生毛细管凝聚现象。

三、实验装置及流程

实验流程图如图61.1所示。

在气路流程中共分三路，1,2两路为吸附平衡气管道，其中一路为氦气，另一路为吸附质氮气，两路在前混合器汇合；第3路为载气，载气和吸附平衡气组成双气路流程。

从高压钢瓶来的N_2及He，经减压阀减压稳压后进入仪器，N_2通过针阀C、He气通过转子流量计1、2分别进入吸附气净化冷阱和载气净化冷阱。其中N_2以及He气路之一在进入净化冷阱之前，先经混合器进行混合。三通阀1、2一端通大气，在分别测定混合气

中的 N_2 或 He 的流速以及分别测定吸附等温线的吸附分支与脱附分支时，可将其中另一气体 He 或 N_2 放空。如果六通阀处于吸附位置，即(1)—(2)、(3)—(4)、(5)—(6)相通，则经过吸附气净化冷阱净化的混合气经六通阀的(1)到(2)，经过样品管到达(5)，再经(6)放空；经过载气净化冷阱净化的载气，经六通阀的(3)到(4)，由(4)进入色谱。此时色谱热导池通过的都是纯 He，所以没有信号输出。当六通阀处于脱附位置时，即(2)—(3)、(4)—(5)及(1)—(6)相通，混合气由(1)经(6)放空。载气经(3)到(2)冲洗样品管后到(5)，再至(4)，由(4)进入色谱。此时脱附的 N_2 被载气冲洗着通过色谱热导池的测量臂，有信号输出，在记录器上记下脱附峰，在积分仪上显示出峰面积。

在 N_2 进入吸附气净化冷阱前，有一路分支进入预热器，用来给 N_2 加热。实验前可用加热过的气体对样品进行预处理，以除去样品中少量存在的水分。

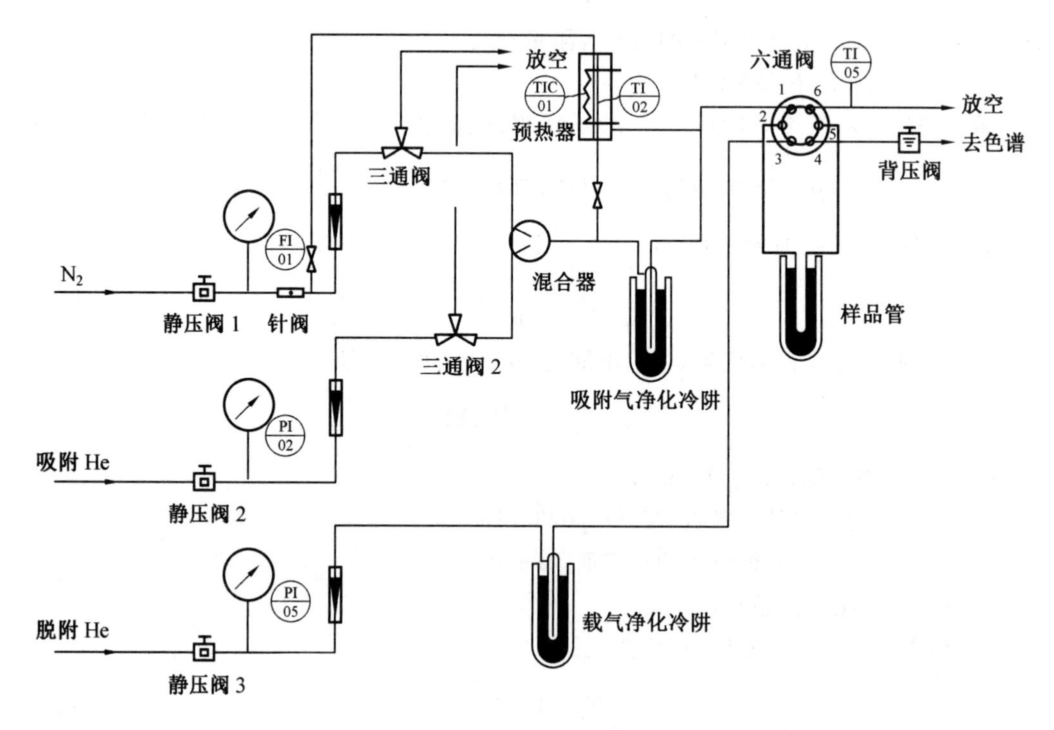

图 61.1 实验流程图

四、实验步骤及方法

(1)实验的准备阶段。

①仪器常数 K 的测定。

仪器常数法是由峰面积求吸附量的方法之一。峰面积及与之相应的气体样品量以及载气流速等各量之间有一函数关系，即

$$K=\frac{\alpha V_S}{A_S R_C}\cdot\frac{273p}{0.101\ 3T} \tag{61.9}$$

式中 α——N_2 在混合气中的分压与大气压之比；

V_S——所用量管的已知体积毫升数，mL；

A_S——与之相应的峰面积，cm^2；

R_C——载气流速，cm/s；

p——实验条件时的大气压，MPa；

T——实验条件时的室温，K。

在仪器电路参数保持不变的情况下，在上述各物理量变化的一定范围内，K 是一个常数。

在标定实验中将已测准容积的样品管(用测量水容积或汞质量方法测定)安装在仪器上，并调节色谱检测电流为 150 mA。先把六通阀放到吸附位置，让组成和流速已经稳定的混合气(或纯 N_2)流经样品管；待流速恢复稳定后，将六通阀放到脱附位置，样品管内的气体便被冲洗流经热导池。此时在记录器上便出现相应的峰；为了消除样品管与六通阀之间以及六通阀体内的管道容积，可以用几个不同容积的量管，再两两组合求出一个 K 值，并求 K 值的平均值。测定仪器常数后，吸附量(标准态)可由峰面积按下式求出：

$$V_d = K \cdot R_C \cdot A_d \tag{61.10}$$

式中　V_d——样品的吸附量；

R_C——载气的流速；

A_d——峰面积。

②等效死空间的测定。

为了在常压下测定全程的吸附等温线而采用的双气路法，在脱附时由于切换了六通阀，纯 He 作为载气冲洗着样品管内的平衡气及脱附出来的 N_2 流经热导池，因此，在记录器上出现的峰面积是样品管内的平衡气中的 N_2 及脱附出的 N_2 的贡献之和，而在吸附量计算中前者应当扣除。在扣除时，要注意平衡气不一定是纯 N_2，同时因为样品管大部分浸泡在液氮中，还应考虑到气体密度的变化。要扣除的也就是当样品管大部分处于液氮温度下被关闭在样品管及六通阀体内的平衡气中的氮的量，并将它换算成标准状态。这种关闭在样品管及六通阀体内的、换算成标准状态的氮气体积即称为等效死空间。计算中要扣除的就是等效死空间。同一个样品管，在不同成分的平衡气流过时其等效死空间是不同的。

等效死空间的扣除有三种方法，现举其中之一：用装好样品的样品管测等效死空间。让吸附平衡气在室温下通过装好样品的样品管，除去极个别情况，此时固体样品对 N_2 不会有可与等效死空间相比较的吸附量。切换六通阀，管内气体被载气冲洗出去，记录器上出现一个面积为 A_e 的峰，对此再进行因温度不同而引起的密度差别的校正，即得与等效死空间相应的峰面积 A_e，即

$$A_e = \alpha A''_e \gamma \tag{61.11}$$

式中　α——N_2 的体积分数；

γ——温度校正系数，即此空管浸泡在液氮温度下出峰的峰面积 $A_{液氮}$ 与在室温下出峰的峰面积 $A_{室温}$ 之比，$\gamma = A_{液氮}/A_{室温}$

由式(61.11)得吸附量

$$V_d = KR_C A_d = KR_C(A_d - A_e) \tag{61.12}$$

式中 K——脱附气体中 N_2 与样品管中吸附平衡气中的 N_2 对峰面积贡献之和；

A_d——净脱附气体显示的峰面积；

A_e——等效死空间相应的峰面积。

(2)实验步骤。

许多吸附等温线都存在回线，其具体形状因固体吸附剂的孔结构而异。在回线区对吸附分支与脱附分支有不同的要求。对于双气路法流程，下面以测定等温线吸附分支的测定方法为例：

①将 80～140 目范围内的适量固体样品装在已干燥并称量过的样品管中(注意不要使样品管的任何截面填满)。在通惰性气体 N_2 或 He 情况下，于 120 ℃左右预处理 2～4 h，以除去吸附的水汽。在干燥器中冷却称量，以减差法求出样品的质量并于样品管两端松松地塞上少量玻璃棉。

②临实验前将样品管装到仪器上，打开供气钢瓶，使氦气钢瓶减压阀低压为 0.2 MPa，氮气为 0.3 MPa。通以 He 于 120 ℃预处理约 30 min。

③调节色谱检流计的电流至 150 mA。

④调好并测准载气流速 R_C 及 He 气流速 R_{He}，按逐步增加混合气中 N_2 含量的次序，先通入最低量的 N_2，将六通阀放到吸附位置，抬高保温瓶，使样品管在液氮中浸泡到一固定标记。等待 10 min 左右，使吸附达到平衡，然后测准混合气总流速 R_t。

⑤将六通阀放至切断全部通路的位置，立即取下保温瓶，同时把六通阀切换至脱附位置，进行色谱检测。此时，记录器上记下脱附峰，由此即可计算出吸附量。

⑥重复上述操作，只是每次依序慢慢旋动 N_2 的减压阀，使 N_2 的压力逐步上升，流速逐渐增加，即可得到吸附分支上各点。为使相对压力达到 1，中间还需要有计划地调节一两次针阀及转子流量计 1，并在实验当中及结束时都抽测 R_C 及 R_{He}，并观察它们的稳定情况。

⑦实验完毕，关闭电源及供气钢瓶各个阀。

五、实验数据记录与处理

按表 61.1 内容做实验记录，并进行计算整理。

样品名称________；样品质量________ g；p_S________ MPa；环境压强 p_a________ MPa；室湿________ K；仪器常数________ min/(V · s)；γ=________；热丝________℃；衰减________。

表 61.1 比表面积与孔径分布的实验记录及计算表

序号	R_C	R_{N_2}	R_{He}	R_t	α	A_d	A_e	A''_e ①	V_d	p_{N2}/p_S	$\frac{p_{N_2}/p_S}{V_d(1-p_{N_2}/p_S)}$

注：①A''_e 为改变条件获得的 A_e 值。

比表面积计算时，取相对压力 p_{N_2}/p_S 在 0.05～0.35 范围内的实验数据，对 p_{N_2}/p_S—

$\dfrac{p_{N_2}/p_S}{V_d(1-p_{N_2}/p_S)}$作图，求得斜率和截距，然后按式(61.6)～(61.8)求得比表面积。

关于孔径分布的具体计算方法是较为复杂的。先将孔径由大到小依次分组，增加相对压力使所有的孔都充满凝聚液，然后逐次降低相对压力，使凝聚液按次序释放出来，若假设：

ΔV_i——第 i 组孔的体积，mL/g；

$\Delta\mu_i$——第 i 次脱附及解除凝聚释放出来的、换算成液态体积的吸附质的量，mL/g。

并令

$$R_i=\left(\frac{\bar{r}_i}{\bar{r}_i-\bar{t}_i}\right)^2,\ \bar{r}_i=\frac{1}{2}(r_{i-1}+r_i),\ \bar{t}_i=\frac{1}{2}(t_{i-1}+t_i) \qquad (61.13)$$

式中　r_i——在第 i 次脱附及解除凝聚时与相对压力 p_{N_2}/p_S 相应的临界孔半径；

t_i——与相对压力 p_{N_2}/p_S 相应的吸附层厚度。

那么，便有如下的孔径分布计算公式：

$$\Delta V_i=R_i\left(\Delta\mu_i-2\Delta t_i\sum_{j=1}^{i-1}\frac{1}{\bar{r}_j}\Delta V_j+2t_i\Delta\bar{t}_i\sum_{j=1}^{i-1}\frac{1}{\bar{r}_j^2}\Delta V_j\right) \qquad (61.14)$$

孔径分布与比表面积根据以上公式，用计算机进行数据处理与计算。

六、思考题

(1)测定表面积时，相对压力为什么要控制在0.05～0.35之间？

(2)如何用直接标定法由峰面积求吸附量？

(3)何谓等效死空间？实验中应如何扣除？

(4)影响本实验误差的主要因素是什么？

实验62　离心泵特性曲线的测定

一、实验目的

(1)熟悉离心泵的操作，了解离心泵的结构和特性，掌握实验组织方法。

(2)掌握离心泵特性曲线的测定方法。

(3)掌握离心泵的流量调节方法，了解电动调节阀、变频器、差压变送器等的工作原理。

二、基本原理

离心泵是最常见的液体输送设备。在一定的型号和转速下，离心泵的扬程 H、轴功率 N 及效率 η 均随流量 Q 而改变。通常通过实验测出 $H-Q$、$N-Q$ 及 $\eta-Q$ 关系，并用曲线表示，该曲线称为特性曲线。特性曲线是确定泵的适宜操作条件和选用泵的重要依据。泵特性曲线的具体测定方法如下：

(1)H 的测定。

在泵的吸入口和压出口之间列伯努利方程

$$Z_{入}+\frac{p_{入}}{\rho g}+\frac{u_{入}^2}{2g}+H=Z_{出}+\frac{p_{出}}{\rho g}+\frac{u_{出}^2}{2g}+H_{f_{入-出}} \tag{62.1}$$

$$H=(Z_{出}-Z_{入})+\frac{p_{出}-p_{入}}{\rho g}+\frac{u_{出}^2-u_{入}^2}{2g}+H_{f_{入-出}} \tag{62.2}$$

上式中 $H_{f_{入-出}}$ 是泵的吸入口和压出口之间管路内的流体流动阻力(不包括泵体内部的流动阻力所引起的压头损失),当所选的两截面很接近泵体时,与伯努利方程中其他项比较,$H_{f_{入-出}}$ 值很小,故可忽略。于是式(62.2)变为

$$H=(Z_{出}-Z_{入})+\frac{p_{出}-p_{入}}{\rho g}+\frac{u_{出}^2-u_{入}^2}{2g} \tag{62.3}$$

将测得的 $Z_{出}-Z_{入}$ 和 $p_{出}-p_{入}$ 的值以及计算所得的 $u_{入}$、$u_{出}$ 代入式(62.3)即可求得 H 的值。

(2)N 的测定。

功率表测得的功率为电动机的输入功率。由于泵由电动机直接带动,传动效率可视为 1.0,所以电动机的输出功率等于泵的轴功率,即

泵的轴功率 N=电动机的输出功率(kW)

电动机的输出功率=电动机的输入功率×电动机的效率

泵的轴功率=功率表的读数×电动机的效率(kW)

(4)η 的测定。

$$\eta=\frac{N_e}{N} \tag{62.4}$$

$$N_e=\frac{HQ\rho g}{1\ 000}=\frac{HQ\rho}{102} \tag{62.5}$$

式中 η——泵的效率;

N——泵的轴功率,kW;

N_e——泵的有效功率,kW;

H——泵的扬程,m;

Q——泵的流量,m^3/s;

ρ——水的密度,kg/m^3。

实验组织方法是:实验装置中在泵的进出口管上分别装有真空表 p_1 和压力表 p_2;由温度计测量流体温度,从而确定流体的密度 ρ;由功率表计量电机输入功率,由电机效率即可计算泵的输入功率 P;管路中需安装流量计,确定流体的流速 u;欲改变 u 需阀门控制(手动或自动改变阀门的开度)。

三、实验流程图和实验步骤

(1)实验流程图。

离心泵特性曲线测定流程示意图如图 62.1 所示,由低位水箱、泵进口真空表、泵、泵出口压力表、流量计、调节阀等组成了一个循环回路。

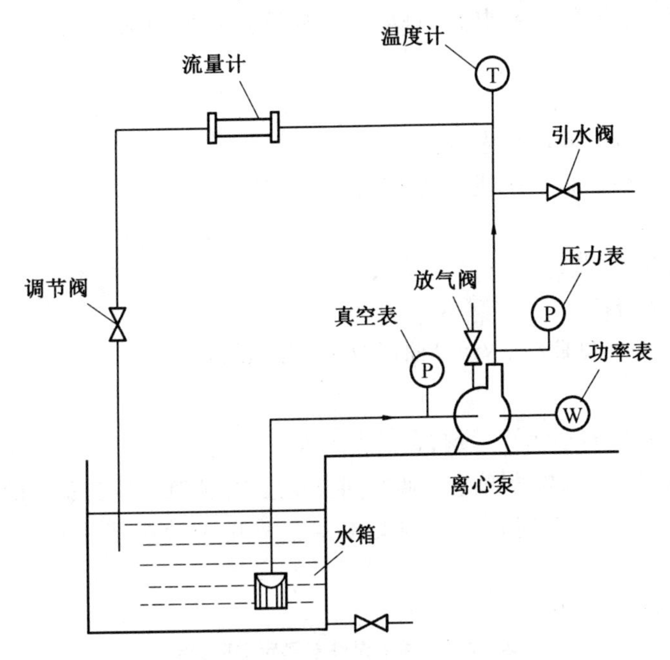

图 62.1　离心泵特性曲线测定流程示意图

装置参数见表 62.1。

表 62.1　手动离心泵实验装置参数

离心泵型号	PS—139
转速 /($r \cdot min^{-1}$)	2 900
h_0/mm	0
进口管径/mm	44
出口管径/mm	44

(2)实验步骤。

①打开总开关(绿)。

②打开仪表开关(黄)。

③开泵。

a. 先开出口阀。

b. 稍等片刻再关闭出口阀(相当于灌泵程序)。

c. 打开泵开关(黄)(此时仅为打开变频器电源)。

d. 确认变频器旋钮为零(防止泵开启时功率过大)。

e. 按下变频器控制板上按钮 RUN(泵真正开动)。

f. 调节变频器旋钮的功率为某一固定值如 F25.00。

④确定其他开关管路(测流体阻力管道)处于关状态。

⑤打开出口阀,控制其开度,获得某一流量值(流量值范围为 1～10 m^3/h)

⑥记录 Q、$p_{出}$、$p_{入}$、N。

⑦重复步骤⑤、步骤⑥，控制出口阀开度，使流量等值增加或减小。一共记录 10 组数据。

⑧结束实验。

a. 调节变频器旋钮的功率为零。

b. 按下变频器控制板上按钮 STOP(泵真正关闭)。

c. 关闭出口阀。

d. 关闭仪表开关(黄)。

e. 关闭总开关(红)。

⑨数据处理($H-Q$ 曲线、$N-Q$ 曲线及 $\eta-Q$ 曲线)。

注意：

变频器不能按 FWD REV，否则会使电机反转。

可以通过调节变频器频率和电动调节阀自动反馈，使流量达到预定的流量值，不过其流量要恒定需等 5 min，耗时较大。因此本实验采用手动调节流量，而不是自动调节流量。

(3)实验数据记录（表 62.2）。

表 62.2 离心泵性能测定实验记录

入口真空度 /MPa	出口压强 /MPa	流量计读数 /($m^3 \cdot h^{-1}$)	泵的压头 /m	功率 /W	泵的轴功率 /W	泵的效率
		0				
		1				
		2				
		3				
		4				
		5				
		6				
		7				
		8				
		9				
		10				
		10.92				

(4)结果处理及分析。

①画出离心泵的特性曲线(P_e(真空度差值)、H、N_e、$\eta-Q$)

②分析实验结果，并进行误差分析。

四、思考题

(1)测定离心泵特性曲线的意义有哪些？

(2)试从所测实验数据分析离心泵在启动时为什么要关闭出口阀门。

(3)启动离心泵之前为什么要引水灌泵?如果灌泵后依然启动不起来,你认为可能的原因是什么?

(4)为什么用泵的出口阀门调节流量?这种方法有什么优缺点?是否还有其他方法调节流量?

(5)泵启动后,出口阀如果不开,压力表和真空表读数如何变化?为什么?

(6)正常工作的离心泵,在其进口管路上安装阀门是否合理?为什么?

(7)试分析,用清水泵输送密度为 1 200 kg/m^3 的盐水,在相同流量下泵的压力是否变化?轴功率是否变化?

(8)为什么离心泵的有效扬程 H_e 随流量 Q 的增加而缓慢下降?

参考文献

[1] 雷永泉. 新能源材料[M]. 天津:天津大学出版社，2000.
[2] 韩宏伟. 染料敏化二氧化钛纳米晶薄膜太阳电池研究[D]. 武汉:武汉大学，2005.
[3] 戴松元，王孔嘉，邬钦崇，等. 纳米晶体化学太阳电池的研究[J]. 太阳能学报，1997，18(2)：228-232.
[4] 黄春辉，李富友，黄岩谊. 光电功能超薄膜[M]. 北京:北京大学出版社，2001.
[5] 史成武. 染料敏化纳米薄膜太阳电池电解质体系的研究[D]. 合肥:中国科学院等离子体物理研究所，2005.
[6] 施敏. 现代半导体器件物理[M]. 刘晓彦，贾霖，康晋锋，译. 北京:科学出版社，2001.
[7] 陈振兴. 高分子电池材料[M]. 北京:化学工业出版社，2006.
[8] 熊绍珍，朱美芳. 太阳能电池基础与应用[M]. 北京:科学出版社，2009.
[9] CHEN X，LI C，GRATZEL M，et al. Nanomaterials for renewable energy production and storage[J]. Chemical Society Reviews，2012，41(23)：7909-7937.
[10] PANWAR N，KAUSHIK S，KOTHARI S. Role of renewable energy sources in environmental protection：a review [J]. Renewable & Sustainable Energy Reviews，2011，15(3)：1513-1524.
[11] MATHIESEN B，LUND H，KARLSSON K. 100% renewable energy systems，climate mitigation and economic growth[J]. Applied Energy，2011，88(2)：488-501.
[12] APPEL A M，BERCAW J，BOCARSLY A，et al. Frontiers，opportunities，and challenges in biochemical and chemical catalysis of CO_2 fixation[J]. Chemical Reviews，2013，113(8)：6621-6658.
[13] MIKKELSEN M，JORGENSEN M，KREBS F. The teraton challenge. A review of fixation and transformation of carbon dioxide[J]. Energy & Environmental Science，2010，3(1)：43-81.
[14] WHIPPLE D，KENIS P. Prospects of CO_2 utilization via direct heterogeneous electrochemical reduction[J]. Journal of Physical Chemistry Letters，2010，1(24)：3451-3458.
[15] CENTI G，QUADRELLI E，PERATHONER S. Catalysis for CO_2 conversion：a key technology for rapid introduction of renewable energy in the value chain of chemical industries [J]. Energy & Environmental Science，2013，6(6)：1711-1731.

[16] WANG W, WANG S, MA X, et al. Recent advances in catalytic hydrogenation of carbon dioxide[J]. Chemical Society Reviews, 2011, 40(7): 3703-3727.

[17] JONES J, PRAKASH G, OLAH G. Electrochemical CO_2 reduction: recent advances and current trends[J]. Israel Journal of Chemistry, 2014, 54(10): 1451-1466.

[18] INGLIS J, MACLEAN B, PRYCE M, et al. Electrocatalytic pathways towards sustainable fuel production from water and CO_2[J]. Coordination Chemistry Reviews, 2012, 256(21-22): 2571-2600.

[19] 张荣,陈建,朱林香. 固载杂多酸催化剂的应用研究[J]. 化工时刊, 2004, 18(2): 11-21.

[20] 梁泽斌. 新型化学传感器及其应用[J]. 仪表工业, 1986, 3:33-38.

[21] 冯冠平,董永贵. 传感信号处理技术与化学传感器发展的新趋势[J]. 传感技术学报, 1994, 3:6-11.

[22] 王伟平,杨水金. 多金属氧酸盐的电催化及其在传感器中的应用[J]. 化工中间体, 2009, 8:57-60.

[23] 杨勤燕. 环境与食品安全检测中新型化学修饰电极的研究与应用[D]. 上海:华东师范大学, 2010.

[24] REHMAN A, NAZIR G, RHEE K Y, et al. Electrocatalytic and photocatalytic sustainable conversion of carbon dioxide to value-added chemicals: state-of-the-art progress, challenges, and future directions [J]. Journal of Environmental Chemical Engineering, 2022, 10(5): 108219-108247.

[25] 王秀丽, 赵岷. 多酸电化学导论[M]. 北京:中国环境科学出版社, 2006.

[26] 宋芳源,丁勇,赵崇超. 多金属氧酸盐催化的水氧化研究进展[J]. 化学学报, 2014, 2:133-144.

[27] FREIRE M, CLAUDIO A, ARAUJO J, et al. Aqueous biphasi systems: a boost brought about by using ionic liquids[J]. Chemical Society Reviews, 2012, 41, 4966-4995.

[28] WALDEN T. Room-temperature ionic solvents for synthesis and catalysis [J]. Chemical Reviews, 1999, 99(8): 2071-2083.

[29] XIE M, LI P, GUO H, et al. Ternary system of Fe-based ionic liquid, ethanol and water for wet flue gas desulfurization[J]. Chinese Journal of Chemical Engineering, 2012, 20, 140-145.

[30] QI W, WANG Y, LI W, et al. Surfactant-encapsulated polyoxometalates as immobilized supramolecular catalysts for highly efficient and selective oxidation reactions[J]. Chemistry-A European Journal, 2010, 16, 1068-1078.

[31] BIBOUM R, DOUNGMENE F. Poly (ionic liquid) and macrocyclic polyoxometalate ionic self-assemblies: new water-insoluble and visible light photosensitive catalysts[J]. Journal of Materials Chemistry, 2012, 22, 319-323.

[32] 黄君礼，鲍治宇. 紫外吸收光谱法及其应用[M]. 北京：中国科学技术出版社，1992.

[33] DENG C, DENG Y, WANG B, et al. Gas chromatography-mass spectrometry method for determination of phenylalanine and tyrosine in neonatal blood spots [J]. Journal of Chromatography B-Analytical Technologies in the Biomedical and Life Sciences, 2002, 780(2): 407-413.

[34] GAO Y, JING H, DU M, et al. Dispersion of multi-walled carbon nanotubes stabilized by humic acid in sustainable cement composites[J]. Nanomaterials, 2018, 8(10):858-871.

[35] MA M, DJANASHVILI K, SMITH W. Controllable hydrocarbon formation from the electrochemical reduction of CO_2 over Cu nanowire arrays[J]. Angewandte Chemie International Edition, 2016, 55(23): 6680-6684.

[36] SCHOUTEN K, QIN Z, GALLENT E, et al. Two pathways for the formation of ethylene in CO reduction on single-crystal copper electrodes[J]. Journal of the American Chemical Society, 2012, 134(24): 9864-9867.

[37] SCHIZODIMOU A, KYRIACOU G. Acceleration of the reduction of carbon dioxide in the presence of multivalent cations[J]. Electrochimica Acta, 2012, 78: 171-176.

[38] OGURA K. Electrochemical reduction of carbon dioxide to ethylene: mechanistic approach[J]. Journal of CO_2 Utilization, 2013, 1: 43-49.

[39] OGURA K, FERRELL J, CUGINI A, et al. CO_2 attraction by specifically adsorbed anions and subsequent accelerated electrochemical reduction [J]. Electrochimica Acta, 2010, 56(1): 381-386.

[40] LOPES P, STRMCNIK D, TRIPKOVIC D, et al. Relationships between atomic level surface structure and stability/activity of platinum surface atoms in aqueous environments[J]. ACS Catalysis, 2016, 6(4): 2536-2544.

[41] LIU M, PANG Y, ZHANG B, et al. Enhanced electrocatalytic CO_2 reduction via field-induced reagent concentration[J]. Nature, 2016, 537(7620): 382-386.

[42] AKHADE S, MCCRUM I, JANIK M. The impact of specifically adsorbed ions on the copper-catalyzed electroreduction of CO_2[J]. Journal of the Electrochemical Society, 2016, 163(6): F477-F484.

[43] MURATA A, HORI Y. Product selectivity affected by cationic species in electrochemical reduction of CO_2 and CO at a Cu electrode[J]. Bulletin of the Chemical Society of Japan, 1991, 64(1): 123-127.

[44] SINGH M, KWON Y, LUM Y, et al. Hydrolysis of electrolyte cations enhances the electrochemical reduction of CO_2 over Ag and Cu[J]. Journal of the American Chemical Society, 2016, 138(39): 13006-13012.

[45] DUNWELL M, LU Q, HEYES J, et al. The central role of bicarbonate in the electrochemical reduction of carbon dioxide on gold[J]. Journal of the American

Chemical Society, 2017, 139(10): 3774-3783.

[46] TRIPKOVIC D, STRMCNIK D, VAN DER VLIET D, et al. The role of anions in surface electrochemistry[J]. Faraday Discussions, 2008, 140: 25-40.

[47] HORI Y, MURATA A, TAKAHASHI R. Formation of hydrocarbons in the electrochemical reduction of carbon dioxide at a copper electrode in aqueous solution[J]. Journal of the Chemical Society-Faraday Transactions I, 1989, 85: 2309-2326.

[48] ZHANG H, MA Y, QUAN F, et al. Selective electro-reduction of CO_2 to formate on nanostructured Bi from reduction of biocl nanosheets[J]. Electrochemistry Communications, 2014, 46: 63-66.

[49] SEN S, LIU D, PALMORE G. Electrochemical reduction of CO_2 at copper nanofoams[J]. ACS Catalysis, 2014, 4(9): 3091-3095.

[50] SREEKANTH N, NAZRULLA M, VINEESH T, et al. Metal-free boron-doped graphene for selective electroreduction of carbon dioxide to formic acid/formate [J]. Chemical Communications, 2015, 51(89): 16061-16064.

[51] ZHU D, LIU J, QIAO S. Recent advances in inorganic heterogeneous electrocatalysts for reduction of carbon dioxide[J]. Advanced Materials, 2016, 28 (18): 3423-3452.

[52] GONG M, WANG D, CHEN C, et al. A mini review on nickel-based electrocatalysts for alkaline hydrogen evolution reaction[J]. Nano Research, 2016, 9(1): 28-46.

[53] DURST J, SIEBEL A, SIMON C, et al. New insights into the electrochemical hydrogen oxidation and evolution reaction mechanism[J]. Energy & Environmental Science, 2014, 7(7): 2255-2260.

[54] LI G, DIMITRIJEVIC N, CHEN L, et al. The important role of tetrahedral Ti^{4+} sites in the phase transformation and photocatalytic activity of TiO_2 nanocomposites [J]. Journal of Americal Chemistry Society, 2008, 130: 5402-5403.

[55] OKADA K, YAMAMOTO N, KAMESHIMA Y, et al. Effect of silica additive on the anatase-to-rutile phase transition [J]. Journal of Americal Chemistry Society, 2001, 84: 1591-1596.

[56] ZHOU J, LV L, YU J, et al. Synthesis of self-organized polycrystalline F-doped TiO_2 hollow microspheres and their photocatalytic activity under visible light[J]. Journal of Physical Chemistry C, 2008, 112:5316-5321.

[57] KUO C, TSENG Y, HUANG C, et al. Carbon-containing nano titania prepared by chemical vapor deposition and its visible-light-responsive photocatalytic activity [J]. Journal Molecular Catalysts A: Chem., 2007, 270: 93-100.

[58] WANG Z, ZHANG F, YANG Y, et al. Facile postsynthesis of visible-light-

sensitive titanium dioxide/mesoporous SBA-15[J]. Chemistry Materials, 2007, 19: 3286-3293.

[59] ZOU Z, YE J, SAYAMA K, et al. Direct splitting of water under visible light irradiation with an oxide semiconductor photocatalyst[J]. Nature, 2001, 414: 625-627.

[60] KHAN S, ALSHAHRY M, INGLER W. Efficient photochemical water splitting by a chemically modified n-TiO_2[J]. Science, 2002, 297: 2243-2245.

[61] MA G, YAN H, SHI J, et al. Direct splitting of H_2S into H_2 and S on CdS-based photocatalyst under visible light irradiation[J]. Journal of Catalysis, 2008, 260: 134-140.

[62] ZONG X, NA Y, WEN F, et al. Visible light driven H_2 production in molecular systems employing colloidal MoS_2 nanoparticles as catalyst[J]. Chemistry Communication, 2009, 30:4536-4538.

[63] ZHANG J, XU Q, FENG Z, et al. Importance of the relationship between surface phases and photocatalytic activity of TiO_2[J]. Angewandte Chemie-International Edition, 2008, 47: 1766-1769.

[64]WANG Q, LIU H, JIANG L, et al. Visible-light-responding $Bi_{0.5}Dy_{0.5}VO_4$ solid solution for photocatalytic water splitting[J]. Catalysis Letter, 2009, 131: 160-163.

[65] MISEKI Y, KATO H, KDUO A. Water splitting into H_2 and O_2 over niobate and titanate photocatalysts with (111) plane-type layered perovskite structure[J]. Energy Environmental Science, 2009, 2: 306-314.

[66] CHEN D, YE J. Selective-synthesis of high-performance single-crystalline $Sr_2Nb_2O_7$ nanoribbon and $SrNb_2O_6$ nanorod photocatalysts[J]. Chemistry Material, 2009, 21: 2327-2333.

[67] LI Y, CHEN G, ZHANG H, et al. Band structure and photocatalytic activities for H_2 production of $ABi_2Nb_2O_9$ (A = Ca, Sr, Ba)[J]. International Journal of Hydrogen Energy, 2010, 35: 2652-2656.

[68] LI C, YUAN J, HAN B, et al. TiO_2 nanotubes incorporated with CdS for photocatalytic hydrogen production from splitting water under visible light irradiation [J]. International Journal of Hydrogen Energy, 2010, 35: 7073-7079.

[69] ZHANG Y, WANG Y, YAN W, et al. Synthesis of Cr_2O_3/TNTs nanocomposite and its photocatalytic hydrogen generation under visible light irradiation[J]. Applied Surface Science, 2009, 255: 9508-9511.

[70] KATO H, KUDO A. Photocatalytic water splitting into H_2 and O_2 over various tantalite photocatalysts[J]. Catalysis Today, 2003, 78(1-4):561-569.

[71] FANG Y, HUANG Y, YANG J, et al. Unique ability of BiOBr to decarboxylate d-glu and d-MeAsp in the photocatalytic degradation of microcystin-LR in water

[J]. Environmental Science Technology, 2011, 45: 1593-1600.

[72] OZAWA T, IWASAKI M, TADA H, et al. Low-temperature synthesis of anatase-brookite composite nanocrystals: the junction effect on photocatalytic activity[J]. Journal of Colloid Interface Science, 2005, 281: 510-513.

[73] HURUM D, GRAY K, RAJH T, et al. Recombination pathways in the degussa P25 formulation of TiO_2: surface versus lattice mechanisms[J]. Journal of Physical Chemistry B, 2005, 109: 977-980.

[74] LIU B, MA M, ZACHER D, et al. Chemistry of SURMOFs: layer-selective installation of functional groups and post-synthetic covalent modification probed by fluorescence microscopy[J]. Journal of Americal Society, 2011, 133(6): 1734-1737.

[75] SEO J, SCHATTLING P, LANG T, et al. Covalently bonded layer-by-layer assembly of multifunctional thin films based on activated esters[J]. Langmuir, 2010, 26(3): 1830-1836.

[76] LI Y, SCHULZ J, GRUNLAN J. Polyelectrolyte/nanosilicate thin film assemblies: influence of pH on growth, mechanical behavior, and flammability [J]. ACS Applied Material Interface, 2009, 1(10): 2338-2347.

[77] CERKEZ I, KOCER H, WORLEY S, et al. N-Halamine biocidal coatings via a layer-by-layer assembly technique[J]. Langmuir, 2011, 27(7): 4091-4097.

[78] LI C, O'HALLORAN K, MA H, et al. Multifunctional multilayer films containing polyoxometalates and bismuth oxide nanoparticles[J]. Journal of Physical Chemistry B, 2009, 113: 8043-8048.

[79] LAZZARA T, AARON L, ABOU-KANDIL A, et al. Polyelectrolyte layer-by-layer deposition in cylindrical nanopores[J]. ACS Nano, 2010, 4(7): 3909-3920.

[80] NIEMIEC W, ZAPOTOZNY S, SZCZUBIALKA K, et al. Nanoheterogeneous multilayer films with perfluorinated domains fabricated using the layer-by-layer method[J]. Langmuir, 2010, 26(14): 11915-11920.

[81] YAO H, HU N. pH-switchable bioelectrocatalysis of hydrogen peroxide on layer-by-layer films assembled by concanavalin A and horseradish peroxidase with electroactive mediator in solution[J]. Journal of Physical Chemsitry B, 2010, 114(9): 3380-3386.

[82] YANG Y, HAILE M, PARK Y, et al. Super gas barrier of all-polymer multilayer thin films[J]. Macroeconomic, 2011, 44(6): 1450-1459.

[83] 李振，胡家祯. 世界稀土资源概况及开发利用趋势[J]. 现代矿业，2017, 33(2):97. 101-105.

[84] GAI S, LI C, YANG P, et al. Recent progress in rare earth micro/nanocrystals: Soft chemical synthesis, luminescent properties, and biomedical applications[J]. Chemical Reviews, 2014, 114(4): 2343-2389.

[85] DONG H, DU S, ZHENG X, et al. Lanthanide nanoparticles: from design toward bioimaging and therapy [J]. Chemical Reviews, 2015, 115 (19): 10725-10815.

[86] CHEN G, QIU H, PRASAD P, et al. Upconversion nanoparticles: design, nanochemistry, and applications in theranostics[J]. Chemical Reviews, 2014, 114 (10): 5161-5214.

[87] LIU Y, TU D, ZHU H, et al. Lanthanide-doped luminescent nanoprobes: Controlled synthesis, optical spectroscopy, and bioapplications [J]. Chemical Society Reviews, 2013, 44(41): 6924-6958.

[88] ZHOU B, SHI B, JIN D, et al. Controlling upconversion nanocrystals for emerging applications[J]. Nature Nanotechnology, 2015, 10(11): 924-936.

[89] 邓明亮. 上转换发光纳米晶的可控制备、表面修饰以及细胞成像研究[D]. 北京:北京化工大学, 2014:31-42.

[90] 左昕. 稀土 $NaYF_4/CaF_2$ 纳米晶的制备及其上转换荧光性能研究[D]. 哈尔滨:哈尔滨工业大学, 2013:44-47.

[91] 孙家跃, 杜海燕. 无机材料制造与应用[M]. 北京:化学工业出版社,2001:37-40.

[92] BUHRO W, COLVIN V. Semiconductor nanocrystals: shape matters[J]. Nature Materials, 2003, 2(3): 138-139.

[93] PENG X, MANNA L, YANG W, et al. Shape control of cdse nanocrystals[J]. Nature, 2000, 404(6773): 59-61.

[94] SONG Y, YOU H, HUANG Y, et al. Highly uniform and monodisperse $Gd_2O_2S:Ln^{(3+)}$ (Ln=Eu,Tb) submicrospheres: solvothermal synthesis and luminescence properties[J]. Inorganic Chemistry, 2010, 49(24): 11499-11504.

[95] SHAN J, UDDI M, NAN Y, et al. Anomalous raman scattering of colloidal Yb^{3+}, Er^{3+} codoped $NaYF_4$ nanophosphors and dynamic probing of the upconversion luminescence[J]. Advanced Functional Materials, 2010, 20(20): 3530-3537.

[96] CHEN G, ROY I, YANG C, et al. Nanochemistry and nanomedicine for nanoparticle-based diagnostics and therapy[J]. Chemical Reviews, 2016, 116(5): 2826-2885.

[97] JING Z, ZHUANG L, LI F. Upconversion nanophosphors for small-animal imaging[J]. Chemical Society Reviews, 2012, 41(3): 1323-1349.

[98] ZOU X, XU M, YUAN W, et al. A water-dispersible dye-sensitized upconversion nanocomposite modified with phosphatidylcholine for lymphatic imaging [J]. Chemical Communications, 2016, 52(91): 13389-13392.

[99] XU J, YANG P, SUN M, et al. Highly emissive dye-sensitized upconversion nanostructure for dual-photosensitizer photodynamic therapy and bioimaging[J]. Acs Nano, 2017, 11(4): 4133-4144.

[100] HORN R, CLARKE D, CLARKSON M. Direct measurement of surface forces between sapphire crystals in aqueous solutions [J]. Journal of Materials Research, 1988, 3(3): 413-416.

[101] BICKMORE B, ROSSO K, MITCHELL S. Is there hope for multi-site complexation (MUSIC) modeling? [J]. Interface Science and Technology, 2006, 11: 269-283.

[102] HIEMSTRA T, VENEMA P, RIEMSDIJK W. Intrinsic proton affinity of reactive surface groups of metal (hydr) oxides: the bond valence principle[J]. Journal of Colloid and Interface Science, 1996, 184(2): 680-692.

[103] BICKMORE B, ROSSO K, TADANIER C, et al. Bond-valence methods for pK_a prediction. Ⅱ. bond-valence, electrostatic, molecular geometry, and solvation effects[J]. Geochimica et Cosmochimica Acta, 2006, 70(16): 4057-4071.

[104] SASSI M, WANG Z, WALTER E, et al. Surface hydration and hydroxyl configurations of gibbsite and boehmite nanoplates [J]. The Journal of Physical Chemistry C, 2020, 124(9): 5275-5285.

[105] JESSOE K, MOORE F C. The cost of changes in energy use in a warming world [J]. Nature, 2021,598(7880): 262-263.

[106] 刘永强，赵晓明，张文敬. 浅谈二氧化碳减排技术现状及研究进展 [J]. 纯碱工业，2022，268(4)：3-7.

[107] SABRI M A, AL JITAN S, BAHAMON D, et al. Current and future perspectives on catalytic-based integrated carbon capture and utilization [J]. Science of The Total Environment, 2021, 790: 148081-148109.

[108] SUN S, SUN H, WILLIAMS P T, et al. Recent advances in integrated CO_2 capture and utilization: a review [J]. Sustainable Energy & Fuels, 2021, 5(18): 4546-4559.

[109] SHAIKH N S, SHAIKH J S, MÁRQUEZV, et al. New perspectives, rational designs, and engineering of Tin (Sn)-based materials for electrochemical CO_2 reduction [J]. Materials Today Sustainability, 2023, 22: 100384-100409.

[110] ONI B A, SANNI S E, IBEGBU A J. Production of light olefins by catalytic hydrogenation of CO_2 over Y_2O_3/Fe-Co modified with SAPO-34 [J]. Applied Catalysis A: General, 2022, 643: 118784-118796.

[111] YUAN N, MEI Y, LIU Y, et al. Fabrication of UiO-66-NH_2/Ce$(HCOO)_3$ heterojunction with enhanced photocatalytic reduction of CO_2 to CH_4[J]. Journal of CO_2 Utilization, 2022, 64: 102151-102161.

[112] SUBHASH G V, RAJVANSHI M, KUMAR B N, et al. Carbon streaming in microalgae: extraction and analysis methods for high value compounds [J]. Bioresource Technology, 2017, 244: 1304-1316.

[113] YANG Y, FU J J, TANG T, et al. Regulating surface In-O in In@InOx core-

shell nanoparticles for boosting electrocatalytic CO_2 reduction to formate [J]. Chinese Journal of Catalysis, 2022, 43(7): 1674-1679.

[114] FAN W K, TAHIR M. Recent trends in developments of active metals and heterogenous materials for catalytic CO_2 hydrogenation to renewable methane: a review [J]. Journal of Environmental Chemical Engineering, 2021, 9(4): 105460-105494.

[115] IKREEDEEGH R R, TAHIR M. A critical review in recent developments of metal-organic-frameworks (MOFs) with band engineering alteration for photocatalytic CO_2 reduction to solar fuels [J]. Journal of CO_2 Utilization, 2021, 43: 101381-10421.

[116] 吕伟欣. 二氧化碳在乙腈和水中的电化学还原 [D]. 南京:东南大学, 2014.

[117] NIELSEN D U, HU X M, DAASBJERG K, et al. Chemically and electrochemically catalysed conversion of CO_2 to CO with follow-up utilization to value-added chemicals [J]. Nature Catalysis, 2018, 1(4): 244-254.

[118] YANG K D, LEE C W, JIN K, et al. Current status and bioinspired perspective of electrochemical conversion of CO_2 to a long-chain hydrocarbon [J]. J Phys Chem Lett, 2017, 8(2): 538-545.

[119] CUI H, GUO Y, GUO L, et al. Heteroatom-doped carbon materials and their composites as electrocatalysts for CO_2 reduction [J]. Journal of Materials Chemistry A, 2018, 6(39): 18782-18793.

[120] RUIZ-LÓPEZ E, GANDARA-LOE J, BAENA-MORENO F, et al. Electrocatalytic CO_2 conversion to C_2 products: catalysts design, market perspectives and techno-economic aspects [J]. Renewable and Sustainable Energy Reviews, 2022, 161: 112329-112354.

[121] DU C, WANG X, CHEN W, et al. CO_2 transformation to multicarbon products by photocatalysis and electrocatalysis [J]. Materials Today Advances, 2020, 6: 100071-100094.

[122] 宋丽达. CO_2电化学还原铜基催化剂的制备及性能研究 [D]. 天津:天津理工大学, 2018.

[123] LIU A, GAO M, REN X, et al. Current progress in electrocatalytic carbon dioxide reduction to fuels on heterogeneous catalysts [J]. Journal of Materials Chemistry A, 2020, 8(7): 3541-3562.

[124] HOANG V C, GOMES V G, KORNIENKO N. Metal-based nanomaterials for efficient CO_2 electroreduction: Recent advances in mechanism, material design and selectivity [J]. Nano Energy, 2020, 78: 105311-105328.

[125] 马滔. 碳担载CuAg双金属的设计合成及对CO_2电化学还原催化性能的研究 [D]. 北京:北京化工大学, 2019.

[126] ZHANG X, GUO S X, GANDIONCO K A, et al. Electrocatalytic carbon

dioxide reduction: from fundamental principles to catalyst design [J]. Materials Today Advances, 2020, 7: 100074-100097.

[127] JONES J P, PRAKASH G K S, OLAH G A. Electrochemical CO_2 reduction: recent advances and current trends [J]. Israel Journal of Chemistry, 2014, 54 (10): 1451-1466.

[128] KOH J H, WON D H, EOM T, et al. Facile CO_2 electro-reduction to formate via oxygen bidentate intermediate stabilized by high-index planes of Bi dendrite catalyst [J]. ACS Catalysis, 2017, 7(8): 5071-5077.

[129] PETERSON A A, ABILD-PEDERSEN F, STUDT F, et al. How copper catalyzes the electroreduction of carbon dioxide into hydrocarbon fuels [J]. Energy Environmental Science, 2010, 3(9): 1311-1315.

[130] CHENG T, XIAO H, III W A G. Free-energy barriers and reaction mechanisms for the electrochemical reduction of CO on the Cu (100) surface, including multiple layers of explicit solvent at pH 0 [J]. The Journal of Physical Chemistry Letters, 2015, 6(23): 4767-4773.

[131] CALLE-VALLEJO F, KOPER M T. Theoretical considerations on the electroreduction of CO to C_2 species on Cu(100) Electrodes [J]. Angewandte Chemie International Edition, 2013, 52(28): 7282-7285.

[132] TING L R L, YEO B S. Recent advances in understanding mechanisms for the electrochemical reduction of carbon dioxide [J]. Current Opinion in Electrochemistry, 2018, 8: 126-134.

[133] MA Y, WANG J, YU J, et al. Surface modification of metal materials for high-performance electrocatalytic carbon dioxide reduction [J]. Matter, 2021, 4(3): 888-926.

[134] KORTLEVER R, SHEN J, SCHOUTEN K, et al. Catalysts and reaction pathways for the electrochemical reduction of carbon dioxide [J]. Journal of Physical Chemistry Letters, 2015: 4073-4082.

[135] REN D, ANG S H, YEO B S. Tuning the selectivity of carbon dioxide electroreduction toward ethanol on oxide-derived CuxZn catalysts [J]. ACS Catalysis, 2016, 6(12): 8239-8247.

[136] FAN Q, ZHANG M, JIA M, et al. Electrochemical CO_2 reduction to C_{2+} species: heterogeneous electrocatalysts, reaction pathways, and optimization strategies [J]. Materials Today Energy, 2018, 10: 280-301.

[137] GARZA A J, BELL A T, HEAD-GORDON M. Mechanism of CO_2 reduction at copper surfaces: pathways to C_2 products [J]. ACS Catalysis, 2018, 8(2): 1490-1499.

[138] ZHENG Y, VASILEFF A, ZHOU X, et al. Understanding the roadmap for electrochemical reduction of CO_2 to multi-carbon oxygenates and hydrocarbons on

copper-based catalysts [J]. Journal of the American Chemical Society, 2019, 141 (19): 7646-7659.

[139] WANG Y, GONELL S, MATHIYAZHAGAN U R, et al. Simultaneous electrosynthesis of syngas and an aldehyde from CO_2 and an alcohol by molecular electrocatalysis [J]. ACS Applied Energy Materials, 2019, 2(1): 97-101.

[140] DARAYEN J, CHAILAPAKUL O, PRASERTHDAM P, et al. Advances in the key metal-based catalysts for efficient electrochemical conversion of CO_2 [J]. ChemBioEng Reviews, 2022, 9(5): 475-496.

[141] LUO W, XIE W, LI M, et al. 3D hierarchical porous indium catalyst for highly efficient electroreduction of CO_2[J]. Journal of Materials Chemistry A, 2019, 7 (9): 4505-4515.

[142] HORI Y, WAKEBE H, TSUKAMOTO T, et al. Electrocatalytic process of CO selectivity in electrochemical reduction of CO_2 at metal electrodes in aqueous media [J]. Electrochimica Acta, 1994, 39(11): 1833-1839.

[143] DING C, LI A, LU S M, et al. In situ electrodeposited indium nanocrystals for efficient CO_2 reduction to CO with low overpotential [J]. ACS Catalysis, 2016, 6 (10): 6438-6443.

[144] XIA Z, FREEMAN M, ZHANG D, et al. Highly selective electrochemical conversion of CO_2 to hcooh on dendritic indium foams [J]. ChemElectroChem, 2017, 5(2): 215-215.

[145] ZHANG J, YIN R, SHAO Q, et al. Oxygen vacancies in amorphous InOx nanoribbons enhance CO_2 adsorption and activation for CO_2 electroreduction [J]. Angewandte Chemie International Edition, 2019, 58(17): 5609-5613.

[146] WHITE J L, BOCARSLY A B. Enhanced carbon dioxide reduction activity on indium-based nanoparticles [J]. Journal of the Electrochemical Society, 2016, 163(6): H410-H416.

[147] WANG Y, HAN P, LV X, et al. Defect and interface engineering for aqueous electrocatalytic CO_2 reduction [J]. Joule, 2018, 2(12): 2551-2582.

[148] MA W, XIE S, ZHANG X G, Et al. Promoting electrocatalytic CO_2 reduction to formate via sulfur-boosting water activation on indium surfaces [J]. Nature Communications, 2019, 10: 892-899.

[149] SHANG H, WANG T, PEI J, et al. Design of a single-atom Indium$^{\delta+}$-N_4 Interface for efficient electroreduction of CO_2 to formate [J]. Angewandte Chemie International Edition, 2020, 59(50): 22465-22469.

[150] JIA S, ZHU Q, WU H, et al. Efficient electrocatalytic reduction of carbon dioxide to ethylene on copper - antimony bimetallic alloy catalyst [J]. Chinese Journal of Catalysis, 2020, 41(7): 1091-1098.

[151] CHANG F, WANG C, WU X, et al. Strained lattice gold-copper alloy

nanoparticles for efficient carbon dioxide electroreduction [J]. Materials, 2022, 15(14): 5064-5071.

[152] MORALES-GUIO C G, CAVE E R, NITOPI S A, et al. Improved CO_2 reduction activity towards C_{2+} alcohols on a tandem gold on copper electrocatalyst [J]. Nature Catalysis, 2018, 1: 764-771.

[153] PARIS A R, BOCARSLY A B. Ni - Al films on glassy carbon electrodes generate an array of oxygenated organics from CO_2[J]. ACS Catalysis, 2017, 7 (10): 6815-6820.

[154] SHAO J, WANG Y, GAO D, et al. Copper-indium bimetallic catalysts for the selective electrochemical reduction of carbon dioxide [J]. Chinese Journal of Catalysis, 2020, 41(9): 1393-1400.

[155] ZHU M, TIAN P, LI J, et al. Structure-tunable copper-indium catalysts for highly selective CO_2 electroreduction to CO or HCOOH [J]. ChemSusChem, 2019, 12(17): 3955-3959.

[156] RASUL S, ANJUM D H, JEDIDI A, et al. A highly selective copper-indium bimetallic electrocatalyst for the electrochemical reduction of aqueous CO_2 to CO [J]. Angewandte Chemie International Editon, 2015, 54(7): 2146-2150.

[157] DU J, MA Y Y, TAN H, et al. Progress of electrochemical CO_2 reduction reactions over polyoxometalate-based materials [J]. Chinese Journal of Catalysis, 2021, 42(6): 920-937.

[158] WANG D, LIU L, JIANG J, et al. Polyoxometalate-based composite materials in electrochemistry: state-of-the-art progress and future outlook [J]. Nanoscale, 2020, 12(10): 5705-5718.

[159] SZCZEPANKIEWICZ S H, IPPOLITO C M, SANTORA B P, et al. Interaction of carbon dioxide with transition-metal-substituted heteropolyanions in nonpolar solvents. spectroscopic evidence for complex formation [J]. Inorganic Chemistry, 1998, 37(17): 4344-4352.

[160] GUO S X, LI F, CHEN L, et al. Polyoxometalate-promoted electrocatalytic CO_2 reduction at nanostructured silver in dimethylformamide [J]. ACS Applied Materials & Interfaces, 2018, 10(15): 12690-12697.

[161] LANG Z L, MIAO J, LAN Y C, et al. Polyoxometalates as electron and proton reservoir assist electrochemical CO_2 reduction [J]. Apl Materials, 2020, 8(12): 120702-120713.

[162] QI W, WU L. Polyoxometalate/polymer hybrid materials: fabrication and properties [J]. Polymer International, 2009, 58(11): 1217-1225.

[163] YANG D, ZHU Q, HAN B. Electroreduction of CO_2 in ionic liquid-based electrolytes [J]. The Innovation, 2020, 1(1): 100016-100040.

[164] JIA C, SHI Z, ZHAO C. The porosity engineering for single-atom metal-

nitrogen-carbon catalysts for the electroreduction of CO_2[J]. Current Opinion in Green and Sustainable Chemistry, 2022, 37: 100651-100658.

[165] LI Y, WU X, WU Q, et al. Reversible phase transformation ionic liquids based on ternary keggin polyoxometalates [J]. Industrial & Engineering Chemistry Research, 2014, 53(33): 12920-12926.

[166] LEE J S, LUO H, BAKER G A, et al. Cation cross-linked ionic liquids as anion-exchange materials [J]. Chemistry of Materials, 2009, 21(20): 4756-4758.

[167] ZHA B, LI C, LI J. Efficient electrochemical reduction of CO_2 into formate and acetate in polyoxometalate catholyte with indium catalyst [J]. Journal of Catalysis, 2020, 382: 69-76.

[168] LI C, ZHA B, LI J. A SiW_{11} Mn-assisted indium electrocatalyst for carbon dioxide reduction into formate and acetate [J]. Journal of CO_2 Utilization, 2020, 38: 299-305.

[169] TONG X, TIAN N, WU W, et al. Preparation and electrochemical performance of tungstovanadophosphoric heteropoly acid and its hybrid materials [J]. Journal of Physical Chemistry C, 2013, 117(7): 3258 - 3263.

[170] ZHU W, HUANG W, LI H, ET al. Polyoxometalate-based ionic liquids as catalysts for deep desulfurization of fuels [J]. Fuel Processing Technology, 2011, 92(10): 1842-1848.

[171] WANG S S, LIU W, WAN Q X, et al. Homogeneous epoxidation of lipophilic alkenes by aqueous hydrogen peroxide: catalysis of a Keggin-type phosphotungstate-functionalized ionic liquid in amphipathic ionic liquid solution [J]. Green Chemistry, 2009, 11(10): 1589-1594.

[172] LI C, O'HALLORAN K, MA H, et al. Multifunctional multilayer films containing polyoxometalates and bismuth oxide nanoparticles [J]. Journal of Physical Chemistry B, 2009, 113(23): 8043-8048.

[173] LIANG S, HUANG L, GAO Y, et al. Electrochemical reduction of CO_2 to CO over transition metal/N-doped carbon catalysts: the active sites and reaction mechanism [J]. Advanced Science, 2021, 8(24): 2102886-2102908.

[174] JI H, ZHU L, LIANG D, et al. Use of a 12-molybdovanadate(V) modified ionic liquid carbon paste electrode as a bifunctional electrochemical sensor [J]. Electrochimica Acta, 2009, 54(28): 7429-7434.

[175] SUN W, LI C, ZHAO H. The targeted multi-electrons transfer for acetic acid and ethanol obtained with $(n\text{-}Bu_4N)_3SVW_{11}O_{40}$ and in synergetic catalysis in CO_2 electroreduction [J]. Journal of Power Sources, 2022, 517: 230665-230671.

[176] VANSEK P. Two common electroanalytical techniques-cyclic voltammetry and impedance capacitance data from cyclic voltammetry [J]. The Electrochemical Society, 2012, 41(28): 15-24.

[177] SHAUGHNESSY C I, JANTZ D T, LEONARD K C. Selective electrochemical CO_2 reduction to CO using in situ reduced In_2O_3 nanocatalysts [J]. Journal of Materials Chemistry A, 2017, 5(43): 22743-22749.

[178] YAMAURA H, JINKAWA T, TAMAKI J, et al. Indium oxide-based gas sensor for selective detection of CO [J]. Sensors and Actuators B: Chemical, 1996, 36(1): 325-332.

[179] KIM J, MIN WON J, KWAN JEONG S, et al. Fe-promoted V/W/TiO_2 catalysts for enhanced low-temperature denitrification efficiency [J]. Applied Surface Science, 2022, 601: 154290-154301.

[180] YAMAMOTO S, BLUHM H, ANDERSSON K, et al. In situ X-ray photoelectron spectroscopy studies of water on metals and oxides at ambient conditions [J]. Journal of Physics: Condensed Matter, 2008, 20 (18): 184025-184038.

[181] GU L, FENG B, XI P, et al. Elucidating the role of Mo doping in enhancing the meta-Xylene ammoxidation performance over the $CeVO_4$ catalyst [J]. Chemical Engineering Journal, 2023, 459: 141645-141651.

[182] BAYDAROGLU F O, ÖZDEMIR E, GÜREK A G. Polypyrrole supported Co-W-B nanoparticles as an efficient catalyst for improved hydrogen generation from hydrolysis of sodium borohydride [J]. International Journal of Hydrogen Energy, 2022, 47(16): 9643-9652.

[183] HAN Z, MA Z, WANG C B, et al. Effect of modified carrier fluoride on the performance of Ni-Mo/Al_2O_3 catalyst for thioetherification [J]. Petroleum Science, 2020, 3: 849-857.

[184] ZHANG G, LI W, FAN G, et al. Controlling product selectivity by surface defects over MoOx-decorated Ni-based nanocatalysts for γ-valerolactone hydrogenolysis [J]. Journal of Catalysis, 2019, 379: 100-111.

[185] HUANG J, LIU Q, LI P, et al. Regulating Ni—O—V bond in nickel doped vanadium catalysts for propane dehydrogenation [J]. Applied Catalysis A: General, 2022, 644: 118819-118826.

[186] 孙文聪. 多金属氧酸盐$(n\text{-}Bu_4N)_3SVM_{11}O_{40}$(M=W/Mo)电极电催化还原$CO_2$研究 [D]. 哈尔滨:哈尔滨工业大学, 2022.

[187] 查冰杰. $SiW_{11}Mn$或SiW_9V_3环境中铟电极上CO_2电催化还原研究 [D]. 哈尔滨: 哈尔滨工业大学, 2019.

[188] WANG Q, YANG X, ZANG H, et al. Metal-organic framework-derived biin bimetallic oxide nanoparticles embedded in carbon networks for efficient electrochemical reduction of CO_2 to formate [J]. Inorganic Chemistry, 2022, 61 (30): 12003-12011.

[189] MACHAN C W, SAMPSON M D, CHABOLLA S A, et al. Developing a

mechanistic understanding of molecular electrocatalysts for CO_2 reduction using infrared spectroelectrochemistry [J]. Organometallics, 2014, 33 (18): 4550-4559.

[190] 赵坤. 杂原子掺杂及金属负载多孔碳材料的制备及其电催化还原性能 [D]. 大连: 大连理工大学, 2019.

[191] CHENG Q, HUANG M, XIAO L, et al. Unraveling the influence of oxygen vacancy concentration on electrocatalytic CO_2 reduction to formate over indium oxide catalysts [J]. ACS Catalysis, 2023, 13(6): 4021-4029.

[192] SUN W, TAI Y, TIAN W, et al. Electrochemical CO_2 reduction to ethanol: Synergism of $(n\text{-}Bu_4N)_3SVMo_{11}O_{40}$ and an In catalyst [J]. Electrochimica Acta, 2023, 445: 142067-142074.

[193] CZAPLINSKA J, SOBCZAK I, ZIOLEK M. Bimetallic AgCu/SBA-15 system: the effect of metal loading and treatment of catalyst on surface properties [J]. The Journal of Physical Chemistry C, 2014, 118(24): 12796-12810.

[194] HOANG T T H, VERMA S, MA S, et al. Nanoporous copper silver alloys by additive-controlled electrodeposition for the selective electroreduction of CO_2 to ethylene and ethanol [J]. Journal of the American Chemical Society, 2018, 140 (17): 5791-5797.

[195] CHANG J, LEE J H, CHA J H, et al. Bimetallic nanoparticles of copper and indium by borohydride reduction [J]. Thin Solid Films, 2011, 519 (7): 2176-2180.

[196] BIESINGER M C, LAU L W M, GERSON A R, et al. Resolving surface chemical states in XPS analysis of first row transition metals, oxides and hydroxides: Sc, Ti, V, Cu and Zn [J]. Applied Surface Science, 2010, 257(3): 887-898.

[197] ZHOU Q, TANG X, QIU S, et al. Stable CuIn alloy for electrochemical CO_2 reduction to CO with high-selectivity [J]. Materials Today Physics, 2023, 33: 101050-101058.

[198] YANO T, EBIZUKA M, SHIBATA S, et al. Anomalous chemical shifts of Cu 2p and Cu LMM Auger spectra of silicate glasses [J]. Journal of Electron Spectroscopy and Related Phenomena, 2003, 131: 133-144.

[199] XING Y, CUI M, FAN P, et al. Efficient and selective electrochemical reduction of CO_2 to formate on 3D porous structured multi-walled carbon nanotubes supported Pb nanoparticles [J]. Materials Chemistry and Physics, 2019, 237: 121826-121833.

[200] SUN X, SHAO X, YI J, et al. High-efficient carbon dioxide-to-formic acid conversion on bimetallic PbIn alloy catalysts with tuned composition and morphology [J]. Chemosphere, 2022, 293: 133595-133604.

[201] JIANG X, WANG X, LIU Z, et al. A highly selective tin-copper bimetallic electrocatalyst for the electrochemical reduction of aqueous CO_2 to formate [J]. Applied Catalysis B: Environmental, 2019, 259: 118040-118047.

[202] BARASA G O, YU T, LU X, et al. Electrochemical training of nanoporous Cu-In catalysts for efficient CO_2-to-CO conversion and high durability [J]. Electrochimica Acta, 2019, 295: 584-590.

[203] LI C W, KANAN M W. CO_2 Reduction at low overpotential on Cu electrodes resulting from the reduction of thick Cu_2O films [J]. Journal of the American Chemical Society, 2012, 134(17): 7231-7234.

[204] RUI N, WANG Z, SUN K, et al. CO_2 hydrogenation to methanol over Pd/In_2O_3: effects of Pd and oxygen vacancy [J]. Applied Catalysis B: Environmental, 2017, 218: 488-497.

[205] WHITE J L, BOCARSLY A B. Enhanced carbon dioxide reduction activity on indium-based nanoparticles [J]. Journal of the Electrochemical Society, 2016, 163(6): H410-H416.

[206] GAO P, DANG S, LI S, et al. Direct Production of lower olefins from CO_2 conversion via bifunctional catalysis [J]. ACS Catalysis, 2018, 8(1): 571-578.

[207] HOCH L B, WOOD T E, O'BRIEN P G, et al. The rational design of a single-component photocatalyst for gas-phase CO_2 reduction using both UV and visible light [J]. Advanced Science, 2014, 1(1): 1400013-1400023.

[208] GAN J, LU X, WU J, et al. Oxygen vacancies promoting photoelectrochemical performance of In_2O_3 nanocubes [J]. Scientific Reports, 2013, 3(1): 1021-1027.

[209] SU N, ZHU D, ZHANG P, et al. 3D/2D heterojunction fabricated from RuS_2 nanospheres encapsulated in polymeric carbon nitride nanosheets for selective photocatalytic CO_2 reduction to CO [J]. Inorganic Chemistry, 2022, 61(39): 15600-15606.